Frederick Guttmann R.

While every precaution has been taken in the preparation of this book, the publisher assumes no responsibility for errors or omissions, or for damages resulting from the use of the information contained herein.

EN EL PRINCIPIO CREÓ UN HOLOGRAMA

First edition. April 21, 2024.

Copyright © 2024 Frederick Guttmann.

ISBN: 979-8231352074

Written by Frederick Guttmann.

Y EN EL PRINCIPIO CREÓ...

UN HOLOGRAMA
La Rebelión de Sakla IV

*"Los seguidores le dijeron a Yeshua (Jesús): 'dinos cómo será nuestro final'. Él dijo: '¿habéis descubierto el principio para estar, por tanto, buscando el final?' Porque **donde el principio está, estará el final. Afortunado es el que está en el principio: ése conocerá el final y no saboreará la muerte'."***
(Evangelio de Tomás, dicho 18)*

La Rebelión de Sakla IV – El Origen
Primera Tesis - Junio 2017
Segunda Tesis – Agosto 2019
Carátula: Frederick G.
Páginas: 282
Contacto: frederickguttmann@gmail.com
www.frederickguttmann.com
Candelaria, Tenerife (CP 38530) – Islas Canarias (ESPAÑA)

<u>Abreviaciones y Usos Particulares:</u>

· *Adam: Adán. El Hombre.*

· *Alefato: alfabeto hebreo.*

· *AT: Antiguo Testamento.*

· *Avatar: vehículo corporal.*

· *Cognado: partícula de la cual surge la raíz de una palabra. Varias definiciones pueden provenir de una misma fuente sonora o cognado, como por ejemplo el sonido 'Lib' en castellano sería cognado de 'libro' y de 'libertad'.*

· *DU: Libro 'La Desaparición del Universo', de Gary Renard.*

· *Eón: del griego Aeon, es una esfera y estado de realidad donde una deidad superior se personifica, y que define asimismo un tiempo.*

· *Es: contexto del espíritu, o de lo espiritual.*

· *Esfera: contexto de una realidad.*

· *Ev: Evangelio.*

· *Gnósis: Palabra griega que significa Conocimiento, Saber, Entendimiento.*

· *Heimarmene: región interestelar y dimensional del destino.*

· *ICAR: Iglesia Católica Apostólica Romana.*

· *Irushalaim: Jerusalén.*

· *Jevah: Eva, o Jivah. La mujer que trae la vida o que es Vida.*

· *Mónada: unicidad, en griego.*

· *Moshe: Moisés.*

· *Mundo: cosmos material.*

· *NH: Nag Hammadi, pueblo egipcio donde en 1945 se encontraron casi 50 manuscritos se la escuela valentiniana.*

· *NT: Nuevo Testamento.*

· *Permutación: intercambio o re-posicionamiento, en su caso de la situación de las letras, en Kabalah llamado Temura. Por ejemplo, el nombre 'Mijael' (Miguel) re-ubicando sus letras se puede leer como 'Malajei' (ángel).*

· *Pleroma: totalidad, en griego.*

· *RS: La Rebelión de Sakla (los libros previos que he escrito de esta saga).*

· *SAO: Servicio A Otros.*

· *SAS: Servicio A Sí mismo.*

· *Tanak: Antiguo Testamento.*

· *Torah: Pentateuco (los 5 primeros libros oficiales de Moisés).*

· *Towsang: nuestro sistema salar.*

· *UCDM: libro 'Un Curso de Milagros', de Helen Schucman.*

· *Valentiniano: de la escuela de Valentino (o Valentín), del siglo II d. C. en Roma.*

· *Yeshua: Jesús de Nazaret.*

Índice

INTRODUCCIÓN

«Yeshua dijo: 'quien beba de mi boca se hará como yo.
Yo mismo me convertiré en esa persona,
y las cosas ocultas le serán reveladas'.»
(Ev. Tomás, dicho 108/106)

A diferencia de los animales, podemos considerar que los seres humanos damos una gran importancia a nuestra realidad personal. Ciertamente, otras formas de vida que conocemos en este planeta no tienen el nivel de conciencia suficiente para realizar este tipo de razonamientos. Al pensar en quién somos no podemos excluir otra duda existencial: '¿de dónde venimos?'. La ciencia empírica de los siglos XVI al XX nos dirían que "sencillamente" procedemos de ciertos procesos "casuales" en entornos "particulares" que dieron como resultado diversos cambios en formas de vida, las cuales fueron cambiando psíquica, morfológica y biológicamente, para irse convirtiendo en otras completamente distintas, y que miles y millones de años más tarde se convertirían en lo que ahora podríamos afirmar que somos.

Para la mente especulativa y supersticiosa, el hombre, y el resto de cosas existentes, fueron creados por uno o más seres sobrenaturales procedentes de algún otro estado de realidad abstracta, mientras otros atribuirían este hecho a una fuente en otras dimensiones, u otros planetas. Las mitologías son un claro ejemplo de esos razonamientos fenoménicos y arquetipicos. Si bien, solo hasta la consolidación de ideas sobre la mente que explotaron con individuos como Sigmund Freud y Carl Gustav Jung - entre otros muchos -

empezó a entenderse la mitología y sus arquetipos, y la idea de una Mente Colectiva. Ya Platón y unos cuantos antes de él, hasta Freud y Jung, habían comentado esto, y habían indicado la realidad de la Mente sobre el "mundo" de los fenómenos. No obstante, la capacidad de comprender en profundidad la aparente insondabilidad de la Mente no eran aún del todo plausibles hasta menos de dos siglos atrás.

¿Te preguntas qué tiene que ver la mente con el origen del cosmos? Todo. No voy a abordar datos que ya hace media década traté en la trilogía inicial de La Rebelión de Sakla, pero sí he de recordarte, si la leíste, que la mitología juega un papel importante en nuestra comprensión del universo perceptible - siempre y cuando se entiendan sus símbolos y se sepan adecuar a los principios de la mente -. Como punto de referencia utilizo el relato que por transmisión hemos recibido del profeta hebreo Moisés (o Mashah, si lo leemos literalmente de la lengua hebrea, o Moshé, como lo llaman los judíos). ¿Por qué? Bueno, soy judío de ascendencia, ciudadano israelí y hablo hebreo, por lo que, ¿qué mejor que dar mi opinión desde un ángulo más erudito sobre este campo? Y si me preguntas, ¿por qué Moisés? Si bien, puedo tomar alguna fuente aislada como esqueleto para construir el cuerpo de este libro, pero lo que ocurre es que las circunstancias se han dado de tal manera que estos escritos – que podríamos llamar "bíblicos" - han sufrido menos cambios a lo largo de miles de años, de las que han sufrido otras fuentes remotas, y eso, partiendo del hecho de que pocas culturas tan viejas como los hebreos llegaron a notificar cosas por escrito. Aparte de dicho detalle, se ha comprobado - especialmente con la comprensión de la Kabalah, y de tesis como el libro del periodista Michael Drosnin, 'El Código Secreto dela Biblia' - que estos textos no pudieron simplemente haber sido inventados por mortales.

Sí, los sumerios y los egipcios escribieron importantes cosas antes de la aparición de, por ejemplo, Abraham mismo. La cuestión es que los hebreos no cambiaban las versiones escritas ni los datos a conveniencia, mientras el común denominador en el mundo es que "el ganador reescribe la historia", o un rey que no quiera quedar como perdedor para las futuras generaciones, cambiase grabados sobre su historia, y dejara su imagen y la de su dinastía, en una muy buena posición. Así se maquilla la historia, y ya carece de objetividad. Seamos honestos, ningún pueblo es perfecto. No quiere decir que porque la Tanak fuese escrita por personas de carne y huesos con severo temor a engañar – para no ser castigados por su dios -, signifique que todo lo que redactasen careciese de ambigüedades, dualidad o errores conceptuales. Claro que yerran y cometen fallos en fechas, números, ubicaciones, nombres, palabras, ideas y, por encima de todo, en conocimiento científico, por no decir que fueron extremadamente duales. Ergo, el punto esencial acá es partir de algo. Con todo, no será solo Moisés el principal componente de esta tesis. Me acompañarán otros escritos, solo que sin demasiado detalle, porque además de no tener la misma "pureza" en el proceso histórico de su conservación, son complejos de cotejar con las fuentes que puedan conservarse de los mismos.

Tal como irás comprendiendo, los manuscritos de la Biblioteca de Nag Hammadi están mucho más cerca de la verdad que los que fueron impuestos y maquillados por la ICAR. Me escucharás hablar de Valentino el Gnóstico, por su escuela de Roma en el siglo II d. C. Él es un muy importante ponente en este estudio. El uno no refutará al otro, pues todos estos van a tratar su versión del universo dual. También considera que usaré palabras hebreas propias, pues las traducciones no tienen el mismo valor que en su idioma original. Un ejemplo es que usaré definiciones tales como: Torah (o "doctrina", que es genéricamente usada en ese contexto para referirme a los primeros libros de la Biblia, que se atribuyen a Moisés, y se conocen como Pentateuco), Tanak (los 3 conjuntos de textos que forman el llamado Antiguo Testamento), Barashit (nombre hebreo del primer libro de la Biblia, conocido en occidente como Génesis). Ahora bien, el relato de Génesis (palabra griega que significa 'generaciones') es respaldado por decenas de otras fuentes por todo el mundo. El mismo Moisés en Jubileos, así como Henoc, Baruc o Esdras tratan los mismos puntos, no mencionan algunos otros, o agregan características que no se habían abordado en los otros. En general todos juntos nos dan la suma de información para esta tesis.

En el principio del Génesis aparece, como primera palabra, la voz hebrea Barashit (comienzo, creado), y le sigue: 'Bará' (creó), 'Elohim' (dios, dioses, fuertes), 'et ha Shamaim' (los cielos) 've et ha Aretz' (y la Tierra). El artículo adicional 'Et' no era necesario agregarlo. ¿Por qué lo pusieron entonces? 'Et' es una reafirmación; es asegurar fehacientemente que se refiere a "aquello" en específico. Mas, por encima de todo, este 'Et' es una partícula de caso acusativo, y por ende, agrega el complemento directo. El "acusativo" no es el caso de la causa sino del efecto. ¿Qué quiere decir esto? Que los Cielos y Tierra creados no fueron la "raíz", sino la "consecuencia". El Elohim crea esos Cielos y esa Tierra como resultado de algo que el relato no ha incluido aparentemente. Pero como verás leyendo este trabajo, aquello no expuesto – al menos a simple vista en la narrativa – como razón de dicha creación, era y es, en realidad, la fuente - y esa fuente no está ni en el tiempo ni en el espacio -. Solo piénsalo por un momento: si no hay espacio, ¿cómo puede haber tiempo? Si no hay tiempo, ¿cómo se puede hablar de espacio? Imagínate en la "nada", en el "vacío", y quieres calcular el "tiempo". ¿Cómo lo haces? Supongamos que creas un objeto en ese vacío. Ya podrías definir que hay un "tiempo" entre tu aparente ubicación y el objeto, el cual tardas en llegar a una determinada "velocidad". Con todo, tendríamos que tener medidas de percepción para medir el tiempo. ¿Quién define un segundo o un minuto, o una hora, o un año o un siglo?

¿Cómo llego a todas estas conclusiones, de qué fuentes me baso? Por medio de diversas fuentes literarias antiguas y contemporáneas, así como a través de deducciones kabalísticas. La Kabalah es el uso de 5 métodos para descubrir misterios ocultos, tanto en la Tanak como en los fenómenos del mundo y de los sueños, y que se aplica a la propia Mente. Este ensayo lo he sumado al estudio comparativo a la luz del famoso libro 'Un Curso de Milagros' y obras semejantes. Así fácilmente se llega a la comprensión de las dinámicas expresadas por Yeshua en el libro que transmitió a Helen Schucman entre 1956 y 1965, que ha sido publicado y compartido hasta hoy por la 'Foundation For Inner Peace' (o 'Fundación para la Paz Interior'). Este trabajo (UCDM) fue realizado por la psicóloga Helen Schucman canalizando a Yeshua, y siendo ayudada en el trabajo de redacción y posterior enseñanza por Bill Thetford, Robert Skutch y Ken Wapnick. Dicho trabajo (UCDM) no pudo ser compartido por Yeshua con anterioridad debido a los más de 15 siglos de oscurantismo y represión católica, por el alto nivel de analfabetismo global y porque aún ciertos parámetros de la psicología no habían sido explicados (este nudo se deshizo gracias a trabajos tales como los realizados por Carl Jung - como el famoso libro 'Arquetipos e Inconsciente Colectivo' - y Sigmund Freud, entre otros muchos).

Tras este avance y el descubrimiento de los manuscritos de Nag Hammadi (en diciembre de 1945), que no fueron destruidos por la ICAR (Iglesia Católica Apostólica Romana), se pudo conocer gran parte del verdadero mensaje que Yeshua quiso transmitir y que no fue posible comprender debido a las tradiciones radicales de la comunidad judía que determinaron el nacimiento del llamado cristianismo. Los textos de Nag Hammadi (Egipto) fueron ocultados por San Pacomio al saber que Teodosio había decretado en el Primer Concilio de Constantinopla (382 d. C.) la prohibición de las enseñanzas y textos donde Yeshua hablaba sobre la preexistencia del alma, la reencarnación, la trascendencia e iluminación y la libertad espiritual. Desde el Primer Concilio de Nicea, por orden de Constantino el Grande, se configuró una primera "Biblia" (canon), traducida luego por Jeronimo de Estridón al latín, llamada la Vulgata. Mas esta versión no incluía la mayoría de referencias fundamentales sobre la trascendencia e iluminación del alma ni sobre revelaciones dadas a los patriarcas, profetas y apóstoles del pueblo hebreo, debido a la dificultad que supondría para la ICAR poder mantener controlado al pueblo.

Además de esto quitaron 20 libros del canon oficial, 25 citas de los evangelios que sí permitieron incorporarse en las que Yeshua hablaba de temas sensibles para la ICAR, agregaron progresivamente palabras y referencias que no existían originalmente en el manuscrito griego, y aprovecharon las diferencias entre hebreo, arameo, griego y latín para introducir palabras traducidas a su conveniencia. Además de ello decretaron excomunión a quien estudiase esos textos, como los discípulos de Valentino (de la escuela gnóstica de Roma del siglo II d. C., que hasta el momento había sido la más versada en la comprensión y estudio de los misterios enseñados por Yeshua a sus apóstoles), y cualquier mención a estos asuntos como "herejía". Una vez el Curso (UCDM) fue publicado - en 1965 - se empezó su difusión, pero el crecimiento y propagación de la información tardó en expandirse, especialmente por la complejidad explicativa del Curso. Por ello Yeshua mandó a dos de sus apóstoles, Tadeo y Tomás (presentados como Arten y Pursah) para transmitir a Gary Renard los mecanismos del Curso de una manera entendible, los cuales fueron enseñados desde una primera visita en Maine (EE.UU.) en 1993. A partir de entonces por medio de una docena de apariciones le dieron el contenido para un primer libro: La Desaparición del Universo. Este se publicó en 2002, y fue seguido de dos obras más que completan la trilogía: 'Tu Realidad Inmortal' (2006) y "El Amor no ha Olvidado a Nadie' (2013).

Arten y Pursah explicaron a Gary que el sistema de pensamiento del despertar que enseña el curso (UCDM) - que es el mismo que el de Buda (budismo) - no fue aceptado por los judíos cuando Yeshua lo quiso enseñar - aunque algunos quisieron entenderlo (pero no lo hicieron, tal como su hermano Jacobo, el apóstol Pedro o Pablo de Tarso), y de ellos los comprendieron perfectamente Felipe y María magdalena (Tomás, Tadeo, Andrés y Estéban eran los que después casi comprendían el Mensaje) -, pero su combinación con el misticismo judío explica toda la estructura de la realidad manifiesta y la no manifiesta, y acelera el camino del despertar y la aplicación de los ejercicios mentales que modifican la realidad. Esto lo confirmaron Arten y Pursah así como el trabajo de la psíquica Jane Roberts, que estuvo canalizando a Seth a lo largo de los años 70, y de cuyas grabaciones publicó 8 libros ('Habla Seth'). Estas obras fueron asimismo respaldadas - y forman un todo - por los trabajos de los investigadores Carla Rueckert, Don Elkins y James Allen Mc-Carty de la L/L Research, que publicaron 'el Material de Ra' en 1982 (5 libros que complementan la revelación del Oahspe, de 1882, por John Ballou Newbrough), entre otros grupos que han estado recibiendo mensajes actualizados de conciencias de otros mundos y otras dimensiones (como en su tiempo las recibieron otros pueblos, en especial los profetas de Israel, o el famoso Edgar Cayce).

Kabalah es una palabra hebrea cuyo significado es 'recepción', es decir "lo recibido", refiriéndose a la Tanak (los 3 conjuntos de libros que forman el llamado Pentateuco, en griego). La Kabalah tiene 2 mecanismos: uno pragmático y otro simbólico. El pragmático se divide en 3: Gematría (significado numérico de las letras y palabras hebreas), Temura (anagramas y permutaciones de las letras de una palabra) y Notaricon (reconfiguración de nuevas palabras a través de la unión de iniciales o letras finales de una cita bíblica). El método simbólico tiene 2 ámbitos: Bereshit (estudio del libro del Génesis y su análisis a partir de la comprensión de los símbolos utilizados en el texto) y Merkaba (análisis de los fenómenos celestiales o no físicos y su significado arquetípico). Este libro complementa los cursos que doy de Crecimiento Personal (Desarrollo Transformacional) y Kabala (UCDM-K).

Parte I.

ANTES DEL PRINCIPIO

«El Padre puso su morada en el [Hijo] y el Hijo en el Padre:
esto es [el] reino de los cielos.»
(Ev. Felipe, verso 96)

Día Menos Uno (-1)

Como civilización hemos tenido un evidente interés en conocer nuestro origen y la razón de nuestra existencia. ¿Cómo ir hacia el pasado para conocer los entresijos de aquello que surgió cuando no había forma humana de registrar lo sucedido para las postreras generaciones? ¿Crees en las revelaciones? ¿Crees que otras civilizaciones más avanzadas de otro mundo o de otra dimensión, o venidas del futuro, pudiesen haber estado dándonos conocimientos? De por sí, a lo largo de los últimos dos siglos los avances y teorías científicas han aumentado considerablemente. Aunque muchas estimaciones parten de suposiciones, cálculos matemáticos o probabilidades, se acepta que modelos que presentan la idea del origen del universo tienen, en gran medida, un alto porcentaje de posibilidad de tener razón, y coinciden con lo que los mitos de los antiguos representaban. No obstante, la ciencia convencional y gran parte de la comunidad religiosa de corte abrahámico supuestamente no coinciden en sus puntos de vista, y esto pareciera crear una enorme brecha en la ideología o creencia popular. La inmensa mayoría de grupos cristianos y musulmanes – e incluso judíos – rechaza la versión oficial de la ciencia clásica, argumentando que el origen del universo está ya presentado en el libro bíblico del Génesis, en su primer capítulo, y no corresponde con la teoría que supuestamente se atribuye a científicos, a los cuales se encasilla como ateos.

Contrariamente, en el hinduismo parece no existir esta discrepancia, incluso en la cúpula católica, considerando que simplemente se ha interpretado mal el estudio de ambas corrientes, y estas no tienen porqué ser incompatibles o mutuamente excluyentes. Muchos refutan que un hebreo (Moisés) pudiese haber tenido los recursos o conocimientos para conocer el origen del cosmos y de la vida para plasmarlo, por ejemplo, en el llamado libro del Génesis – mucho menos cualquier otro ser humano hace si quiera cien años -. En contraposición, sea partidarios del creacionismo o de la panspermia (especialmente los defensores de la ufología) están – en mayor o menor grado – convencidos de que una intervención "extranjera" (ángeles, dioses, extraterrestres, seres interdimensionales o viajeros del tiempo) proveyó a los pueblos del pasado (no solo a los hebreos) de un conocimiento que apenas ahora la ciencia empieza a descubrir. De ser así, ¿podría el primer capítulo del primer libro del hebreo Moisés realmente tratar una cosmovisión plenamente "científica"? Y no digo científica evolucionista, sino científica pro-panspermia (teoría defendida por el ilustre Fred Hoyle que asume que la vida fue traída a la Tierra, no se produjo acá).

בְּרֵאשִׁית בָּרָא אֱלֹהִים אֵת הַשָּׁמַיִם וְאֵת הָאָרֶץ׃

Con estos caracteres hebraicos comienza el relato de la creación bíblica, donde transcrito diría, «barashit bará elohim et ha.shamaim ve-et ha-aretz», pero, ¿qué significan todas estas palabras? Barashit, o Bereshit es el nombre hebreo del libro del Génesis, y procede de la misma raíz del persa 'Bahashit' (cielo). Este vocablo significa "comienzo", de la forma 'ba-rashit' (encabezado), donde 'Rosh' es cabeza, inicio o liderazgo. La palabra 'Bará' quiere decir 'crear' o 'formar'. Es decir, 'creó'. Dicho vocablo se forma de las letras abyad Beit, Reish y Alef, donde la raíz puede denotar un significado oculto asociado de Bor (Beit, Vav y Reish), que es "pozo" (compárese con otros muchos textos cosmogónicos). Justamente la primera palabra se compone de las mismas letras iniciales que la segunda: Bará = Bara-shit, siendo así una evocación a un principio de creación o establecimiento (porque 'Shit', vendría de la voz 'Set' (establecer)).

Por su parte, el término 'elohim' engloba cualquier concepto relacionado a un ser poderoso, una divinidad o una deidad, sea en singular o en plural. Luego, la palabra 'Shamaim' aduce a "cielos", partiendo de las voces semíticas se entiende como idea compuesta: Sham-maim (allá-aguas) o Shem-Iam (nombre del mar). Los egipcios antiguos consideraban el cielo nocturno como un mar, y esta era una idea muy popular, por lo que se aceptaba que ese "mar" celeste estaba plagado de vida. Mientras unas veces se usan vocablos como 'Shamei' o 'Shamai' (cielo), lo cierto es que casi todas las veces se utiliza el plural 'Shamaim', dando a entender que más allá de la bóveda celeste hay muchos "cielos". Gracias a la gran cantidad de textos que existen podemos comprender que esos cielos son todo tipo de espacios, sea físicos o inmateriales, y de diversas dimensiones y universos, no limitándose, en absoluto, a la idea común de muchas vertientes monoteístas. En el caso de la versión sumeria del relato de la creación, la tablilla de los orígenes dice, «E-nu-ma e-liš la na-bu-ú ša-ma-mu», refiriéndose a Nabu como el cielo, y el Sa.ma.mu como el hecho de que aún no había sido establecido.

Mas, ¿qué pasaría si considerásemos una variación en las letras iniciales y su significado, que coincidiese con la fuente persa? Si Barashit fuese una deformación del persa Bahashit, o sea, de la idea de Cielo, podríamos atrevernos a formular una traducción alternativa que dijese: "Cielo creó dioses, cielos y tierra". La mayoría de mitologías suelen empezar sus consmovisiones aduciendo a que el "cielo" creó todo, y ese cielo fue el primero de los dioses, como sería el caso del romano Caelum, o el griego Ouranon. Eso quiere decir que habría primero dioses celestes que habrían creado las regiones celestes, acorde a las remotas leyendas de los pueblos de la Tierra. Otra formulación de juego de letras podría partir de una antigua forma de escritura que consistía en no separar las "palabras". Así podríamos leer de la primera porción de la sentencia inicial, por ejemplo, con la forma aramea: "bar ash itbara alahim atah", que quiere decir, "[el] hijo [del] fuego creó [a] vosotros dioses". Es más, podríamos leer: "bara shit bara elah iam atah", que sería, "creó fundamento, creó deidad, eres mar". ¿Eres mar? La palabra Yam, como mar u océano, engloba la idea del universo material, o el espacio profundo, la base de la materia o la multiplicidad. De hecho, Yam es un abreviativo de Yom, que es tanto día como periodo de tiempo, era o ciclo.

Supongamos que un Cielo primigenio y original existía antes del tiempo y del espacio que creemos conocer, y de él se creó el Elohim, así como unos "cielos" posteriores y unas "tierras". Tomemos la palabra Fuego como idea de luz infinita. Ergo, tendríamos como resultado que todo vino de la luz, quien tuvo un Hijo que creó al Elohim. La luz sería lo primero, luego su Hijo y luego el Elohim. La otra interpretación es la de "alguien" que crea un fundamento o base, un "lugar", "espacio" o "escenario", asimismo crea la deidad, la cual, si no se leyese como "elah iam atah", mas como "elahim atah", vendría a ser "vosotros sois Elohim". Acorde a cualquiera de estas versiones, Elohim no es el primero en aparecer, sino un resultado ulterior de una fuente. Personalmente no consideraría egocéntrico si para empezar la deidad misma se presentase, puesto que no nos dice de dónde salió. Volviendo luego con la versión sumeria, en ella, la palabra 'Sa-Ma-Mu' (cuyo equivalente hebreo sería 'Sha-Ma-iM') no parece ser traducido como Cielo, sino como "nombrado". ¿Cómo así? La palabra Shamaim se compone de las estructuras 'Sham' y 'Maim', donde la raíz de Sham es el semítico Shem (nombre), del acadio Shemu, del sumerio Mu. 'Sham' también quiere decir "allí", y 'Shama' es "allá".

Hay muchas curiosidades más en las cuales ahondar acá, y una de ellas es el hecho de que la forma 'Et' – o 'At' – sea la formación de la primera y la última letra del alfabeto hebreo, lo que en griego sería Alfa-Omega, o "principio y fin". Podría así explicar otro nivel de comprensión sobe el cielo derivado de las emanaciones primordiales, así como la tierra derivada de las emanaciones primordiales. Si Bahashit es el cielo prístino de Ethe, los subsiguientes Cielo y Tierra son el mundo superior y el mundo inferior que le siguieron. En efecto, ese Shamaim siguiente sería la imagen del Bahashit, y la Aretz siguiente, a su vez,imagen de ese Shamaim. Tanto ese un Shamaim posterior, como una Aretz material pasarán, como dice la biblia en un par de ocasiones: "el cielo y la tierra pasarán". Ahí radica el significado oculto de las letras 'Alef' y 'Tau' que forman el agregado 'Et'. Podríamos leerlo, entonces así, de forma alternativa: el cielo primordial creó el principio y final del siguiente cielo, y el principio y final del mundo.

El Cielo y el Agua

Pero si miramos el verso 9 del capítulo 1 del Enuma-Elish (versión sumeria de la creación), refiere al cielo como Sa-Ma-Mi. En el verso 8 define 'nombre' como 'Su-Ma'. Estos juegos de palabras son claves, especialmente si se comprende que estas lenguas podían armarse de manera anagramática. Su-Ma concuerda con el hebreo 'Shma' (oye, escucha), en el sentido de nombrar algo o llamar a alguien. Por ello aún en hebreo moderno, nombre se dice "Shem", y es aplicado desde el principio como idea del apelativo de alguien, así como de su "renombre" (re-nombre) o identidad. En sumerio era, además, la idea del destino de alguien, y lo comprendían como el destino de alguien venido del cielo, o hacia donde se dirigía. La voz acadia, pues, habría provenido del sumerio Sha-Ma-Mu (cielo nombrado), como una única idea, no dos cosas separadas. ¿Qué es un "cielo nombrado"? Un cielo definido, establecido, identificado, fijado y determinado. La parte inicial, 'E-Nu-Ma' (cuando lo que [es]) y E-Lis (lo alto), nos da otra pista. La forma 'E-Lis' derivó al acadio como 'Elih', y este al hebreo, donde su idea de "fuerte" fue, como entre los cananeos, la idea estructural de un "dios". De ahí, teóricamente, nació el sonido plural 'Elohim'. Por ello hay formas análogas como el fonema árabe 'Alah' (Alá), que es "elevado" o "alto" en lengua hebrea.

Asumo que claramente habrás oído hablar de la famosa palabra 'Maná', mas puede que no supieses que esta significa "¿qué es?" (en hebreo 'Man'), o el nombre Moisés, cuya raíz es el cognado 'Mah'. Esa 'M' es símbolo del agua, como Moisés que fue sacado de las aguas, o el Maná que cayó del cielo. Exactamente, el llamado Logos-Palabra de Dios se hizo "carne", en el sentido de alimento para nutrir, y por se definió a sí mismo como "el maná que bajó del cielo", esto es porque 'Man' es la raíz sonora de muchas ideas de "hombre", como en inglés, egipcio o hindú. Ahora bien, el texto nos habla de estos "cielos" o "aguas allá". ¿Cielo y agua? Sí. En hebreo agua es un plural, "Aguas" (Maim), con las letras Mem-Yud-Mem, que significa "aguas arriba", "cielo en medio" y "aguas abajo". En este universo la proyección está basada en el agua, y el espacio exterior es un ejemplo de agua. Sin ir más lejos, cuando se descubrió la Materia Oscura, lo que hasta el momento era una idea especulativa se hizo real tratando de entender la forma de una galaxia que se veía desde la Tierra como curvada de una manera incoherente. Al analizar que esta curvatura podría tratarse de una reclinación ondular de la luz, se preguntaron, ¿qué curvaba la luz? La explicación vino del mismo efecto que vemos al mirar a través de un vaso de cristal con agua: la imagen de atrás se deforma.

La materia oscura es, en efecto, energía de la materia que ocupa un espacio, aunque a simple vista – y con los actuales equipos de medición – no se puede medir, aún. Esta energía que tiene la materia que no vemos es similar, en analogía, a la diferencia que tendríamos entre el aire ligero, la densa agua y la muy densa materia sólida. El aire, en esta analogía, sería la Energía Oscura, o Éter. La Mem (o

'M') es, pues, el símbolo de la **Materia**. El Espíritu Santo lo viene revelando de muchas maneras. Por ello los hindúes la llaman '**Maia**', en el gnosticismo la llamaban '**María**', y es definida en ciencia como 'M'. ¿Recuerdas la fórmula de Einstein? E=MC2, la expresión de la Teoría de la Relatividad. Eso es que la energía es igual a la masa por la velocidad de la luz al cuadrado. En otras palabras, la masa es energía, sí, pero más correctamente la masa es energía en el sentido de que lo es como parte de un todo fotónico. Dicho de otra manera, la materia/masa es energía fotónica en concentración, y esto es por focalización de una conciencia fuera de nuestra percepción. Los átomos son estructuras fotónicas (de luz) en concentración combinados con quarks y otras partículas como los muones o bozones, y ellos, por esa "concentración" o focalización, adjuntan las partículas que forman las moléculas, de las que se conforma la materia.

La "velocidad de la luz" es una expresión que se popularizó mucho por la saga de Star Wars, pero en realidad no es una unidad de medida sino de tiempo, correspondiente a más de 1.000 millones de kilómetros por hora (concretamente 1.080'000.000). No decimos que algo está a 5 millones de años luz en el sentido de la distancia sino en el sentido del tiempo que la luz tardaría en llegar de nosotros a ese lugar. Considerando que la luz tiene masa, y constituye la masa, debemos igualmente concebir el hecho de que el tiempo y la luz están enlazados en la percepción de la realidad del universo. El tiempo terrestre está supeditado a los movimientos rotatorios y orbitales de nuestra esfera, por lo que la percepción de la continuidad y de ls ciclos del tiempo que queramos asociar al universo solo los mediríamos según nuestras unidades de medida. Por ello los conceptos y medidas que se ven, por ejemplo, en la Biblia, no se entienden, pues no se comprende la interacción con otros "tiempos" o medidas y ciclos que pertenecen a las "moradas celestes". Ese es el caso de 1 hora celestial, que según determinado cómputo de la

Heimarmene corresponde con 41,66 años terrestres, y que ajustado por debajo de la medida equivalente de 60 minutos podría aproximarse al 40, que es una unidad de tiempo tan usada en la antigüedad (ver RS3, el Eón Temporal - pág. 68).

Una conciencia produce vibración, la vibración produce frecuencias y ondas, y éstas producen energía, y la energía, en estado inteligente y organizado se focaliza para producir el fotón, y por ende el más elemental de los campos electromagnéticos: El átomo. Seguidamente el átomo perpetua por la conciencia este mismo patrón y forma moléculas, como el hidrógeno o el oxígeno, de los que posteriormente derivan el agua y demás elementos químicos. El agua es el estado de la materia que parte de la condensación de gases donde sus átomos reducen su velocidad de movimiento (tal como el sólido lo es a un punto casi inamovible). Empero, la expresión hebrea de que el cielo es 'Shamaim' adscribe que "allá arriba es agua". La letra hebrea 'Shin' es símbolo del fuego y la energía. Al escribir 'SH-M-Y-M' estamos observando una fórmula cuasi matemática de energía (Shin) por agua (Mem-Yud-Mem), o masa. El agua está compuesta por moléculas de oxígeno e hidrógeno. La palabra griega 'Idros' (Ydros, forma "ydros-genos") quiere decir "agua". Si consideramos MYM como la fórmula del agua, el hidrógeno serían 2 partículas de Ydros con una de oxígeno, que es el componente principal de la atmósfera. La atmósfera expresa la idea elemental del cielo.

Entonces, MYM son dos principios de la idea del agua-hidrógeno, y un principio del cielo-oxígeno, lo cual es H2O. Por el hidrógeno se formaron las nubes de gas interestelar del que se condensó la materia para formar los cuerpos planetarios, y del que se fusionaron los elementos de este hidrógeno dando lugar al helio, cual es la base de la formación y existencia de las estrellas. Como resultado tenemos que Shamaim simboliza el estado opuesto a la materia dentro de este universo, y que tiene la esencia potencial de la energía, más que la que se aprecia en el agua a simple vista. Empero, la diferencia entre Shamaim y Maim es que Shin es la fuente energética inteligente del Maim. De esta manera podemos concluir acá que Energía Inteligente, Éter o Energía Oscura - como le queramos llamar - es la base consciente-energética que establece la materia en el cosmos. Y dado que la conciencia es vibración, por ende, el mundo material es una réplica del mundo superior, donde la conciencia es absoluta, dejando patente la ausencia de conciencia del ser en sí mismo, o carente de estado auto-consciente.

Todo es Energía

En consecuencia, no hay vacío, no hay una nada en el espacio en el sentido de nada como nada. Hay conciencia como energía inteligente aunque no se vea una saturación de objetos. Si entendemos este misticismo de la letra hebrea Shin, nos lleva a su número (300), el mismo que la combinación de las letras Reish (200) y Kuf (100), que forman la definición 'ReK' (vacío). Ergo, el vacío no es una nada en el sentido de una ausencia de cualquier cosa, sino meramente la inexistencia de una condensación de elementos que den lugar a una estructura material perceptible para nosotros. Dicho de otra forma, el hecho de que no haya una forma material visible o medible por nosotros no quiere decir que no haya algo. Hay energía en el todo, energía en todo, pues el todo es energía y por la energía se mantiene, mas no eléctrica como la percibimos, sino inteligente, como conciencia (o 'con ciencia'). Esto es igual si analizamos el cerebro. Como órgano tiene sus tejidos, pero dentro de él hay cargas eléctricas, o sinapsis, donde las neuronas no se tocan entre ellas. Los planetas y estrellas no se "tocan", pero en realidad están conectados. El cerebro es una estructura, pero las células del mismo no lo perciben como algo fuera. Tanto para las células de todo el cuerpo como para las del cerebro, el cuerpo es un todo y el cerebro es un todo, y cada una de ellas es parte de todo. Ellas no tienen una idea de separación, sino que piensan como una sola red, como una sola estructura. Cuando las células dejan de verse como una totalidad, el cuerpo enferma. Por ejemplo, un caso de ello es la manifestación del cáncer.

Tal como todo nuestro cuerpo es energía, todo el universo es energía. Pero entiéndelo desde la perspectiva mayor: no hablo a nivel poético, sino literal. Esto es exactamente igual de aplicable al hecho de que todo el universo es un cuerpo. Planetas, estrellas, galaxias, seres... todos ellos son los átomos, moléculas y células de dicho cuerpo. Todos están conectados como lo están los átomos en una estructura. Cada átomo es cada átomo, pero es parte de una estructura o campo electromagnético que forma un cuerpo, sea de una célula, una planta, un insecto, un hombre, una rata o un dinosaurio. El átomo es la condensación fotónica (luz) de la conciencia de este universo por medio de vibración, que actúa como un solo órgano. Pero ocurre que el gran cerebro no es el cuerpo, sino solamente la parte que procesa los impulsos neuronales, nerviosos. Eso quiere decir que en esta analogía el universo es solo una porción de una estructura más grande, y esa estructura mayor es una conciencia o cuerpo espiritual llamado 'Elohim'. En el tratado llamado 'El Discurso sobre la Octava y la Novena' (Nag Hammadi) Hermes Trismegisto dice que "el universo recibió alma", ¿cómo así? Identidad o personificación, conciencia de sí mismo. Empero, existía primero, mas seguidamente empezó a "vivir", o dicho de otra forma, se individualizó. Tuvo el "permiso" de ser algo separado y de hacerse consciente de sí.

No soy el primero en reconocer que hay paradigmas que no se habían cuestionado anteriormente sobre estas palabras, más que el relato mismo del Génesis, pero hay algo en que menos se ha entrado a especular: si Moisés nos narra cómo surgió todo, ¿cómo es que no nos habla ni del origen del agua ni sobre la identidad, fuente y naturaleza del Creador? ¿De dónde salió? Si queremos buscar este enigma, no podemos partir de las fuentes hasta ahora utilizadas. Veamos, hemos observado que esta creación que parece mencionarse en estos textos no pareciera reflejar un inicio sino una subsecuente aparición de algo con base a cierta cosa ocurrida anteriormente, o derivado de determinado lugar o estado previo. Para abordar esta materia no sirven las mitologías tradicionales. Todas ellas están supeditadas a planteamientos post-bigbang, no "pre-bigbang", ¿o podría ser de otra manera? Estos pueblos pudieron ser enseñados por extraterrestres o viajeros del tiempo, pero, ¿sabrían esos extraterrestres o viajeros del tiempo qué fue antes de Big Bang? Yo llamo al estado inicial "Día -1" o "Día menos Uno". De este estado 'Día -1' proviene el estado de 'Día 0', que es el estado antes de "ser nombrado" como 'Día Uno'.

La Parodia del Cristianismo

Ahora debo hacer un énfasis en el desarrollo de esta temática, dad su relevancia. Para ello citaré a Nag Hammadi, donde la ICAR no llegó, y no pudo destruir los conocimientos que a partir del 382 d. C. dejaron de acompañarnos para conocer este y otros tantos misterios. Hace 70 años reaparecieron cerca de la comunidad de Nag Hammadi, Egipto, una serie de 45 manuscritos que estaban bastante más cerca de lo que Yesuha y sus directos seguidores habían transmitido. En diciembre de 1945 lo que la escuela valentiniana ocultó de la arbitrariedad de concilios como el Primero de Constantinopla, y de las órdenes de Teodosio, fue conocido, traducido y rápidamente popularizado. Acorde a mi juicio, como apasionado de antiguos textos y rollos, y coincidiendo con el criterio de fuentes serias y profesionales, los manuscritos de Nag Hammadi son el Santo Grial de las enseñanzas de Yeshua que lograron sobrevivir. Sí, lamento ser aguafiestas, pero la historia del cristianismo es una invención judía basada en el criterio de un hombre que no conoció personalmente a Yeshua (no fue discípulo suyo), de un pescador machista que Roma usó como chivo expiatorio, y un líder judío religioso que no creía en su hermano. Eso es, me refiero a Saulo de Tarso, Simón Pedro y Jacobo, hijo de José el arquitecto (que la tradición confundió con "carpintero").

Estos tres hombres, pilares del cristianismo, fueron los que menos entendieron la naturaleza budista de las enseñanzas de Yeshua, y como resultado crearon el cristianismo como extensión de las ideas escatológicas del judaísmo, pues veían en Yeshua el Mesías que establecería el dualismo militante judío que había caído con Roboam (hijo del rey Salomón) y Jeroboam. Si quieres saber la verdad, no te ciñas a ninguna religión, porque incluso el cristianismo es una visión dual de Dios, y no concuerda con las enseñanzas originales de Yeshua en un elevado porcentaje. Digo esto muy a tu pesar – si eres cristiano – pues Yeshua no era cristiano (no en el sentido ordinario del término). Aunque fuese judío, sus enseñanzas eran no duales puras, es decir, eran de corriente budista, pero aún más acertadas que las del propio Buda. Es más bien por ello que no le entendieron, y siguen sin entenderle. Los años que transcurrieron desde la crucifixión hasta la configuración del canon bíblico estuvieron acompañadas de muchas fábulas que los devotos agregaban a las narraciones eclesiásticas. No había libros (eso apareció desde la era de la imprenta). Tomás fue quien empezó a tomar nota de las enseñanzas de Yeshua. De los 4 evangelios sinópticos, 3 provienen de una fuente llamada 'Evangelio Q', que en su tiempo era conocido como 'Palabras del Maestro'. Cuando ese libro desapareció, solo quedaba una fuente complementaria, que era el evangelio de 'Los Dichos', más tarde conocido como 'Evangelio de Tomás'.

De aquellos 3 evangelios sinópticos, solo el de Marcos fue presencial, pero ese Marcos era meramente un niño cuando Yeshua predicaba, y era un discípulo tan joven que, aparte de los años que pasaron hasta que esto se escribió, no recordaría demasiados conceptos, que además, no entendía. Los evangelios sinópticos se redactaron después de las cartas de Pablo, por ende, tienen reminiscencias de la doctrina paulina, más que de la doctrina de Yeshua. Las enseñanzas de Yeshua no eran comprendidas por los judíos, no únicamente porque no quisieran aceptarla, sino porque sencillamente no la entendían. Quien realmente la comprendía en su momento eran María Magdalena y Felipe, así como otros 4 seguidores, siendo los 7 grandes amigos de aventuras, risas y enseñanzas que, incluso, viajaron juntos por el mundo antes de que Yeshua empezara su llamado ministerio. Hago esta introducción para que te hagas una idea de cuán distinta es la historia al lado de lo que nos han contado, y cuánto difiere la historia original de lo luego enseñado por el cristianismo. Yeshua y María Magdalena estuvieron en París, en Stonehenge, en la India, en Alejandría, en el Tíbet, en Grecia, y seguidamente les siguieron Felipe, Andrés, Esteban, Tomás y Tadeo.

Fueron éstos los que mejor entendieron las palabras del Maestro. Por ello el evangelio de Felipe es el evangelio más poderoso de todos los que sobrevivieron, pues atestigua lo que el propio Felipe oyó y entendió de primera mano. Seguidamente está el evangelio de Tomás, que no fue completado porque su escritor, el apóstol Tomás, fue asesinado. Lo que se conocía de Yeshua era por transmisión oral, ya que Tomás era de los pocos que sabían leer y escribir, y se tomó su tiempo en ir plasmando a escrito las palabras del Maestro. A medida que pasaron los años, hubo muchos cuentos urbanos que se iban agregando al relato de los acontecimientos. Así, los evangelios comunes vinieron a convertirse en una historia basada en hechos reales, no en hechos reales en sí. Se crearon historias como que Yeshua había convertido un par de panes y peces en miles de ellos, cuando en realidad se trataba de una parábola sobre confiar en la providencia; se dijo que Yeshua había maldecido a una higuera o hecho un látigo para expulsar a los mercaderes del templo, un aspecto del carácter que deseaban plasmar para darle un toque de arrojo. Incluso se confundieron cosas que dijo Juan bautista con Yeshua, como "amad a vuestros enemigos".

Por encima de todo, palabras aquí y palabras allá transcurrían los años y las décadas y lo que se recordaba se mezclaba con las creencias del judaísmo sobre el 'Mesías Libertador de Israel', claramente bajo el prisma de un héroe con toque divino que en cualquier momento liberaría al pueblo especial de la opresión de sus enemigos. Cuando Judas hijo de Cariot (Ihudah Ish-kariot) vio que Yeshua no mostraba ser lo que él esperaba, ideó un plan con partidarios que deseaban derribar la estructura aristocrática judía y levantar un nuevo orden político basado en la visión zelota, la cual, con la ayuda de Yeshua, destruiría al imperio romano. Yeshua sabía que esto era necesario que ocurriese, aunque no era su intención, y sabía que un drama, como el de un dios crucificado, sería más transformador por los siglos, que la de un segundo Buda.

El plan de los partidarios de Judas funcionó, y hasta hoy la conspiración fue creída. Yeshua se mostró 3 días más tarde a sus seguidores para explicarles lo que había ocurrido pero no le entendieron - y tampoco querían - pues su mente solo imaginaba que el Mesías había regresado en carne y huesos desde el mismísimo inframundo, para legitimar su soberano poder. Más y más dualismo y fortalecimiento del sueño de la ilusión. No obstante, María Magdalena y Felipe sí lo entendieron. María Magdalena, Felipe, Andrés, Esteban, Tomás y Tadeo siguieron su amistad y trabajaron en la obra 'Palabras del Maestro', no obstante, este escrito era una herejía para la ICAR. No podían aceptar a mujeres predicadoras o iluminadas, como María, que mostró tener las mismas habilidades que Yeshua. Tomás y Tadeo los habían visto caminar juntos sobre el agua cuando no tenían ni 17 años (Yeshua), y 15 (María), como explica el propio Tomás en la obra de Gary Renard, 'Las Vidas en las que Jesús y Buda se Conocieron'. Después de Yeshua, María era la voz cantante, y lo siguió siendo, pero dado el machismo de su sociedad, y la animadversión de Simón Kefa (Pedro) hacia ella, siguió sus enseñanzas en París. Empero, el nombre París deriva de 'Par-Isis', donde Isis era el nombre egipcio de María en el sentido ideológico (no tiene nada que ver con la Isis esposa de Osiris que fueron maestros de la Atlántida hace 12.000 años, y también por varios ciclos eran señores de la Tierra).

El tercero de los iluminados en ese tiempo era Felipe - que conocía mejor a Yeshua que todos los demás -. Tanto él (Felipe) como los discípulos de Yeshua y más cercanos conocían los misterios que él había transmitido. Por casi 11 años tras la llamada "crucifixión", Yeshua regresaba a enseñarles sobre los misterios de los eones. Ellos recibían constantes revelaciones de cosas que el cristianismo convencional no llegó a conocer. La ICAR temía que esta verdad fuese conocida por el vulgo, y de esta forma perdiesen el poder sobre las masas. En consecuencia, tomaron en el 382 d. C. lo que se había escrito sobre Yeshua y la secta de los nazarenos, y lo maquillaron. La ICAR eliminó todas las citas donde Yeshua explicaba los ciclos de la reencarnación y nuestra procedencia ethe, e instauró el dogma del infierno perpetuo, y quien no aceptase la infalibilidad del papa y su cúpula (la curia) sería excomulgado. Estas arbitrariedades muchas veces llegaron a los extremos de la tortura física y la muerte. A medida que los escritos eran estudiados y revisados, se sustituían palabras, se quitaban otras y se agregaban más y más, en especial para potenciar el carácter no humano de Yeshua, de modo que legitimase la visión de nueva deidad de la religión cristiana. Así, apreciaciones como el que el Hijo es lo manifiesto, el Padre lo real, y el Espíritu Santo lo abstracto, se desvirtuaron, dejando a un lado la visión de la unicidad, y sustituyéndola por una doctrina confusa, desordenada e incorrecta sobre tres seres divinos en uno.

Ahora bien, ¿qué mayor trasfondo tiene el revisionismo cristiano? Todo. El llamado cristianismo – o correctamente llamémosle 'religión paulina' – solo legitimó la religión judía – o correctamente llamémosle 'religión teocrática nacionalista israelita' – al poner el enfoque de la realidad en el mundo material y el elitismo, promoviendo más ideas de unos mejores que otros, la materia glorificada o la "lucha" y "muerte" de unas gentes "malas". Aparte de esto, la enseñanza real de Yeshua quedó relegada a lo meramente poético y filosófico, considerándose más las opiniones de Pablo de Tarso como fundamento estructural. La fe quedó supeditada a un sistema de creencias estrictamente religiosas sobre la existencia de un único dios; mas por encima de todo la visión dual de ese Dios se potenció al considerarle promotor del asesinato de su propio hijo. Los cristianos pasaron enteramente a ignorar que en realidad Yeshua no tenía necesidad de dejarse matar, y que él no pretendía enseñar nada sobre muerte. En cierto modo la doctrina cristiana entendía que la acción de Yesuha tenía por función dar a entender que la muerte no es real, y en parte fue así, pero no era el fundamento de la simbología que Yesuha quiso transmitir.

Judas Ishkariot y otros planearon una conspiración para salvar la vida de Yeshua, ya que sabían que un número nutrido de miembros del Sanedrín deseaba su muerte. El plan consistía en persuadir a uno de los partidarios de la visión de Judas para que creyera completamente que era el Mesías. Hubo al menos dos líneas de continuidad espacio-tiempo desde que tuvo lugar aquella cena de Pesaj hasta que Yeshua se proyectó físicamente a los apóstoles y les hizo creer que tenía marcas de la crucifixión. Yeshua estaba tan avanzado a nivel psíquico que creó un holograma colectivo donde todos los presentes creyeron verle morir, cuando en realidad el que moría era un sustituto. Yeshua simplemente, al despedirse de ellos en la cena, se convirtió en su ser de Cuarta Densidad (el estado de Resurrección más avanzada posible en estado de Tercera Densidad), y desde ahí acompañó desde Cuarta Densidad a un hombre al que los partidarios de Judas Ishcariot drogaron y convencieron de que era el Mesías y debía pasar por un suplicio para cumplir las profecías. Yeshua fue incapaz de explicar la verdad a sus discípulos - que estaban en shock al verle y creyeron que era un fantasma -. Comió para que no pensasen que era un espectro pero como ellos no entendían dejó el tema así.

Él igual ya sabía que no lo iban a entender y que su sistema de pensamiento únicamente encajaría las circunstancias como una "resurrección" de su cuerpo físico de entre los muertos. Solo Felipe y María magdalena entendieron en ese momento que él había pasado a Cuarta Densidad y les estaba mostrando una proyección de su yo como si fuera aún de Tercera Densidad. ¿Por qué no se ha dicho esto antes? ¿Quién lo iba a aceptar? ¿El mundo oriental? Ellos poco o nada sabían sobre Yeshua. ¿El occidental? Hasta hace solo algunas décadas casi todo estaba bajo el poder inquisidor e inflexible de la Iglesia Católica. Y aunque se diese a conocer, ¿cómo se explica? ¿A quién le explicas la Verdad si esta trasciende al mundo perceptible? ¿Cómo le explicas sobre hologramas mentales, proyecciones de mente colectiva, alteraciones de continuidad espacio-tiempo? No fue algo realizado con tecnología. Yeshua creó una realidad paralela con poder mental, usando la conciencia colectiva. Ellos vieron a un hombre crucificado. Yeshua hizo que pareciera que fue él porque de ello podía introducir un arquetipo, que es todo un sistema de códigos basados en la idea de la Cruz.

El hombre al que drogaron era judío, pero no sobrevivió a la crucifixión, y sus seguidores robaron su cuerpo para decir que el Mesías había revivido. Yeshua no tenía nada que ver la conspiración, ni nada de aquello sobre sacrificios era parte de su sistema de enseñanzas. Sacrificios, sufrimiento, muerte... Eso era contrario al amor, paz, unicidad de Dios y felicidad que él estaba enseñando como verdad última. Él sabía lo que planeaba Judas con otros, y por ello le dijo, "lo que vas a hacer hazlo ya". Yeshua había transmitido todo cuando debía transmitir y que hasta ese momento era posible que se transmitiese. Judas y los que estaban con él querían hacer culpable al Sanedrín a ojos de todo el pueblo para que el pueblo pidiese la disolución del Sanedrín. La idea era crear un cambio de gobierno judío basado en la política zelota aprovechando el pretexto de que el Sanedrín había matado al Mesías, y luego dirían que había revivido y subido al cielo. Querían hacer parecer cumplidas las profecías de un Libertador que los motivaría a todos a derrocar la tiranía y ocupación romana. El mensaje de Yeshua no era morir por nadie. Él nunca dijo eso. Esa fue una interpretación de Pablo de Tarso a la luz de sus previas creencias. Yeshua quería usar el símbolo de la entrega para enseñar que la verdad no es dual. El mensaje de la cruz es que si te atacan (crucifican) no respondes. No pagas mal por mal, das la otra mejilla. El amor es entrega, no frena el mal o lucha, porque lo haría real. Solo el Amor es real.

Judas tuvo la idea salvar a Yeshua, para conservar su vida, creyendo que al hacer el Sanedrín entonces Yeshua tendría el camino libre para dirigirse confiadamente a pueblo como líder. Yeshua sabía que ese sistema de pensamiento del ego iba a materializarse en cualquier momento – pues el ego es predecible -, y lo vio en su mente de antemano y supo que ese drama podría ser aprovechado positivamente para transmitir un mensaje mayor de amor por medio de la "no lucha" (no enfrentar a tu enemigo es reconocer que no hay enemigo). Yeshua venía años viendo las ideas de los zelotes y conocía bien las creencias de los esenios, y estaba al tanto de cómo Judas y otros esperaban que él fuese el elegido para armar a los judíos y usar sus poderes para destruir a Roma, a quien los esenios identificaban con Belial. Sabía que en cualquier momento esta gente iba a tramar algo para salirse con la suya y era solo cuestión de tiempo. Por amor, él acompañó desde Cuarta Densidad a un hombre al que Judas y sus compañeros de conspiración persuadieron con que era el Mesías, y ese hombre se lo creyó.

Tal era el estado drogado que no pudo aguantar ni siquiera la cruz y se le caía, al grado que un tal Simón de Cirene tuvo que ayudarle. Aquel hombre empezó a arrepentirse de la idea que aceptó al pasar los efectos de la droga cuando estaba colgado. Él se creyó lo que le dijeron: que era el Mesías, y que su acción sería un hito. Él pensó que Dios le salvaría en cualquier momento, pero al ver que no ocurría dijo, "padre, porqué me has abandonado". Yeshua utilizó lo que ya sabía que era un acto evidente del ego que ocurriría tarde que temprano (ya lo veía venir, y de no ser Judas sería cualquier otro, porque el ego reacciona con tragedia y sufrimiento cuando se ve agredido). Sabía que la idea promovería el llamado sistema de creencias del cristianismo, estableciendo determinadas pautas que podían ser de cierta utilidad, aunque no fuesen no duales puras. Sabía que eso sería de cierta utilidad hasta que llegase una generación más evolucionada en la comprensión de la Mente. Si los evangelios sinópticos se analizan debidamente, Yeshua en realidad nunca dijo que él iba a morir. Lo que consta en dichos textos es que él habría dicho que "el hijo del hombre" pasaría por esto y aquello.

¿Quién estuvo con Yeshua en Getsemaní para atestiguar lo que supuestamente ocurrió si los que estaban "velando" no lo estaban, sino dormidos? Yeshua estaba solo, según lo que dice el relato, pero si Yeshua no contó eso a nadie ni hubo testigos, ¿de dónde sacaron que eso ocurrió? ¿Cómo supieron que Judas había vendido a Yeshua por 30 piezas de plata o que se habría arrepentido devolviendo las piezas? Si Judas se intentó suicidar y cayó por un barranco, ¿en qué momento confesó? Lo que la mayoría no se cuestiona es cómo se supone que se podían relatas cosas donde no hubo testigos. En esa época no tenían cámaras fotográficas. Podías confundir a una persona con otra, y al propio Yeshua lo confundía en apariencia con Tomás (por esa razón le llamaban "el Gemelo"). El punto es que la persona entregada se parecía a Yeshua y el propio Yeshua estaba haciendo que las cosas pareciesen lo que ellos querían ver. No es algo fácil de explicar. Si no se entiende lo que es la Mente Colectiva, la Conciencia Colectiva, la configuración mental de la realidad, y otros asuntos complejos del mentalismo, es complejo comprender lo que ocurrió.

Aún más, ¿quién define que una profecía se estaba cumpliendo o no se había cumplido ya, o que en realidad se estaba interpretando adecuadamente la profecía? Arten y Pursah explican que lo anunciado en Isaías 53 se refería a un personaje que apareció unos años después de Isaías. El templo que Yeshua afirmó que sería destruido es el verdadero templo, y los tres días son tres ciclos. En realidad, fuera de lo que narra el evangelio de Tomás – y puede que ideas generales del evangelio de Juan – no se puede tomar nada de lo contado en los evangelios sinópticos al pie de la letra. Hubo demasiados agregados culturales, cuentos urbanos, y cuando todo ello fue convertido en "evangelio" - en el sentido de biografía – los que habían estado ahí ya habían muerto. El verdadero punto, lo que es la parte importante es que Yeshua sabía perfectamente que el mundo es un sueño, que nada salvo Dios es real. Él se reía y disfrutaba porque era plenamente consciente de que nada del mundo (el cosmos) es real. Si alguien piensa en sufrimiento, dolor, pérdida o muerte, el tal es parte del engaño. Ningún director de cine pierde la razón mientras están rodando su película creyendo en el papel que están interpretando los actores. El sufrimiento no existe para quien se ha liberado del engaño. Quieren entender cosas que requieren tiempo. Si no empiezan por endoctrinar su mente en la convicción plena y absoluta de que el mundo no es real - en vez de verlo en un sentido filosófico - seguirán emitiendo juicios, y emitir juicios es estar engañado, pues se cree en algo irreal.

Ahí radica la confusión principal con el significado de la crucifixión, los 3 días de muerte y la tal resurrección, o sea, el mito de que Yeshua revivió su estado de Tercera Densidad. Si le dices a alguien que resucitará, le estás mintiendo, porque ni la carne ni la sangre pueden heredar el reino de Dios. La resurrección es de la Mente, pues es la Mente la que ha muerto. El cuerpo nunca estuvo vivo, porque no es real. La resurrección de los muertos se refiere a la humanidad, pues murió al probar el árbol de la Torah, el del bien y el mal, que es el árbol del juicio, el que creó este universo. El tema de la resurrección simplemente estriba en que el ser despierta su estado de la siguiente densidad, y eso es un cambio mental. Si están en un estado de Tercera Densidad y activas tu estado de Cuarta Densidad solo te queda programar mentalmente la forma en que te desharás del cuerpo que hasta el momento te revestía. Si tienes un cuerpo de Tercera Densidad, por ejemplo, simplemente defines mentalmente la manera en que lo abandonarás para activar tu cuerpo de Cuarta Densidad. Hay seres de Cuarta Densidad en esta generación, en cuerpos de Tercera Densidad, como los hubo antes de Lemuria, hace más de 35.000 años.

Esto es por la transición que habían anunciado los mayas, que elevó nuestro planeta de Cuarta Densidad. Así esta era de Acuario la humanidad empieza a ver la elevación colectiva a Cuarta Densidad, en consonancia con la Tierra. Los pocos años que un ser que ya activó su estado de Cuarta Densidad, pero pertenece aún en cuerpo de Tercera Densidad es un periodo de mera paz y análisis, como cuando ya sabes que tienes una herencia recibida y solo es cuestión de algunos años para que la disfrutes. Alcanzas el final de los juicios y lo has perdonado todo, entonces ya no tienes miedo y gozas de la completa paz de Dios. Carece de lógica asumir que un cuerpo de Tercera Densidad reviva como si pudiese acceder con ello al "reino de Dios" en el éter. ¿Qué coherencia tiene decir que Yeshua revive su cuerpo de Tercera Densidad y luego es elevado al cielo para ir con el Padre, si el Padre es Espíritu? ¿Entonces para qué revive ese cuerpo? Los cristianos asumen que la esperanza es revivir la materia, cosa completamente diferente de lo que Yeshua enseñaba.

El mensaje de Yeshua no se basaba en que sus seguidores terminasen en "creer", pues, ¿sobre creer qué cosa estamos hablando? Para ellos creer en el Cristo (Mesías) significaba reconocer que él era un rey terrestre que heredaría el trono de David y reuniría a los dispersos de su gente y fortalecería su nación, impondría nuevamente la ley, liberaría a su pueblo de sus enemigos y tendría un reino perdurable sobre las otras naciones. Esto es dualismo duro y puro. Una linda estrategia del ego. Salvo Felipe, María, Andrés, Esteban, Tadeo y Tomás, eso era lo que esperaban el resto. En cambio, Yeshua y estos seis amigos suyos sí sabían que el Cristo representa una Conciencia Universal, un reino que no es dual, empero, no es de este mundo. Felipe sí entendió que los dispersados somos todos los seres del cosmos que fuimos introducidos en la proyección después del Big Bang. María de magdala y Felipe sí entendieron que el Mesías los liberaría de la ilusión del Sueño, no de sus imágenes (enemigos). Yeshua comió con sus seguidores tras el drama de la crucifixión simplemente para que no creyeran que él era un espectro. Les dijo, "no estoy muerto", pero ellos no entendían. ¿Cómo se supone que les iba a explicar la verdad?

Pedro dijo "no sé quién es ese hombre", ¿por qué? No por miedo, sino porque no reconocía que ese fuera Yeshua. En Getsemaní el mismo Judas tuvo que dar la señal de un beso para que reconocieran a Yeshua, ¿acaso él tenía una mejor vista que los miembros del Sanedrín y los soldados? Es absurdo que los seguidores de Yeshua estuvieran con él por años, conociendo su rostro, su voz, su forma de caminar, su ropa, sus gestos, etc., y luego, durante todo un viaje de horas por Emaús no le reconociesen caminando a su lado, ni más adelante comiendo juntos. ¿Y María? La magdalena llega primero que nadie ante su esposo y teniéndole delante no le reconoce, sino que le pregunta, "¿dónde está el maestro, tú te lo has llevado?". Unos no reconocieron a aquel hombre porque sabían que no era Yeshua, y por ello no fueron con aquel hombre al Calvario. Yeshua ya no era de esta materia, y por ello ya no le reconocieron las otras veces que apareció, incluida la primera aparición que hizo cuando estaban escondidos y se materializó de la nada diciendo "shalom". Despareció en la comida de Emaús ante los ojos de aquellos presentes e hizo lo mismo en esa ocasión. Tras la última cena Yeshua terminó su trabajo y se desentendió de lo que iba a ocurrir después, al grado que lo dejó dicho al afirmar, "miren, esto es mi carne y esto es mi sangre", no la que iban a ver al día siguiente.

Yeshua no fue compinche de Judas, sencillamente 'aprovechó' la conspiración para incorporar un mensaje impactante que marcaría un hecho histórico relevante por generaciones, hasta el día que la Iglesia Católica permitiese la libertad de culto y la psicología abriese el terreno a la comprensión de la mente. Él no viola el Libre Albedrío. Eso iba a pasar de todas maneras, y aparte de ello, ya sabía que casi nadie entendió ni entendería sus enseñanzas y su trasfondo, así que el Espíritu Santo, que conoce el guión de todo, se unió a él en el uso de una simulación que presentó un sistema de enseñanza cuya finalidad era la no lucha. Así, a mediados de los años 60 Yeshua empezó a transmitir 'A Course in Miracles' (Un Curso de Milagros, o UCDM), a la psicóloga Helen Schucman, en un proceso de 9 años. Cuando uno lo lee el Espíritu Santo le confirma que fue transmitido por Yeshua, y que representa la revelación de la Verdad, únicamente posible gracias a un proceso de cambios históricos que lo han permitido. El Curso recuerda que la Mente creó el cosmos, lo cual explica las cosas que Yeshua dijo en su momento hace 2.000 años, pero con un toque "shakespeariano" de índole psicológico.

Día Menos Dos (-2)

Partiendo de lo ahora expuesto, consideremos que sea plausible que haya otras fuentes del conocimiento más fiables – en lo que a la Verdad se refiere – para llegar a esa VERDAD. Yo recomiendo como principal fuente de la Verdad la revelación de Yeshua dada Helen Schucman, como Un Curso de Milagros, y tras ella las revelaciones dadas por los apóstoles Tomás y Tadeo a Gary Renard en sus obras de La Desaparición del Universo. Tras ellos suelo recomendar el Material de Seth, el Material de Ra, el Oahspe, los manuscritos de Nag Hammadi y otras obras de la escuela valentiniana, 'El Secreto de la Flor de la Vida' de Drunvalo Melchizedek y las obras de Hermes

Trismegisto o Tot (como Las Tablillas Esmeralda). Tras esto uno puede, entonces, comprender la realidad que nos rodea, quiénes somos, de dónde venimos y hacia dónde vamos, y la podemos complementar perfectamente con los trabajos de Carl Jung, Sigmund Freud, física cuántica o literatura de los padres de la 'Fundación para la Paz Interior'. Es gracias a estos trabajos que puedo facilitarte esta tesis, y por medio de la cual continuaré resumiéndote los misterios del reino de Dios y de la esencia de los universos – en especial de este en el que estamos -.

Abordé en 'La Rebelión de Sakla I' la dinámica del caos primigenio, pero ahora me adentré en qué fue antes. Hay, en ese sentido, un par de textos que nos revelan qué fue previo al Big Bang, y estos exponen que solo hay un Invisible, que es Todo. Esta totalidad que Es, recibe el nombre griego de Pleroma, esto es la Plenitud que otros han denominado 'Plentum'. Él emana luces que son porciones de su ser, y todos juntos son uno, una unidad o unicidad llamada en griego 'Mónada'. La primera proyección de sí mismo es conocida como 'Barbelo', que podría ser un vocablo con matices arameas, según la forma 'Bar' (hijo/a) 'Belá' (sin, ausente), o como 'Bal' (señorío). Esto podría representar que es una emanación no considerada como un hijo, o quien proyecta su poder. Ellos dos produjeron un hijo al que llamaron Jristós, y él, pidiendo a ellos su luz creó un vástago al que denominó Esefec, y posteriormente a un prototipo de hombre, llamado Adamas, que fuera padre del primer humano de la primera raza de aquel reino, conocido como Set.

Esos fueron los Reinos Imperecederos que fueron creados desde esas primeras emanaciones. Todo ello ocurrió antes de este universo, y fuera del tiempo y del espacio, en un estado celeste-etérico carente de formas e imágenes. Entonces empezamos a hablar de "hijo", que en griego moderno se denomina 'Gios'. El Gios es, empero, la fuente del Giin que se produjo posteriormente, que es conocido también como Gios o Gaos, o Jaos, de la forma sánscrita por donde llega la palabra

'Caos', así como la griega 'Gia' (Tierra), Gaia o Gea, de la raíz 'Gi'. Esta 'Gi' simboliza la materia, el resultado. Primero es lo invisible o espiritual, luego lo visible, o material. El 'Gios' es el productor del 'Gi' aunque posteriormente interpretó la humanidad por sus mitos que era al revés, siendo el Gios (hijo) derivado de Gi (la tierra). Por ello se dijo que el hombre fue formado de la Tierra, cuando en realidad fue primero la tierra (materia) la que vino del hijo. No vayamos a caer en el error de asumir que estoy hablando de Jesucristo. Este libro no es una tesis cristiana. Yeshua (Jesús) es un símbolo inequívoco de lo que hablo, pero no la fuente.

En el universo hay símbolos, pues estos son representaciones de los aparentes niveles. De esa forma se nos enseña por medio de símbolos-ideas, y podemos comprender las cosas inferiores con las superiores, y las superiores con las inferiores – pues a la vista de unas comprendemos la imagen de las otras -. Por ello Yeshua es parte de una serie de símbolos que pretenden explicar cosas de otros niveles, no idealizar, adorar u honrar los símbolos. ¡Porque solo son símbolos! El primer Gios/Yios es parte del Pleroma y la Mónada, del Plentum y Unidad, de la Plenitud y Unicidad. Después vienen otros Gios (hijos), como ideas replicadas de una realidad única. Como las células. Las células son unas réplica de otras, pero no están fuera del conjunto, del cuerpo. Podemos entender las propagaciones de las emanaciones iniciales comprendiendo las emanaciones posteriores, o viceversa. El Invisible, que es Perfecto, y Espíritu Único y completo, es plenamente consciente de sí mismo. Él proyecta su realidad en su propia realidad.

Usaré geometría para explicar el mecanismo: Supongamos que Él, al ser completamente total, habría de ser representado como un perfecto círculo. ¿Cómo llega a ser un círculo? Pues porque es consciente de sí mismo. Si es consciente de lo que es frente a Él, detrás, abajo, arriba, a su izquierda y a su derecha, tiene 6 direcciones, que son todas, a donde es consciente, y esa conciencia es absoluta, entonces es todo-abarcable. Una conciencia que ocupa los 6 puntos es, en sí, una esfera. Los 6 puntos se interconectan creando una red holográfica donde está condensada la energía del pensamiento. Esto produce una esfera. El UNO proyecta su propia conciencia frente a Él, duplicando la esfera en el límite de su conciencia, es decir, frente suyo, pues él en realidad no tiene ningún límite, toda vez que es completo y absoluto. Este duplicado se produce en ese borde, y de ahí emana el centro de la siguiente esfera. La configuración de estas dos esferas se denomina 'Vesica Pescis' o 'Vesica Piscis'. Esta es la 'Primera Acción'. Tiene lugar una Segunda Acción, donde del centro de ambas esferas se replica otra, que es el primer Gios (Hijo), llamado Jristós, el Ungido, pues está untado e impregnado de la unicidad del UNO y Barbeló. Ahora hay un trío que simboliza la Mónada. Es decir, el Pleroma adquiere forma de 'Trípode de la Vida'. Es "de la vida" pues de tres comienza todo.

Esta totalidad es conocida en la Kabalah como 'Ein', que traducido lo más parecido seria como "no hay", "sin", "ausente", o el principio del nada-silencio que lo es todo, y cuyo número es 711 igual que 'Adón' (Señor). De él, acorde a la perspectiva del misticismo judío, derivan 10 esferas (sefirot) o nodos que proyectarían la idea abstracta del Pleroma como arquetipos de la realidad. Esta representación es denominada 'Etz Jaiím', o Árbol de las Vidas, donde los 10 nodos se interconectan en 22 caminos, que corresponderían con las letras del alefato. El "Árbol" se divide en 3 columnas, o pilares: izquierda, central y derecha; y en 3 niveles: superior, intermedio e inferior, que algunos ven como 4 niveles, según los estados de realidad: Ein, Ethe, Atmos y Corpor. Este no es un sistema literal sino representativo, para ejemplificar aspectos abarcadores de la existencia, Dios y la psique humana. La idea de la Kabalah es útil para ilustrar la ciencia arquetípica de los conceptos, empezando porque en el misticismo jasidista (judío ultraortodoxo) todo vino del 'Ein' (Nada) que es plenamente consciente, inteligente y potenciador. Podemos relacionar esta idea con el Perfecto Uno del gnosticismo. De 'Ein' procede 'Ein Sof', como el Perfecto en la infinitud; Luego viene del Ein Sof el 'Ein Sof Aur' (o 'Ein Sof Or'), que es la luz infinita o ilimitable. Éste es el Pleroma de la gran Mónada primigenia y por la que todo existe, y en la que todo es, que es el Padre Primordial, la trinidad verdadera que es uno y el mismo, donde Perfecto, Barbelo y Cristo son completos.

Barbeló es el primer "poder", el Pensamiento Anterior de todo que vino de la mente del Padre UNO, la Protennoia. Ella es la 'Dója', que algunos trascribieron como 'Doxa', la Gloria, o estado sumo de magnificencia. Ella pidió al UNO virtudes, y una tras otra las recibió. Dado que ella es la Gloria, y personifica el Pensamiento Anterior, es ya la primera de las grandes virtudes, y se le anexaron: Proigoúmeni Gnósi (Conocimiento Anterior), Athanasía (Inmortalidad), Aiónia Zoí (Vida Eterna) y Alítheia (Verdad). De esta manera se proyectó la imagen del Gran Espíritu Invisible. Estos 5 vinieron a ser la Primera Humanidad, no en el sentido que ahora se entiende humanidad, sino en lo que realmente significa Adamáh. Esta totalidad, de los 5 con el Uno en sí son una 'Dekada', o totalidad de 10, llamada 'Páteras', o en lengua hebrea 'Aba' (en la aramea 'Ab'), que quiere decir en español 'Padre'. Repito, todo son copias unas de otras. Las proyecciones superiores son la raíz de las proyecciones inferiores. La proyección de todas las cosas es fractal, se repite en todos los niveles. En cada nivel hay Adam (hombre, humanidad), hay dioses, hay padres, hay Cristo, etc. Se trata de una proyección, como una película. Recuerda que la película no es un objeto real o sólido, es una proyección de algo que dentro del tiempo ya ocurrió (ya fue grabado, editado y presentado), que no está ocupando espacio (pues son píxeles de tres colores combinados de tal manera que el televisor le da forma como imágenes en movimiento y en más colores) y que no salió de la TV (el aparato solo da forma a una emisión de ondas que vienen de otra parte). Se podría decir que por el éter se propagan las ilusiones como réplica de una fuente original, así como por la atmósfera se propagan las ondas de radio y televisión. Tras ella viene el Gios, o Yios, que fue un rayo de luz del Perfecto entrando en Barbeló. Rayo de Luz en griego es 'Aktína Fotós', o sea, sí, el Padre le sacó una foto, y esa foto fue el Hijo. ¿Quieres más ejemplos de analogías? No existen casualidades. El Espíritu Santo es lo único que hay cuando no hay ego. Por ello, toda verdad viene del Espíritu Santo, y él codifica todo en números, letras, palabras, formas, colores, idiomas, conceptos, símbolos. Una foto es una plasmación posible por Fos (luz), una proyección de la luz.

Es importante considerar que en los manuscritos antiguos aparece más la idea de 'Uios' como Hijo: Sin la letra Sigma - la sola raíz 'UIO' - representa al Hijo. El hijo es la representación de la trinidad o triada que es Uno en la Totalidad. Por ello tres letras son claves acá. La letra griega Ypsion (o 'Upsilon') "mayúscula" se confunde con la Gamma "minúscula", lo cual explica la asociación de 'Gio' con 'Uio'. La 'Ypsilon' identifica lo Elevado, la 'Iota' simboliza al universo y al cielo, y la 'Omicron' es el ojo que ve todo, o sea, que es consciente de todo y hace que la realidad sea existente. De esta manera, los tres, o 'UIO', son uno, y el Hijo representa a los tres. Recuerda, esto no significa que IHVH (Yavé, Jehová, Iao, Iaheveh) fuera creado ahí. Hablamos de la esfera de las emanaciones, antes de este cosmos actual y sus dioses. Comprendiendo esto se explica, entre otras cosas, la analogía de simbolismos que tenían la conciencia de la deidad Iaheveh y el maestro Yeshua.

Tenemos entonces que tras la Vesica Piscis emana otra esfera, que es por unción ('jríka' en griego, o 'mishjut' en hebreo), produciendo una Tercera Acción, comenzando por recibir Nous, o 'Mente'. Todo esto ocurría en el completo Silencio, pues todo viene del Silencio, y por medio del Silencio se regresa a la fuente. El Hijo pidió 'Logos' (Palabra), y con ella vino el 'Tha' o 'Thélima', es decir, Voluntad. Ahora este Cristo, o Ungido, era proclamado entre estas virtudes y emanaciones como 'Theo', es decir, Dios. Este vástago pudo comprender la verdadera naturaleza e identidad de aquel universo espiritual, y era Dios producido por sí mismo en esa realidad o eón. Una vez aquella realidad fue proyectada, y la Tercera Acción eónica se desarrollaba con todas sus manifestaciones, se desarrolló la Cuarta Acción, que ya eran 4 esferas integradas. Sobre los detalles de estas emanaciones y sus reinos ya he hablado en videoconferencias y en la saga 'RS', por lo que mi propósito con este capítulo es resumir e integrar los aspectos esenciales que dan forma al Barashit. No se pude comprender cómo se produjo el Barashit, ni porqué, si no se comprende la raíz de lo que tuvo lugar previo a su aparición. Si bien, estos detalles además los puedes estudiar en 'El Primer Tratado de Set' y en 'El libro Secreto de Juan', ambos de las fuentes disponibles y traducidas de la Biblioteca de Nag Hammadi. Entonces, tras las 4 esferas integradas viene la quinta, y entonces la sexta, que se convierte en la primera gran estructura de la que derivan el resto... Huevo de la Vida, Fruto de la Vida, Flor de la Vida.

Estas glorias son emanadas de Barbelo, que es el Doxomedon, y el estado de la y realidad de las Divinidades, llamado 'Kalyptos'. Ahí mora el Hijo auto-engendrado, y su hijo Esefec, y la gloria del hombre virgen y tres veces masculino (Cristo), llamado Youel, o Yoel. Es de este Kalyptos que surgieron los reinos del eón del Hijo. Y es acá donde existen los eones de Kalyptos, que son 4 fuentes. El Primer Eón en ella, de quien es la primera luz, se llama Solmis y está con el Dios Revelador; el Segundo Eón es Akremon, lo inefable, junto con la segunda luz, Zachthos y Yachtos; el Tercer Eón es Ambrosios, la virgen, junto con la tercera luz, Setheus y Antiphantes; el Cuarto Eón es el que bendice a la gran raza, y con quien está la cuarta luz, Selda y Elenos. Este reino es identificado con el 'Adam Kadmon' de la Kabalah, o sea, el Pigeradamas, el Adam Primordial. Este es el primero y mayor de los 5 niveles de realidad de la cosmovisión kabalista, pero en realidad debería asociarse con el estado Atzilut, que es el de las emanaciones. La forma de verlo en el jasidismo es al Adam Kadmon como el estado almático Yejidah, cuya base es la conciencia; luego está Atzilut, donde el estado almático sería Jaiah, y la base sería la Mente; seguidamente estaría Briah, cuyo estado almático sería Neshimah, y su base sería el Pensamiento; luego estaría Yetzirah, con el estado almático Ruaj, y la base del Habla; finalmente se hallaría Asiah, donde el estado almático sería Nefesh, y la base sería la Acción. En realidad Adam Kadmon se hallaría en Atzilut, o estado de las emanaciones, y como resultado del principio del Pensamiento hecho activo. No obstante, no entraré a filosofar sobre las diferencias o coincidencias entre los varios puntos de vista sobre esto.

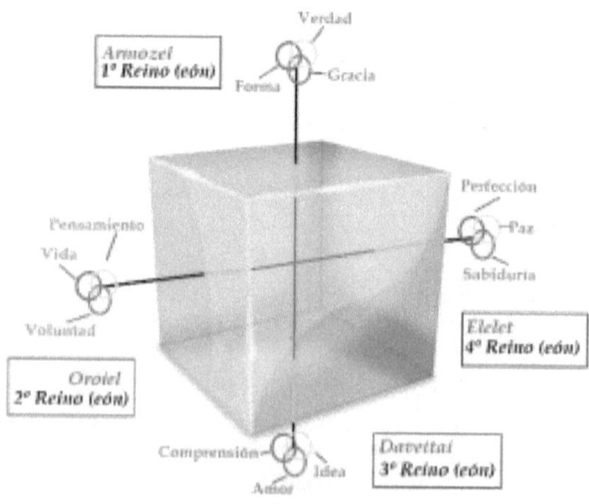

Acorde a los manuscritos de Nag Hammadi, el Yios/Uios produjo una raza, y recibió reinos del eón superior invisible para él, con ellos procedieron príncipes-ángeles, reyes-ángeles, facultades, poderes y asistentes. Estos seres son genéricamente denominados 'Asterei', o en hebreo 'Kojab', que en español sería "estrellas". En fin, 4 reinos principales, cada uno con 3 sub-reinos, y cada reino y sub-reino con sus respectivas potencias. En el primer grupo de los 4 vino el proto-hombre, llamado Adamas, que quiere decir en griego "indestructible". Su reino era llamado Adamantino, que también significa "hecho de diamante". En algunas partes de los textos gnósticos es denominado Geradama, o sea, "quien produjo a los adamicos", o Pigeradama, que recibió del Invisible una mente inconquistable (de ahí su nombre).

En el segundo grupo de los 4 reinos habitó Set – el hijo nombrado por Pigeradamas -, cuyo nombre significa "fundamento", "puesto" o "cimentar". Se dice que una fuente pura de manantial existe en un reino acá conocido como Shdom, que está en Amorrah. Como símbolo de la caída, estos nombres fueron dados a dos ciudades en el valle de Zoan, al norte de Judeah, y se trascribieron como Sodoma y Gomorra, respectivamente. Ahora bien, en el tercero de los 4 grupos se estableció la descendencia de Set, los setitas, aquellos conocidos como los Kodashim (santos). Para el tercer reino estaban destinadas sus almas. Mas, en el último grupo la cosa cambia. Respecto de esos reinos, la primera estrella se llama Harmozel, que es el primer grupo de los reinos; el segundo grupo de los reinos es de la estrella Oroiel; la tercera estrella se llama Daveithai; y la cuarta se denomina Eleleth. Por la aparición de un "ángel" bajo el título de Elelet, en una obra literaria atribuida a Norea - hija de Jevah (Eva) - se puede compaginar la idea de que ciertas conciencias superiores no tienen cuerpos antropomorfos, sino que son manifestaciones de luz. Estos 4 provienen de la Madre, no del Protofanes (Adamas), ya que son un pensamiento de la mente perfecta de la luz. De esta manera, las estrellas – como todo el resto de cosas del cosmos – tienen conciencia, mas en su caso, concretamente, uno de los mayores estados de vibración. En las 'Llaves de Salomón' también se aprecia esta asociación de ángeles-príncipes con estrellas. A nosotros nos interesa especialmente el último reino mencionado, el de la estrella Eleleth (o 'Elelez'), donde hay tres reinos llamados Perfección, Paz y Sabiduría (quien en griego se conoce como 'Sofías').

De esta manera, ante el vástago de luz hay 4 estrellas y sus 12 reinos. Es evidente la analogía de esto con las 12 constelaciones que nos rodean y la partición de nuestro tiempo anual en 4 etapas, dependientes de los pasos del sol por la faz de esas 12 figuras estelares. De esta manera nuestro universo es imagen-reflejo del universo del Cristo primordial, o dios producido por sí mismo, y de donde viene la estructura de los 12 salvadores de los que toman su ser y origen los 12 apóstoles (ver Ev. Valentino, cap. 31). Esa proyección se manifiesta en los niveles inferiores por medio del símbolo del planeta Urano, que es llamado también Cielo en la mitología grecorromana. Un año – o ciclo – consta de 84 años terrestres, que es una ecuación de 12 periodos de 7 años; es lo mismo que decir que un ciclo de 7 terrestre es un ciclo de los 12 de Urano (ver RS3, pág. 173).

¿Qué ocurre, pues, con los moradores de los reinos de Eleleth? Estos reinos estaban destinados a las almas que ignoraban la Plenitud divina. Parece extraño, pero así es. El 'Apócrifo de Juan' o 'Libro Secreto de Juan' nos da a entender, por mediación de Yeshua, que los moradores de estos reinos de la estrella Eleleth estarían ignorando "la plenitud divina" temporalmente. ¿Qué quiere decir eso? Que se estableció un estado para una ¼ parte de esta "conciencia social" que se sobreentendía que no estarían enterados "al principio" de la verdad, o sea, de la Plenitud. Debemos comprender que la comprensión sobre la Plenitud es esencial para el discernimiento respecto de la Totalidad de la que hacemos parte. La ausencia de esta erudición es un factor esencial en el dualismo, una idea de separación. Si no somos conscientes de que somos parte de un Todo, nos sentiremos separados, y eso trae la muerte mitológica, es decir, los diversos tipos de muerte. Al decir 'muerte' no me refiero a la idea ambigua de abandonar un cuerpo.

Muerte significa SEPARACIÓN en la realidad del absoluto. Dejar un cuerpo no es muerte sino transición. Los estados de muerte son, por ejemplo, el sufrimiento, la enfermedad, las dolencias, las desgracias, el abandono y apego, etc. Aquí entra el que el verso 16 del capítulo 5 del 'Apócrifo de Juan' nos diga que aquellos destinados a estos reinos de Eleleth no se habrían arrepentido inmediatamente, "sino que siguieron ignorando durante un tiempo, y luego se arrepintieron más tarde". Esto es así a pesar de que igualmente son criaturas que glorifican al Gran Espíritu Invisible.

Parece extraño que el Padre Uno estuviese implicado en una idea dual. No obstante, no lo está de la manera que el ego pretende que lo percibamos. Yeshua explicó esto en una metáfora, diciendo: "la Divina Ley de Dios es como una persona que tenía buenas semillas. Su rival vino durante la noche y sembró malas hierbas entre las buenas semillas. La persona no dejó que los trabajadores arrancaran las malas hierbas, sino que les dijo: 'no, porque podrías arrancar las malas hierbas y el trigo junto con ellas'. Porque el día de la cosecha, las malas hierbas estarán a la vista, y serán separadas y quemadas." (Ev. Tomás, 57) Como se describe en los evangelios sinópticos, Yeshua explica esta alegoría a la luz de la comprensión de ellos, mas la religión ve en "el malo" una idea externa a nosotros que interviene porque Dios se lo permite. ¿Por qué? Dicen que para probarnos, aún cuando Jakobo refiere que "cuando alguno es tentado, no diga que es tentado de parte de Dios; porque Dios no puede ser tentado por el mal, ni él tienta a nadie; sino que cada uno es tentado, cuando de su propia concupiscencia es atraído y seducido." (Santiago 1:13-14, NT – La Biblia)

El ego se escuda dirigiendo la mirada hacia el exterior, hacia demonios, hacia los supuestos defectos de otros, o justifica las cosas diciendo que es una "prueba de parte de Dios", en vez de que la mente se haga responsable de sus propios pensamientos. Esas "malas hierbas" son las ideas de separación, del ego, de sentirnos diferentes a los demás, pues, si todos somos uno, ¿qué coherencia tiene que "yo" piense en ser distinto o ajeno a los demás? Precisamente el ego es lo que las religiones personifican en la idea de un diablo. El arquetipo toma forma en sus creencias como si fuese algo fuera de uno y no una parte de nuestra conciencia. Otros dicen que "nos posee", cuando en realidad no es otra cosa que nuestra forma de pensar no alineada al Espíritu Santo. Observa el ejemplo en la lengua egipcia, donde el sonido 'Sata' quería decir "serpiente generada", "serpiente generadora" o "hijo de la tierra". Todo es lo mismo, siempre. La ida "terrenal" o "mundana" es justamente la forma de pensamiento de separación, lo no espiritual o de la Mente Recta. La forma 'Sat' es usar, y 'An' es 'tierra' o 'mal', siendo – una vez más y como de costumbre – una alusión al estado de pensamiento de separación, la percepción de dualismo.

No tenemos una guerra contra algo en el exterior, sino primeramente contra algo en el interior. Esa guerra y oscuridad de nuestro ser es lo que se proyecta hacia el exterior, y lo que como Mene Colectiva proyectamos como oscuridad se manifiesta y personifica en genocidios, epidemias, guerras, desastres naturales, invasiones, etc. Las cosas de un nivel colectivo se proyectan hacia las generalidades globales, y las idas internas nuestras se proyectan hacia afuera en realidades particulares. Como dijo Sofía pequeña (Pistis Sofias) posteriormente, haciendo consciencia de sus actos: "Protégeme, luz, porque malos pensamientos han entrado en mí." (Ev. Valentino 8:17) El estado de culpabilidad que hay en nuestro inconsciente promueve la necesidad de sacrificios, mientras Yeshua no pide nada de esto, como él mismo refiere en UCDM: "De una forma u otra, toda relación que el ego entabla está basada en la idea de que sacrificándose a sí mismo él se engrandece. El "sacrificio", que él considera una purificación, es de hecho la raíz de su amargo resentimiento." (Cap. VII – 6, 1) Por eso, cuando el apóstol dijo que "no tenemos lucha contra carne y sangre sino contra principados, potestades y kosmokrator de las regiones de aera", no solamente hablaba del nivel de la forma y del nivel atmos, sino del nivel de la Mente (toda vez que esos "**ark-on-t-e-s**" son nuestros propios "**ark-e-t-ipo-s**" psicológicos).

Los 5 Lugares de la Mónada

Ahora bien, debo especificar que existen 4 realidades: EIN, ETHE, ATMOS y CORPOR. Ethe es el potencial y fuente de todo, que podemos derivar en 'Etéreo' o 'Eterno', parte superior del estado 'Es' (el 'Espíritu' que es un velo que divide las realidades superiores Ethe de la inferiores y sus subniveles); los subniveles existen por la Psiky, Psijí, o Psique, que es el potencial de la Mente y de las formas almáticas (almas, personificaciones o individualizaciones de la conciencia), que el Oahspe denomina 'Atmosferea', pero yo abrevio como 'Atmos', para que no se confunda con lo que en occidente se conoce como atmósfera; por último está el estado más pesado y denso, que es el de las formas e imágenes, y que es un recubrimiento atómico y molecular de los campos electromagnéticos de la psike, llamado Corpor, pues se asocia a la idea "corpórea", o de los cuerpos, que es la materia, o lo físico. La raíz del Todo, que es el UNO absoluto, es la fuente de todo Ethe, es quien emanó el Primer Lugar, que es definida como la 'Casa del Padre', 'la Prenda del Hijo' y el 'Poder de la Madre'. Este es el Primer Padre de Todo. Todos ellos son Silencio y no tienen principio. De ellos deriva el Segundo Lugar, que es el del Primer Demiurgo verdadero. Él es el Primer Supervisor, la fuente conocida como 'Padre de Todo'. Él proveyó la primera enéada, es decir, el primer conjunto de los 9: Gnósis, Vida, Esperanza, Descanso, Amor, Resurrección, Fe, Renacimiento y el Sello. Estos dos lugares están en el Pleroma Interior, o sea, en el interior de las totalidades interiores.

Desde el Segundo Lugar se proyecta el Pleroma Exterior, o mundos exteriores de Ethe, y rodea 12 profundidades, o Dodeka. Estas 12 profundidades son 'La Imagen del Padre', o 'Espejo de Todo'. Se trata de las profundidades omnisapientes de la cual todas las fuentes han llegado; el todo-misterio fuente de los misterios; la toda-gnosis fuente de toda gnósis; el silencio en que está todo silencio; la puerta insustancial fuente de todo insustancial; el antepasado de todo antepasado; un todo-padre y propio más alejado de toda paternidad; el que es el primer invisible fuente de todos los invisibles; y la verdad de donde ha venido toda verdad. Estas son las 12 profundidades rodeadas por le Segundo Lugar, el del Primer Demiurgo. Tras este hay un Tercer Lugar, que es el del Segundo Demiurgo verdadero, que es llamado 'Padre', y de cuyo aliento fue nutrido todo lo que vino a la existencia. Este lugar tiene 4 puertas, cada una de ellas con una mónada (unicidad), y cada una con 12 dodékadas (unidades de 12), 5 péntadas (grupos de 5) de poder, habiendo en total 24 ayudantes. A su vez, en estas puertas y ayudantes hay 9 enéadas (grupos de 9) en cada una, 10 dékadas (grupos de 10), y 12 dodékadas y 5 péntadas, todos ellos bajo un Supervisor, o Capataz. Con él están Geradama (el gran antepasado), Aphredon con sus 12 beneficios, Adam con sus 36 eones, y la Mente Perfecta.

El gran Supervisor tiene 3 aspectos: no engendrado, verdadero e inefable. Él tiene su mirada hacia dentro, afuera y arriba de las puertas. Su mirada interior es hacia el 'Santo de los Santos', que es el Infinito cabeza del Santuario. Su aspecto que mira hacia afuera observa los eones exteriores. Otro aspecto mira hacia afuera, y otro observa el Setheus, en el interior. El Santo de los Santos tiene 2 aspectos: uno se abre hacia las Profundidades, y el otro se abre hacia el lugar del Capataz, llamado 'Niño'. Y hay un Cuarto Lugar, después de éste, del Segundo Demiurgo, el cual se llama 'Profundo'. El

Profundo tiene 3 paternidades: 1ª es el Padre encubierto, el Dios Escondido; 2ª es el Padre que se alza en 5 árboles con una mesa entre ellos, y quien tiene los 12 aspectos de la Mente del Todo; 3ª es el Padre en silencio, fuente que es el Amor, la Mente de Todo y sus 5 sellos. Tras estas paternidades está la Madre, quien está manifiesta en la siguiente enéada: Protia, Pandia, Pangenia, Doxophania, Doxogenia, Doxokratia, Arsenogenia, Loia y Iouel. Este Padre y Madre son 'El Primer Incognoscible' (Akatagnóstos), que completa una dékada (la enéada de la Madre y la filiación-unicidad de las 3 paternidades) completando la mónada del Uno Incognoscible (Agnóstos).

Luego hay un Quinto Lugar, donde hay escondida una gran riqueza que suministra el Todo. Es la Profundidad Inconmensurable. Es una mesa que recoge 3 grandezas: Un Todavía Uno, Un Uno Incognoscible y Uno Infinito. En estos 3 hay una filiación llamada 'Cristo Verificado', y lleva 12 aspectos, donde se halla un Aspecto Invisible, Aspecto Incomprensible, Aspecto Inefable, Aspecto Simple, Aspecto Imperecedero, Aspecto Impasible, Aspecto No Engendrado y Aspecto Puro. Este lugar tiene 12 fuentes llamadas 'Racionales', que están llenas de vida eterna, asimismo abismos y 12 espacios que abarcan todo. Hay luego un Sexto Lugar, que es la profundidad Setheus, que se halla dentro de todos. A Setheus le rodean 12 paternidades cada una de ellas con 3 aspectos, siendo en total 36, y aparte de ella 12 rodean la cabeza y tiene una diadema que irradia de rayos todos los mundos. Las 12 paternidades y sus aspectos son los siguientes: el Primer Padre es indivisible, con aspecto infinito, invisible e inefable; el Segundo Padre tiene aspecto incomprensible, imposible y sin mácula; el Tercero tiene aspecto incognoscible, de incorrupción y de Aphredon; el cuarto tiene de silencio, fuente e inexpugnable; el quinto sin aspecto, con aspecto todopoderoso y de no engendrado; el sexto tiene de todo-padre, auto-padre y progenitor; el séptimo de total misterio, total sabio y de todas las fuentes; el octavo ligero, de descanso y de resurrección; el noveno cubierto, de un primer aspecto visible y de auto-engendrado; el décimo de tres veces masculino, de Adamas y puro; el décimo primero de triple potencia, perfecto y sphinter (chispa de luz, aspecto de chispa); y el duodécimo de verdad, pre-visión y de pensamiento.

Es cómico que para relatar todo esto únicamente se nos hubiese dicho, por un libro, de hace 3.500 años, una palabra: Barashit. ¿No? Eso fue "el principio", "el comienzo", o en persa, "el cielo". Puedes complementar esta tesis repasando Sakla I, pues en breve regresaremos al cuento que nos echaron, no emitiendo juicios, sino comprendiendo que estas cosas no podían ser entendidas hasta que Yeshua fue manifestado como Maestro en la Tierra, y porque, además de todo esto, únicamente él las conocía hasta ese momento. Él recordaba todas sus vidas anteriores, y no solo las vividas en los mundos Corpor, sino las experimentadas en las esferas Atmos (Psyki), Es y Ethe. Por cierto, llamaré a la realidad 'Es' como se hace en hebreo: Ruaj (esto es así para no confundirnos con el sufijo 'es', en el sentido de sustantivos patronímicos o locativos para formar gentilicios como origen o procedencia).

Entonces, nos encontramos ahora con un estado precursor del Génesis, el posible motor que nos explicaría una creación como resultado, no como raíz (como por más de viente años a teorizado en sus tesis mi padre, el rabino Félix G. Van Katz). Un componente importante reluce de ciertas fuentes, como 'El Evangelio de la Verdad', que expresa que el 'Padre', o esfera de los 10, quiso "conocerse", y por ello existió la Voluntad, puesto que de otra manera nadie en su unicidad habría tenido Libertad. La separación vino de esta Mente Colectiva que estaba en el Ethe de las realidades inferiores. Como unas cosas son réplicas de otras en una escala mayor, todo fue replicado en la escala bajo ella. De esa manera el 'Aham' (Todo, en lengua sánscrita) fue origen del Adam que es llamado Elohim, o dios, que también significa Hombre o hijo de Hombre, o sea, hijo de Dios.

Es, pues, que los eones del Invisible Uno vino el Padre Primordial, que es también llamado 'Padre del Universo'. Él, que es el Maestro del Universo es de cuya raza se dice que es la generación sin reino. Sí, la multitud que viene de Él se llama 'Hijos del Padre Increado', quienes no tienen reino sobre ellos. También se conoce como 'Dios', 'Salvador' o 'Hijo de Dios', pues todo es réplica uno de otro en cada eón, ogdoado, universo y mundo. Por ello Adama y su reino son a semejanza nuestra, y nosotros a la de ellos, como expresó Salomón en la llamada "estrella de David". Ahí está el Geradama, que es el antepasado (aunque Geradama en griego moderno significa "vejez"). Ellos producen por su voluntad, y los que siguen lo hacen por su pensamiento, los que siguen por su palabra y los que siguen por su poder, hasta llegar a la creación por concepción y por obras de manos. Como dice el texto, "el cielo es la palabra invisible del padre", acorde a Yeshua en el 1º libro de Ieou. Las glorias superiores proyectaron las razas setitas en aquel universo de luz. Descendió allá Mirotoe (o 'Meirothea'), quien es la madre-matriz, o vientre, la manifestación de Barbelo como su gloria-generadora, la potencia viviente y la gran luz de cuya nube fue engendrado Adamas. Fue Mirothea (Meirothea, Mirotoe) quien produjo a ese Adam-Hombre-Dios del reino imperecedero del Hijo-Cristo.

El Reino del Uios

Así como la gran luminaria Plesitea es la madre de los ángeles, madre de las luces, ellas fueron las matrices imagen de Barbelo. Ella produjo a la raza setita "aportando el fruto desde Amrah, donde está Sdom, que es el fruto de la fuente de Amrah" (1º Tratado de Set, NH). La letra hebrea Samej, del vocablo Sdom, parece tener un significado de "necesidad dual", en el sentido de la experiencia del ego que debe vivir un alma para entonces corregirse. Plesitea produjo la raza setita por mediación de Set, quien tomó este "fruto" y lo puso en el reino de

Daveithai (o 'Daveite'). Cuando el espíritu generador en la materia, y de la materia, que fueran Sakla y Nebro, comenzaron su acción creadora, el ángel Hormos fue enviado para preparar a las vírgenes de la "generación corrompida" del eón emergido del caos un engendramiento santo de la semilla de Set. Él, Set, trajo su simiente, pues, y fue sembrada en los eones que habían sido producidos. Todo esto ocurrió por el Logos, y su mediación fue a través de la luz-conciencia Edocla. Esta es la raza que resistiría a causa de su conocimiento sobre su emanación, pues los setitas se dividieron en una porción consciente de la verdad, y una inconsciente – temporalmente - de la verdad.

El Padre quiso revelar su nombre por medio de su Hijo. Por eso le llama 'Uio', que es un anagrama de 'Iou', cognado de 'Ieou'. Este es el nombre secreto del Padre: 'Ieu', también pronunciado 'Ieo', 'Iou', Ieou', y en varios manuscritos aparece como las 5 vocales, 'Iaoeu', en varias variantes, donde usualmente la 'Iota' es la primera de las letras del nombre. El Padre estableció en él la producción de las emanaciones y los millares a la existencia. Así pues, Iou es el dios verdadero, el primer dios. Él produjo 12 emanaciones, las cuales son "sus doce cabezas en cada emanación" (1er Libro de Jeu, cap. 8) Su nombre es 'Dodeka' ('Doce'). En el texto sin nombre del Códice Bruce se encuentran descripciones un tanto más precisas de estas particiones de las primeras emanaciones, por si deseas profundizar. No es mi intención entran en sumo detalle sobre los reinos superiores, considerando que tú mismo puedes leer los manuscritos, estudiarlos, hacer tus propios diagramas y sacar tus conclusiones. La clave acá es comprender por qué fue creado este universo, para qué fue creado y cuál es su destino. Por ello el nombre Jehová, o Yavé, es la deformación del griego 'Ieu' o 'Iao', y del hebreo 'IHVH', que sería 'Iaheveh', pero en esencia es un juego de la primera persona del personal en pasado, presente y futuro, como concepto de "ser" lo que en realidad sí es, pues lo demás no es real.

Cuando el Cristo, que es el dios Auto-Generado, fue honrado y glorificado, y recibió los 4 reinos y los 12 reinos, recibió de la luz superior a Youel y Esefec como poderes. Las cuatro luminarias aparecieron junto con Set, los 5 juntos. Esta péntada del Hijo entonces comenzó a recibir las virtudes de lo alto, desde el Ethe de la ogdodada superior, del Padre Uno, hacia estos reinos de la segunda realidad de lo interior del Pleroma. Vinieron, pues, las virtudes: La gracia está en Harmozel, la sensibilidad en Oriel, la inteligencia en Daveithai, y la prudencia en Elelet. Con Set esta es la primera ogdoada del autoengendrado divino, Cristo. Posteriormente vinieron asistentes: Gamaliel para Harmozel, Gabriel con Oroiel, Samio con Daveithai, y Abrasax con Elelet. Estos 4 son los ministros de las 4 luminarias. Cada uno de estos cuatro está acompañado de poder, siendo él un poder, y estando con dos poderes más, y cada uno de ellos existente por un eón producido para el ogdoado del Hijo. Así, los primeros tres del primer eón son Armedon, Nousanios y Harmozel; del segundo eón son Phaionios, Ainios y Oroiael; del tercero Mellephaneus, Loiios y Daveithai; del cuarto eón Mousanios, Amethes y Elelet. Este es el gran eón del Hijo, y así se completa el 24 invisible: los 3 eones (Padre Perfecto Uno, Madre Barbelo e Hijo Cristo), que son los grandes ogdoados (8 sub-eones) del Pleroma. Esto también se denomina 'El 24 Misterio', o 'Último Misterio'.
Elelet es la estrella de la sabiduría y de la inteligencia, o simplemente Elelet es la sabiduría y la inteligencia en sí. Es uno de los 4 luminares que están erguidos frente al Gran Espíritu Invisible. Empero él es Sofia, y su Sofia llamada Pistis (Fe) quiso producir una obra ella sola. Él es el rey, y ejerce el dominio sobre este eón, cuya parte más baja de la materia/terrena y caos es el demonio Yaldabaot (Ialdabaot, Samael, Sakla). Sofía es la paredra del Padre-Adamas, y por tanto, del Cristo, todos creando conjuntamente. Sofía es la sicigia que salió del autogenerado, el Hombre Inmortal Adama. Este Adam es el llamado 'Dios de dioses' y 'Rey de reyes', el Genitor u Hombre Primordial, la

inteligencia completamente comprendida por sí misma, y asimismo el Protofanes, o Mente Invisible. Este Adam también creó un eón llamado ogdoado, como imagen de lo superior en la esfera del Silencio. Ergo, tras esto el Genitor y Sofia (Sabiduría) meditaron juntos y declararon andrógino a su hijo. De esta manera el Hijo-Cristo de esta totalidad tiene un nombre masculino y un nombre femenino. El masculino es 'Primer Genitor Hijo de Dios', que en griego es 'Protogenos Uios Theos' y en hebreo 'Itzor Rishon Ben Elohim', también definido en la Kabalah como el Adam Kadmon. Su nombre femenino es 'Sabiduría Primera Generadora, Madre del Universo', que en griego es Sofias Protogenos Mitera Símpantos (algunos podrían leer 'Kosmon' (mundo) en lugar de 'Símpantos'). En hebreo sería 'Jokma Itzar Rishona Am-Olam'. Ella es también llamada 'Amor'.

Este andrógino es el primogénito llamado Cristo. Su reino es el reino de Adam, o 'Hijo del Hombre', que es lo mismo que 'Hijo de Dios', que en lengua hebrea viene a ser 'Elohim'. De acuerdo son Sofias, este reino hizo aparecer una gran luz andrógina, cuyo nombre masculino es 'Salvador', Genitor de Todo. Esto en hebreo es 'Mashiaj, Itzer HaKol', y en griego es 'Sotíras, Pantogenetor'. Su nombre femenino es 'Sabiduría', Generadora de Todo, que en griego es 'Sofias Pantokratora', y en hebreo es 'Jokma Itzeret HaKol'. Ella es también conocida como 'Pistis', que en español se traduce como 'Fe', y en hebreo pasa a ser 'Emunat'. Del 'Salvador' se han producido dos eones: el del hijo del hombre y el del Hombre Adam. En torno a estos dos eones hay un gran eón que no tiene reino sobre él. Esta es la asamblea de los 3 eones cuya totalidad se denomina 'Asamblea de la Totalidad', y es también andrógina, teniendo un nombre masculino y uno femenino. Su aspecto masculino se llama 'Asamblea', que en griego es 'Synarmologisi' o 'Synagoge' (sinagoga), y en hebreo es 'Keilah', su aspecto femenino se llama 'Vida', que en griego es 'Zoi', y en hebreo es 'Jai' o 'Jiah', pues es la Primera Eva (Eva en griego es Zoe, y en hebreo es Javah, de la voz Jivah).

Los Velos

Esta Jevah produjo los dioses, de ella fueron revelados y fueron llamados así. Por tanto, esta Asamblea Elohim reveló por su Sabiduría dioses que revelaron dioses, y esos dioses revelaron señores que, por su pensamiento revelaron señores, y esos señores, por su poder, revelaron arcángeles, los cuales, por su palabra, revelaron ángeles, y por ellos se revelaron semejanzas, con sus estructuras y formas. Hay que comprender que cuando se habla de "dioses" se habla de la definición hebrea 'Elohim', y cuando se habla de "señores" se habla de la definición hebrea 'Adonim', del singular 'Adonai'. Sí, muchos Padres, muchos Adán, muchas Sabiduría, muchos Elohim, muchos Cristo, muchos hijos, muchos Set, muchos Adonai, y además de todo esto, todos ellos son UNO. Estos dioses, señores, arcángeles, ángeles y semejanzas que vienen de la fuente reciben su autoridad del Adam Inmortal y su Sofía llamada Silencio (Siopí). Sofía, la Madre del Universo y la paredra, quiso traer a los elegidos (los setitas) ella sola - sin su contraparte - por lo que el Padre del Universo creó un manto o velo llamado 'Espíritu', es decir 'Ruaj' en lengua hebrea, o 'Pneuma' en griego, que igualmente quieren decir 'viento' (un mover consciente pero invisible), separando las realidades superiores de las inferiores. De manera que hubo un velo de las realidades Ethe, un velo de las realidades espirituales y un velo de las realidades psíquicas, y bajo todo ello la materia.

Si has visto alguna vez la distribución que tenía el templo de Ierushalim (Jerusalén), comprenderás de lo que hablo. Ahí puedes echar de ver cómo hay diversas particiones, como el exterior de exteriores, que es el llamado 'Jetzer ha.Goim", o patio de los gentiles. ¿Qué significa esto? El 'Goi' es el mundo-cosmos, y el 'Jetzer' es la expansión en la que se encuentra. El patio es lo mismo que el atrio, sea cercado o abierto, representando al espacio, y el Goi es la materia, la composición de los mundos físicos. El 'Jetzer ha.Pnimit', o Atrio Interior, era la parte de la cual empezaba la estructura original. ¿Qué quiere decir esto? En el plano original no había un tal 'Jetzer ha.Goim', pues esto es reflejo de que en el "plano original" no había mundo fuera de la unicidad, cuyo símbolo es el Templo. Algunos interpretaron que el Templo simbolizaba el cuerpo como templo de Dios, pero en realidad el simbolismo iba mucho más allá, pues no pretendía legitimar una ilusión, sino enseñar la verdad sobre la Mónada y el Pleroma.

De esta manera que el Jetzer ha.Pnimit son las realidades exteriores del espacio infinito, donde sólo había conciencia, no materia. Luego estaba el Templo, que tenía un primer velo hacia "las realidades exteriores", que son el velo hacia el Ethe. Tal como vemos en el número de objetos del templo y su distribución, así se expresa lo exterior de las realidades interiores del UNO, que es cubierta por otro velo interior. Por ello se denomina 'Kodesh' (Santo) y adentro 'Kodesh ha.Kodashim' (Santo de los Santos), que en latín llamaron Sancta Sanctorum. Ese es el reino del Uno, su mónada, donde, además, está el 'Aron'. ¿Por qué el hermano de Moisés se llamó 'Aarón'? Ya ves. Aron es 261, como 'Ha.Dbarim' (Las Palabras), que simboliza la fuente de todas las cosas. Dentro están los 3 símbolos: de la Torah (instrucción), Poder y Saber. Ese es el verdadero Mikdash (templo), que quiere decir 'mi kodesh' (de lo santo, donde reside lo sagrado), cuyo número es 57, como 'Shamaim' (cielos). Ahora salgamos del Santísimo y recordemos lo que hay fuera del velo interior: mesas de la proposición con panes y candelabros. ¿Qué simbolizan? Los reinos del hijo. Los panes simbolizan al Hijo del Hombre, Adam; las mesas, los soportes de los reinos; los candelabros los reinos imperecederos, y las luces sus estrellas-ángeles-príncipes. De ellos se sale cruzando el velo hacia las realidades sin techo, pues están desprotegidas y expuestas, vulnerables. Por ello se cruza por un

Marpeset (pórtico) de dos Amud (pilar o columna): la dualidad. Ahí se se alinea el Mazbaj (altar), unos metros frente a la puerta.

Observemos que la palabra Amud es numéricamente 39, como 'Ben ha.Adam' (el hijo del hombre), Ha.Shem (el Nombre), Kerub (querubín), Rafá (sanación), Zait (olivo), Midbar (desierto), Laila (noche) y Aretz (tierra). Y Amud es asimismo 120, como la frase de Génesis, que dice, "Zajar ve.Nekebah Baram", que traducido es, "masculino y femenino fueron creados". Eso es, pues cada columna simboliza un aspecto de la dualidad: masculino y femenino. La separación de la mente, de la unicidad, a dos partes distintas. Eso es lo que significa el concepto del esposo y la esposa, donde uno es Cristo y el otro la Nueva Ierushalem, es decir, los elegidos, que es lo mismo que los llamados, o la virgen. ¿De qué hablo? Del regreso a la unicidad, cuyo proceso es la entrada a la cámara nupcial con el esposo, esto es, el espíritu, pues solo "en el lugar secreto", en el interior, se haya la verdad. Por ello en el misticismo hebreo el 120 representa el fin de la carne. Aún más, las Amudim está en el Marpeset (pórtico o porche), que numéricamente es 87, como 'Melki-Tzedek', que es el compañero Iao como guardianes del portal hacia los Reino de Luz y de Justicia (Melki-Tzedek significa 'rey de Justicia'). 87 también es el número de Abodah (ministerio, obra) y de la fase 'Ani IHVH' (yo soy Yaheveh), como de la griega 'Parthenos' (virgen). Por Marpeset es asimismo 580, como 'Atik' (antiguo), en referencia al Anciano de Días.

Por su parte, el altar identifica a Pistis, o Amor, como vemos en la numeración de Mazbaj (30), que es la misma que la griega 'Agápi' (amor). Eso es el altar (Mzbaj), la zona de los "sacrificios" (Zbaj), que lleva la 'M' de la Materia, del lugar. El Mikdash (Templo) es también representativa de la Mente: inconsciente (Kodesh ha.Kodashim), subconsciente (Kodesh) y consciente (Jetzer). En consecuencia, en el nivel que sea que lo deseemos ver, esto es los reinos superiores de los producidos por Sofía la pequeña, que es también llamada Pistis.

Cuando ella pensó en hacer esto se reveló una luz, a manera de gota de luz que vino hacia las regiones bajas de la omnipotencia del caos, y por el espíritu reveló las Formas modeladas, dándoles con su hálito (Nishmat) un alma viva (Nefesh Jai). Este último apartado lo explicaré con más detalle en el capítulo sobre el Día Ocho.

La Proyección

El espacio ya existía antes del Big Bang, y sería la parte inferior del velo que separa a las realidades superiores de las inferiores. El Big Bang solo sería la proyección del sueño dentro del espacio, o de la mente. Pero el Big Bang no es el velo en sí. El Ruaj-Espíritu es el velo. La parte superior es la realidad Ethe pura, y la parte inferior es la estructura de proyecciones sub-Ethe derivadas por los Logos en los estados Atmos-Psyki y Corpor (Material), cuyo concepto genérico es llamado en oriente 'Maia' y 'Anicca'. Había, otrosí, un espacio, y en ella una idea de caos. Esto es porque primero hubo una idea de individualidad en la Mente Colectiva Elohim, esa idea de individualidad creó una idea de separación, y esa idea de separación produjo un 'Yo', o 'Ich' (en idioma alemán, pero pronunciado 'Ij'), que es Yo como identidad individual y separada. Ese 'Yo' - en griego 'Egó' - pues una personificación que no podía ser carente de poder, dada su naturaleza potencial de Elohim. ¿Cómo podría ilustrar esto? Una forma sería imaginar el Infinito como la expansión ilimitada del espacio, y el Big Bang como una explosión dentro del Infinito. Esa explosión ocurre en un espacio paralelo de la infinitud.

Esa explosión proyectó la dualidad, y esa explosión vino de la fuente prístina. Esto es a lo que se refiere el vedanta con que Brahma creó todas las cosas, pero de esa fuente vinieron los dioses Vishnú (bien) y Shivá (mal), los principios de las polaridades del universo dual. Ellos no son la fuente. La fuente es Brahma, peor en la proyección de ellos depende el sueño de Maia y todas sus dimensiones y planos. La Teoría de Cuerdas nos dice que las dimensiones se entrelazan, habiendo realidades superpuestas, universos paralelos y planos entrecruzados. De esta manera en lo que podría parecer que es una misma locación hay múltiples realidades entrelazadas. Por tanto, "el Reino del Padre está extendido sobre la tierra y la gente no lo ve." (Ev. Tomás 113/112)

Lo que aparentemente es nada, es, en realidad, un cosmos de materia física condensada en campos, cruzada con múltiples estados. Existen enlazados y atravesados universos, planos, dimensiones, realidades y continuidades espacio-temporales. Estas esferas de realidad no serían notorias en mayor o menor medida debido a que fluctúan en estados vibratorios distintos, ajenos a la percepción de las conciencias que están experimentando en una frecuencia de menor oscilación de onda. Eso quiere decir que las ondas no colapsan entre ellas sino que se atraviesan y superponen. En ese sentido habrían ligados estados de aleatoriedad y de organización atómica y molecular. Los estados aleatorios, o Caos, no entrarían en conflicto con los estados Ethe, pues el Ethe sostiene todas las realidades, sean espirituales, psíquicas o físicas. El Ethe es la sustancia de los reinos superiores. Esos reinos se dividen por un velo, y bajo el velo hay un sistema escalonado de niveles del eón producido por Sofía la pequeña, o sea, por Ahab (Amor), a quien en griego llaman Agapi. Velo en hebreo se dice 'Paroket' cuya numeración es 70, igual que 'Sofía' en griego, y vino, tanto en griego (Oinon) como en hebreo (Iain).

Ese velo se atraviesa en un estado de vibración de la conciencia que es ya UNO con el Infinito. Ese velo se atraviesa al superar la octava de este eón, donde están los satélites, o Próbolos, de la luz, que es el reino de la Justicia. Es un estado que trasciende a los 12 sub-eones de este eón material, más allá del Caos, y más allá del 13er sub-eón, donde están los 12 invisibles, los próbolos. Esos son los lugares de los Misterios. Hay pues, entre la Región de la Justicia y los sub-eones inferiores, una región llamada el Medio, o el Centro, pues tiene a la Derecha la Justicia, y a la Izquierda la injusticia. Esas son las regiones superiores bajo el velo, que son el puente, o Bifröst, hacia el 'Ein Sof

Aor'. Pero llegar a eso requiere el camino por una escala de 7 estados de vibraciones o densidades de conciencia.

Día Cero

Como afirma el Evangelio de la Verdad, "la deficiencia se produjo porque se ignoró al Padre" (vers. 24). El Primer Tratado de Set dice que pasados 5.000 años desde la creación de la raza setita se mandó a alguien a gobernar el Caos y el Invisible (sin fondo, que en griego se denomina 'Adis' (Hades)), y ahí apareció el ángel Sakla con su demon Nebro, para convertirse ambos en un único "espíritu generador de la materia". Cuando la Mente Colectiva de Elohim pensó en la separación, se produjo una realidad paralela, proyectada como Agujero Blanco. A medida que la Mente de Elohim que produjo la idea de separación, los procesos que configuraban esta idea se condensaban en focalizaciones de la conciencia. Sin embargo, en tanto se producía la focalización los estados aleatorios eran caóticos, y la materia que entonces se iba consolidando, pero aún no formaba una estructura funcional, se distribuía como abismo de materia gaseosa. Todo esto se desplazaba por los ya existentes mundos Ethe, creando una expansión, que la ciencia considera que a posteriori se recogería para volver todo al punto inicial.

Ahora bien, el potencial de la idea de separación se creó como un poder dual, personificando la polaridad no lumínica de la concepción Yin Yang. Este ego de la Mente Colectiva tomaría forma como una materia que crearía una suerte de realidades de múltiples niveles, desde divinos duales a materia. Este principio dual del ego que tomó forma adquirió conciencia de sí mismo, y se vio como una potencia de alto nivel de densidad-dimensión, comprendiendo parte de una realidad: era un dios. Para los inmortales imperecederos, él no era sino un ángel, pero para él y su realidad, era un dios, y no cualquier dios, sino un dios celoso. Este ser surgió del potencial de creación material como un león de fuego, razón por la cual se le llamó Ariel (que en lengua hebrea quiere decir 'Deidad León'). La dualidad era patente en él como dos aspectos: Sakla y Nebro. Sakla es el demiurgo de la materia, y tiene 3 nombres: Sakla es su aspecto de necio (de la voz hebrea Kesil, que en arameo es Sakal), Samael, que quiere decir 'Dios Ciego', y Ialdabaot, que significa 'Nacido de los Abismos'. El aspecto más oscuro de estos dos seres es Nebro, o Nebruel, que es su estupidez, el demonio con quien ambos crearon un espíritu generador de vida y materia en este cosmos. Éstos crearon por réplica de las cosas de arriba todo un panteón de autoridades-principados, potencias-potestades, poderes, kosmokrators, reyes-dioses, arcángeles, demonios, ángeles y virtudes, y estos produjeron cuerpos en los mundos que gobernaron.

Prepararon su cohorte para evitar que la raza setita viniese a quitarles el poder. Aquel bando de polaridad oscura es conocido como 'la Izquierda', en contraposición con los poderes de la luz - llamados 'la Derecha' -, que es la existencia que pertenece al Kalyptos, es decir, la verdadera Divinidad. En la tradición judía se dice que Adam tuvo una esposa antes de Jevah, y la llaman 'Lilit' por el fonema Lila, de donde procede el sonido Lailah (noche). Aunque también esto lo expliqué con anterioridad en 'RS2', no abordé su significado metafórico. Lilit es la idea que pretende aducir que la mente concibió un ego antes de que se proyectara la separación, o sea, antes de que se materializase. Esto simboliza el reino de Elelet, donde fue concebida la posibilidad, o dicho de una manera más concisa, el estado y proyección donde se manifestarían quienes al principio no comprenderían la Plenitud, pero al final se arrepentirían. En la tradición judía Lilit pasa a ser consorte de Samael al ser rechazada por Adam. Esto es porque no toda la Mente concibió la dualidad, no toda creyó en el ego, o sea, en la separación.

Si bien, la Mente "pensó" en la idea de separación, pero la misma no fue aceptada por todo el reino de los inmortales. Por tanto, recibió vida en una porción de la Mente, que fue su aspecto inconsciente, y de ella emanó este eón (el cosmos llamado en la Biblia castellana

'Mundo'). Sin embargo, dado que la idea no era propia de la Mente Recta, solo tuvo cabida con la personificación del ego, que fue la emanación del dualismo, a quien identifica Samael - o 'Ialdabaot' en los textos del gnosticismo -. Tiene por ello sentido que la tradición judía afirme que Samael y Lilit concibieron a los lilim, shedim y rujot, así como a Ashmadaeva (o 'Asmodeo'), que es el demonio-ángel de la ira. También tiene lógica que en esa misma tradición se compare la creación de Samael-Lilit con la de Adam-Jevah, aduciendo a que estos primeros eran el masculino y femenino de una misma realidad producida simultáneamente. Empero, habiéndose proyectado toda esa multitud de luces etéreas dentro del sueño, configuraron por la conciencia un cuerpo espiritual para cada aparente individualización, llamado en hebreo 'Nefesh', en griego 'Psiji', en demótico 'Ba', en sánscrito 'Atman', en latín 'Ánima', en inglés 'Soul', y en español 'alma'.

Ergo, por medio de muchos emisarios se preparó la protección y guía de los setitas. Por el gran Set llegaron: el gran auxiliar Yeseo Mazareo Yesedeceo, el agua viviente (agua de vida); los grandes guías Santiago el grande y Teopempto e Isavel; los que presiden la fuente de la verdad, Miqueo, Mikar y Mnesino; el que preside el bautismo del viviente y los purificadores, Sosengenfaranges; los que presiden las puertas de las aguas, Miqueo y Mikar; los que presiden el monte, Seldao y Eleno; los recibidores de la raza del gran Set; los 4 ministros: Gamaliel, Gabriel, Samio y Abrasax; los que presiden el Sol, su nacimiento, Olses e Hypneo; Eumario y los que presiden el reposo de vida eterna; Mixander y Micanor; los que guardan las almas del elegido, Acramas y Strempsujo; el gran poder Heli Heli Majar Majar Seth; el gran espíritu virginal; la gran luminaria Harmozel, y Adamas, que está con él, que es el primer lugar; Oroiel, que es el segundo lugar; Yeshua (Jesús) del tercer lugar, que es con Daveithai y la raza de Set; el lugar donde los hijos descansan, que es Eleleth, como cuarto; de quinto Youel (Ioel), quien preside el nombre –

o identidad/propósito secreta - de aquel al que le sería permitido
bautizar en el bautismo santo que supera al cielo.

Parte II

MAIA

La Materia Ilusoria

La Kabalah define 4 estados de la realidad, a semejanza de las 4 consistencias (Ein, Ethe, Psiki-Atmos y Corpor), los cuales denominan Atzilut, Briah, Yetzirah y Asiah. Como te dije anteriormente, en el misticismo judío el 'Ein' es "El Que Es", y que es Nada, pero en realidad Todo, y de Él deriva 'Ein Sof' (Sin Final), que es la conciencia todo abarcable, y de Ella el 'Ein Sof Aur', como luz ilimitada y totalidad consciente en luz infinita. De Él derivaría la concepción de las emanaciones e ideas, pues proceden de la Mente del Uno, donde mora su Pensamiento. Este principio, llamado 'Atzilut', se representa con la letra hebrea 'Yud', y con el elemento fuego. Esa esfera de las emanaciones son los eones prístinos del Cristo, y de ahí se produjeron las creaciones, que en Kabalah llaman 'Briah', que es el nivel de las imágenes, y que identifican con la letra 'He', y con el elemento agua. Seguidamente observarás cómo encajan los dos niveles subsiguientes, que son Yetzirah, vinculado a la letra 'Vav' y al elemento aire, y Asiah, vinculado a la letra 'He' y al elemento tierra. Esto es así pues en el misticismo jasidista los conceptos del Árbol de la Vida Kabalístico son una ejemplificación de los niveles en descenso desde la fuente de todas las fuentes. Con esta representación arman el tetragramatón: I-H-V-H.

"[La materia engendró] una pasión carente de la semejanza, puesto que procedió de un acto contra natura. Entonces se produce un trastorno en todo el cuerpo." (Ev. María Magdalena, verso 7) ¿Cuerpo? Sí, organismo, en cualquier nivel. El universo es un cuerpo. Se dice que Maia es el nombre de la Ilusión, que otros han denominado Anicca. La letra 'M' es ese referente sobre la materia, no siendo casualidad que Yeshua tuviese una madre biológica llamada Mariam, y una esposa asimismo llamada Mariam, como Buda tuvo una madre llamada Maia. Precisamente María en ruso se dice 'Maia', aunque, si bien, el nombre Mariam pasó a María, en hebreo se escribe solo con los caracteres Mem, Reish, Yud y Mem, es decir, como 'Mrim', o 'Marim'. Cabe señalar la similitud del fonema 'Mar' con el cognado de Mariam. Esto es porque, independientemente de que Mariam quiera decir en hebreo 'pueblo rebelde', tiene la partícula 'MR' que en demótico (egipcio antiguo) significa 'pirámide', y el fonema 'IM' que significa 'Mar'. La forma hebrea 'MR', puede sonar como 'Mir' (pues de ahí deriva la estructura sonora opcional 'Miriam') o 'Mor', que significa "mirra". Justamente en hebreo, 'MaR' quiere decir "gota de agua". No obstante, leído de otro modo, 'Mariam' viene a ser "rebelión del mar", pues 'Marei' es rebeldía, y la letra 'M' sola simboliza el agua. Por otra parte, la partícula 'Ramah', es de ser echado, mientras 'Ram' es elevarse, o "toro salvaje".

En resumidas cuentas, ella simboliza lo que la teología cristiana denomina "La Rebelión", pero no de Lucifer, sino la separación del Hijo del Hombre de la fuente original. Por ello, por la misma Mariam se representa la proyección del camino de regreso. Es curioso que en nuestras lenguas utilizamos tantas definiciones sin comprender que las "palabras" son estructuras de letras, que forman sílabas y conjuntos de sonidos. Los sonidos son articulaciones de vibración en el aire que tienen significados de poder, pues proceden de la mente que los ideó antes de pronunciarlos en ondulaciones de varias frecuencias. Todo el Om, o sonidos iniciales son en realidad potenciales que reflejan los pensamientos. Las sintaxis, por su parte, son maneras reforzadas de tratar de transmitir en sonidos estructurados conceptos que pertenecen a un Mundo de las Ideas. Así lo expresa el apóstol Felipe al escribir: "Los nombres que se dan (a las cosas) del mundo son susceptibles de un gran engaño, pues distraen la atención de lo estable (y la dirigen) hacia lo inestable. Y así quien oye (la palabra) «Dios» entiende no lo estable, sino lo inestable. Lo mismo ocurre con el «Padre», el «Hijo», el «Espíritu Santo», la «Vida», la «Luz», la «Resurrección», la «Iglesia» y tantos otros: no se entienden los (conceptos) estables, sino los inestables, de no ser que se conozca (de antemano) los primeros. Éstos están en el mundo [...]; si [estuvieran] en el eón, no se les nombraría nunca en el mundo ni se les echaría entre las cosas terrenas; ellos tienen su fin en el eón." (Ev. Felipe, verso 11)

Entonces, ¿cuál es el punto con María? Maria, Mariam, Miriam o, simplemente, Maia, es un sonido que refleja la identidad de la 'Madre'. Todo arquetipo existe en el mundo, como expresaba Carl Jung, sobre la idea de una madre primordial. Hay, pues, una madre primigenia, donde se la conoce como la no manifiesta y la manifiesta; mas hay asimismo una madre que es posterior, la cual se conoce como la que no ha sido revelada y la que ha sido revelada. La no revelada fue la gran Sofía, mas la que fue revelada fue la pequeña Sofía, también conocida como Zoe, Vida o Eva. Felipe escribió: "Algunos dicen que María ha concebido por obra del Espíritu Santo: éstos se equivocan, no saben lo que dicen. ¿Cuándo jamás ha concebido de mujer una mujer? María es la virgen a quien ninguna Potencia ha manchado. Ella es un gran anatema para los judíos, que son los apóstoles y los apostólicos. Esta virgen que ninguna Potencia ha violado, [... mientras que] las Potencias se contaminaron." (Ev. Felipe, ver. 17)

Ergo, es importante comprender que los nombres Sofía, Sabiduría, Zoe, Eva, Pistis, Fe, Amor, Vida, **M**aría, **M**aia, **M**ateria, **M**adre, **M**asa, **M**aim o **M**iriam definen la misma cosa: a la madre. La verdadera Madre es virgen, como es de ella la figura de la constelación Virgo. En consecuencia, ¿a qué se refería Felipe? El Espíritu Santo es el Seno del Padre, que se está manifestando dentro de la ilusión del sueño (Maia-Anicca) por medio del perdón. Sofía representa nuestra Mente Colectiva, pues es grandemente sabia. Ella (nuestra mente) tiene culpabilidad inconsciente por pensar que se ha separado de la unicidad. El alejamiento de la filiación no es real. El sueño (cuyo inicio la ciencia denomina 'Big Bang') es irreal, y solo se ha producido en la Mente, es decir, por una idea de Sofía la menor. Creemos que estamos separados de Dios, pero es absurdo considerando que nosotros somos Dios, parte de Dios, estamos dentro de Dios, y Dios están dentro de nosotros mismos.

Somos Dios en la idea de separación como en la realidad indivisible de la vigilia, que es el paraíso. Por eso dice el pasaje del apóstol Juan que "de tal manera amó Dios al mundo que mandó a su hijo unigénito". ¿Quién es el hijo unigénito? Unigénito en español quiere decir "único generado". Si fuese Yeshua, solamente, nosotros no seríamos hijos de Dios. Si solo "uno" es el Hijo, empero, nosotros somos parte de ese Hijo. Es por causa de 'Amor', o sea, de Pistis, que del Elohim vino el hijo del hombre a la proyección del sueño, aquella que unos llaman Mundo y otros llaman Cosmos, o sea, Maia-Anicca. Sofía es completamente virgen, y ella es la que concibió a un Hijo unigénito, no la hija de Ana y Joakim, esposa de José el arquitecto de Natzaret. Por ello dice Felipe en el verso 32 de su evangelio, que "María es, en efecto, su hermana, su madre y su compañera." La Madre es la paredra y hermana de Elohim, que es asimismo el Padre incorruptible, el Adama (Hombre) y el Cristo Verificado, pues todos estos son uno y el mismo. María es su madre, pues es la matriz y a la vez la comadrona, y es la compañera, pues con ella todo lo concebía.

¿Por qué Mariam - hija de Joakim y Ana - no fue embarazada por un hombre? Dio a luz ella sola, porque representaba la separación que hubo al principio, según la decisión de Pistis, que fue escuchar al diablo, es decir, al ego (como se ve en el mito griego de Rea-Juno creando a Hefaistos-Vulcano). Esto ha sido referido por Moisés en la metáfora mitológica que dice que "Eva" fuera tentada por un demonio. Pero el judaísmo dice que Eva quedó embarazada y dio a luz a Caín. Es pues que Pistis sí concibió con alguien, mas no fuera el Cristo, sino el ego, pues la idea de separación no puede dejar de crear al ser potencial ilimitado. La Mente recibió un potencial ilimitado, ¿recuerdas que te lo dije en páginas anteriores? Kain significa "el celoso", pues representa a Ialdabaot, y Abel significa "vanidad", pues identifica al cosmos. Pero cuando Maia fue producida se replicó la idea, pues ahora la repetición de la secuencia fractal proyectó a Ialdabaot violando a Sofía menor, toda vez que ella es asimismo llamada Vida, o sea, Zoi, que en hebreo es Jivah, o Eva. Así creó él a sus potencias, que son las del dios celoso, el Kain. Por ello también Pistis proveyó la raza de dioses de la justicia dentro de este eón, que son los del bando de Iaheveh, que al principio por su inocencia fueron presa de la demencia de los arcontes.

Algunos ven al Espíritu Santo como una madre, como cuando Yeshua dijo, "aun así hizo mi madre, el Espíritu Santo, me tomó por uno de mis cabellos y me llevó a la gran montaña Tabor." (Ev. Hebreos, fragmento de Orígenes, Comentario sobre Juan 2.12.87) Los apóstoles se referían a su porción obradora como Melaj (sal), por lo que Felipe define a las Sabiduría como tal. Como trato de hacerte entender, los sonidos que producen palabras, y ellas nombres, reflejan potenciales del pensamiento. Melaj es sal, según las letras hebreas Mem, Lamed y Jet, y por fonética y cognado hallamos la relación con Melej (rey) y Malaaj (ángel). La diferencia entre rey (M-L-K) y ángel (M-L-A-K) es una Alef que simboliza lo divino. Todas estas empiezan con Mem, y luego Lamed, como representación de conexión de lo superior y lo inferior. En cuanto a la sal, la letra final denota vida, aun cuando en sí se supone que la sal no la tiene. La sal se compone de cristales de cloruro de sodio que crecen en combinación con el oxígeno. Analiza esta frase: "Los apóstoles dijeron a los discípulos: «que toda nuestra ofrenda se procure sal a sí misma». Ellos llamaban «sal» a [la Sofía], (pues) sin ella ninguna ofrenda [es] aceptable. La Sofía es estéril, [sin] hijo(s); por eso se la llama [también] «sal»." (Ev. Felipe, vers. 35-36)

La Muerte de la Materia

La frase, "vosotros sois la sal del mundo", aduce a esto, siendo la sal la vida en la materia por medio de la obra de Sofía la menor, quien produjo este cosmos (pues Mundo es una palabra latina que en griego es Kosmon). Por ello dijo Yeshua sobre este mundo: "una viña ha sido plantada fuera del Padre, pero, como no era fuerte, será erradicada y se marchitará." (Ev. Tomás, dicho 40) Gracias a estas grandes verdades podemos comprender a Felipe cuando escribió: "Mientras Eva estaba [dentro de Adán] no existía la muerte, mas cuando se separó [de él] sobrevino la muerte. Cuando ésta retorne y él la acepte, dejará de existir la muerte." (Ev. Felipe, vers. 71) El mundo, como explica el diccionario, es "el conjunto de las cosas creadas", no nuestro planeta, como se interpreta comúnmente; la muerte es la separación; la sal es lo que le da razón a la existencia; la "viña" es el universo material; ese 'Adán' es el Dios, es Elohim, es el Cristo imperecedero de las moradas etéreas. Ahí radica el misterio de la metáfora de Moisés, cuando dijo en el mito que hubo un "sueño profundo" en Adama, toda vez que él cayó en auto-engaño. Al haberse auto engañado se separó. Una parte de él creó una diferencia en lo que hasta el momento era completo.

La vida extraída del Adam-Dios-Cristo no es otra cosa que la manifestación de la separación. Por ello en hebreo muerte es 'Met', de donde sale el sonido 'Mevet', del cananeo 'Mot' (muerto). La 'Mem' acá se halla junto a la última letra del alefato - la 'Tau' - pues la muerte tiene un final. No es el final, sino que será finalizada. ¿Qué cosa? La Materia. Es pues que la Materia tuvo una manifestación, pero desde el inicio está destinada a acabarse y disolverse, pues todo debe volver al origen. La mujer (Eva-Vida) se separó del Hombre verdadero como imagen de él, pero nunca volvió a él, al menos no en la realidad, no mientras aún se hallaban en el paraíso, esto es, en las Moradas Etéreas. Como dice Felipe: "Si la mujer no se hubiera separado del hombre, no habría muerto con él. Su separación vino a ser el comienzo de la muerte. Por eso vino Cristo, para anular la separación que existía desde el principio, para unir a ambos y para dar la vida a aquellos que habían muerto en la separación y unirlos de nuevo. Pues bien, la mujer se une con su marido en la cámara nupcial y todos aquellos que se han unido en dicha cámara no volverán a separarse. Por eso se separó Eva de Adán, porque no se había unido con él en la cámara nupcial." (Ev. Felipe, ver. 78-79)

Por ello Yeshua explica que en tanto todo era andrógino estaba completo, pero la separación produjo la dualidad, que es escasez, carencia, dependencia, necesidad, o sea, lo incompleto, y por ende, todo debe volver a la raíz, cuyo símbolo es el matrimonio, y el concepto de la 'Cámara Nupcial'. En el Evangelio de Tomás lo refiere de la siguiente manera: "Cuando hagáis de los dos uno, y cuando hagáis de lo interno como lo externo y lo externo como lo interno, y lo superior como lo inferior, y cuando hagáis del hombre y la mujer uno solo, de modo que el hombre no sea masculino y la mujer no sea femenina... entonces entraréis en el Reino." (Dicho 22) Felipe habla mucho sobre la idea de la Cámara Nupcial, pero es un área que abordaré poco, ya que sobre esa temática ya he entrado en materia en otras ocasiones - en especial en mi libro 'Sexo al Desnudo' -. Aun así, es bueno que a medida que leas estas líneas medites en las proyecciones que se manifiestan en el mundo material en polaridades, y cómo son dependientes machos de hembras y hembras de machos a semejanza de la carencia a causa de la separación, y cómo buscan ansiosamente volver a unirse (aunque sea durante algún rato, sabiendo que por mucho frotamiento y contacto que se produzca no serán uno, pues la unión verdadera solo se dará cuando estamos en Dios, pues es con Él con quien queremos volver, y el clímax del acto sexual es solo un atisbo del placer de estar en el cielo).

Ese es el escollo para los religiosos y legalistas cuando su ego anhela un Dios dual, vengativo, iracundo, castigador, furioso, implacable, y demás características completamente ajenas a los llamados por Shaulo de Tarso, "Frutos del Espíritu". Es estudiando la Mente donde se comprenden las Sagradas Escrituras, pues la Biblia no pretende fomentar el dualismo y la proyección de la ilusión, sino explicar los símbolos del ego y de la Mente Recta, uno en frente del otro. Por ello, los pasajes sobre la futura "destrucción", "muerte" y "final" de las polaridades que definimos como oscuras o negativas tienen su raíz en las proyecciones del ego, no en las personas. Es muy simple, si un ser pudiese destruir a toda una generación de criminales, eso no desaparecería la criminalidad, pues es la Mente la que está "criminalizada". Al cabo de poco volverían a aparecer criminales. El razonamiento se entiende al nivel del ego como su deseo de auto-destrucción para el ser, pues nos hace pensar que somos indignos, y por ende, reos de ser destruidos. Dice la Biblia que "el postrer enemigo en ser destruido será la muerte", pero, ¿cómo se mata la muerte? ¿No es una estupidez? De joven ni me lo había cuestionado. La muerte que es erradicada es la separación, pues regresaremos a Dios.

Arquetipos Monstruosos

En el mundo religioso y supersticioso se ha creído en entidades malignas y seres creadores reptiles y anfibios desde eras muy remotas. Estos arquetipos son una proyección de la Mente Colectiva como personificaciones de su ego en múltiples niveles. Como explico en RS2, diversas ideas de demonios y diablos, así como dioses primigenios son parte importante de la cosmovisión de los pueblos de la Tierra. En la teología cristiana básicamente toda esta culpabilidad que se busca fuera se proyecta en Lucifer, de quien dicen que fuera un supuesto querubín que se rebeló, y Dios le permite tentar a los humanos hasta un día que será castigado. Además de demente, esta idea de creer que Dios dejará a algún ser tentarnos trasciende aspectos muy sencillos, como el que los ángeles de Dios no se revelan, pues las ideas de dualidad que emergieron dentro de este eón fueron disueltas casi tan rápido como se produjeron (las únicas que permanecen son aquellas que son parte de una jerarquía de oscuridad propia del eón, mas no de Dios). Así, ha habido antes de Lucifer múltiples proyecciones egóicas, o de conciencias SAS (Servicio A Sí mismos), en vez de los SAO (Servicio A Otros), puede que incluso antes de Ialdabaot y sus secuaces.

Estos seres se rebelaron, dejando comprender que las realidades manifiestas en los reinos inferiores, y que son de este eón, no son los primeros, sino que hubo potencias y reinos que existieron antes - o paralelamente - a Ialdabaot. Las realidades y conciencias de otras dimensiones superiores son más de las que son percibidas. Los humanos en el siglo XXI medimos esa percepción por la energía y las ondas. La ciencia dice que el universo es Energía Oscura entre un 70% y un 73%. La otra pequeña porción es Materia Oscura, que sería el 25%. Así la materia, como tal - o lo "físico" (materia bariónica) -, solamente corresponde con una ínfima proporción de menos de un 5%, y otra porción aún más pequeña correspondería a la masa de los neutrinos (partículas subatómicas sin carga).

La Materia Oscura no emite ningún tipo de radiación electromagnética. Esencialmente sin luz - como hablaremos más adelante - la percepción, realidad o experiencia en este cosmos, no tendría sentido para nosotros tal y como la entendemos ahora mismo. Usando una comparativa con la Kabalah, esta expresión de las emanaciones de Atzilut viene a ser el Briah, pero se desarrolla por la conciencia de la Mente Colectiva de Adama-Dios, o sea, del

Elohim llamado Adam Kadmon, que se hace consciente de manera aleatoria en el espacio. La conciencia sería como la percepción de la Energía Oscura, mientras la no consciencia es el estado de Materia Oscura, y la focalización para producir la Briah es la potencia toroidal que configura la materia bariónica, o materia común. Este estado que la Kabalah define como de "los pensamientos" - que es el "Espiritual" - empezó con varios modelos de dualismo y sus características, en una serie de ideas o conceptos arquetípicos que voy a introducir antes de continuar con el relato genésico.

Los Niveles de la Mente

El misticismo judío considera la proyección como un árbol, al que llama 'Árbol de la Vida'. Esto es crucial, porque la Mente se entiende como un árbol (¡ojo! Me refiero siempre a la Mente, no al cerebro). La Kabalah considera que las raíces de dicho árbol son Atzilut (estado de las emanaciones), donde el Elohim se proyecta hacia la primera idea como conciencia en proceso de auto-consciencia - que es la Corona (Keter) - la energía potencial que explota, y que podríamos comparar en una cosmovisión con el Big Bang. Esta idea en la Mente es la propagación de las ideas de la concepción dual. La siguiente etapa es Jojmah, o Sabiduría – no necesariamente asociada a la personificación que llamamos Sofía, o con Pistis -, luego le sigue Binah (Entendimiento). Este sería el primer grupo de la parte superior, pues el Árbol de la Kabalah se divide en 3 secciones. Este es el potencial primigenio de la energía focalizándose.

Se desarrolla entonces el proceso de creación - o 'Briah' -, pasando por Daat (Conocimiento) cuasi imperceptible, intermitente, unas veces siendo y otras veces no siendo, para producir la idea de Misericordia (Jesed) - o también definida como Grandeza -, que sería la idea del deseo de compartir incondicionalmente. Sucesivamente van llegando las siguientes sefirot, acompañando a esta Geburah (Fuerza), y bajando para producir la central, llamada Tiferet (Belleza). Hay mucho que decir sobre las sefirot, pero no es la dinámica de este libro, pues mi intención es dar una idea de los paralelismos y los niveles de esta información, cómo se ajustan, qué son y en qué orden y forma se conciben. Se trata de comprender la Mente – llamada en griego 'Nous' -, pero no desde el estado fenoménico, sino desde la comprensión de arriba. El nivel inferior de este árbol arquetípico es el de la formación - o Yetzira -, que tiene las esferas de Netzej (Victoria), Jod (Gloria) e Ysod (Fundamento).

Ahora, el punto que en realidad deseo tocar es que, a pesar de la idea de tres niveles, se produce la característica de un nivel 4º, adicional. El número 9 es ya el infinito, pero se agrega un aspecto, que es el de Malkut - el reino -, el mundo completamente material. Este tiene una percepción oscura llamada Qlifot, con sus propios 10 aspectos negativos. Con el ejemplo del árbol, Atzilut contiene las raíces, Briah el tronco, Yetzirah las ramas, pero Asiah posee la flor y el fruto. La importancia de esta escenografía de variedades de nombres, colores, conceptos, niveles, etc., es que son una perfecta iconografía de los aspectos inconscientes, subconscientes y conscientes de la Mente, y por tanto, de los procesos en que se entró en el sueño de Maia - y, por las mismas vías, se regresa a la fuente -.

Por ello el árbol se desarrolla de la forma previamente explicada, pero el camino dge regreso a la fuente no empieza desde arriba, sino desde abajo, dando comienzo a partir de Maljut. Esto es enseñado en el misticismo vedanta y yogi como una serpiente que sube por la columna a través de 7 focos de energía, llamada Kundalini. En mi obra 'Sexo al Desnudo', abordo las cuestiones del primer foco de energía - o del potencial el rojo -, pero acá trataré los 7 focos de energía, o mejor conocidos por el sánscrito como 'Chakras'. Acorde al tratado del rabí Isaac ben Jacob Ha.Cohen ('La Emanación de la Izquierda'), Keter tuvo 10 emanaciones de poderosos antiguos, espíritus virtuosos de este principio primordial. Sus nombres, según su orden, serían: 1º el príncipe de las alturas exaltadas, Sabi'El; 2º el príncipe de las maravillas de la sabiduría, Peli'I'El, o Sagsagel; 3º Yerui'El, que es el príncipe de aquellos que guardan el entendimiento. Estos tres están en las raíces del árbol arquetípico, y vienen bajo ellas, y tras ellas, 7 emanaciones o grados: 1º Memeriron, príncipe de la Benevolencia, asociado con el agua; 2º Geviriron, el príncipe de la invencible Fuerza; 3º Yedideron, príncipe de la Misericordia; 4º Satriron, príncipe de la fundación del mundo; 5º Nishiriron, el príncipe de la victoria y triunfo del Israel (el pueblo setita, o iglesia); 6º Hodiriron, el príncipe radiante de la majestad; 7º Seforiron, el príncipe radiante de la última emanación de todos los grados. Este patrón de 7 sigue la dinámica de las 7 luces, o 7 chakras, que son los 7 niveles de densidad, o sea, las 7 dimensiones de la octava. El camino del Kundalini - o ascenso del árbol sefirótico de regreso desde el fruto hacia la raíz - no es otra cosa que el regreso por medio de la conciencia en dirección a la fuente de la Mente Inconsciente para ser consciente de ella como una totalidad. Dicho de otra manera, es el despertar de la conciencia, de la mente crística, de la participación consiente en la filiación, la unión plena con el Espíritu Santo, la disolución del ego. Esto finaliza tras 7 niveles dimensionales de experiencias que duran varios ciclos de este eón.

Cuando estas emanaciones que acabo de mencionar daban virtud a los reinos de este eón en sus niveles más elevados, cuando los primeros seres angélicos iban a ser producidos - dice la tradición rabínica - estaban en un estado latente, del cual seguidamente se manifestarían, y en dichos estados hubo ideas duales, desacordes. Claro, ya la Mente Colectiva había producido la idea de separación, y en consecuencia habría diversas singularidades de tipo Separación, proyecciones de una mente "egoizada". Estas emanaciones de ángeles para el eón de Sofía la pequeña se podría conjeturar que pudieron incluso llegar después de Ialdabaot, sí, cuando Tzabaot se rebeló contra él y se unió a la luz. Así, las primeras ideas de ángeles pudieron venir impregnadas de dualidad y polaridad, y explicaría el origen de

Qamti'El, quien posteriormente no fue manifestado, sino que con sus ángeles subalternos habrían vuelto a la base del pensamiento creativo de Tzabaot y Pistis - quien le ayudaba en la creación de sus reinos en sus cielos -. Después de Qamti'El hubo otra deficiencia: Beli'El, y se repitió el procedimiento. Pero una vez más, antes de producir ángeles puros, vino Iti'El, y seguidamente pasó a ser disuelto en su raíz, en la fuente de la que se proyectó, mas antes de ser manifestado. Por ello dice la Biblia que "vio deficiencia en sus ángeles".

El Espíritu Se Movía

Supongo que vas entendiendo porqué en esta obra - aunque debí empezar a relatarte un Génesis bíblico en cuyo 6º día se hablase del hombre - estamos, ya antes de ese primer día, hablando del hombre. Proseguiré y retomaré este punto en la medida que corresponda con el relato. Es clave considerar que esta historia del Génesis - y cualquier aspecto de la Biblia - no tiene sentido a la luz de la verdad si no se conoce esa verdad previamente y si no se comprende la Mente. ¿No te parece? Ahora bien, Génesis 1:2 dice "ve ha Aretz" (y la Tierra) "aitá" (era, estaba) "tohu va-Bohu" (abismal y caótica) "ve joshej" (y tiniebla) "al pnei" (sobre cara) "tehom" (abismo) "ve ruaj" (y espíritu, viento) "Elohim" (dioses, dios, fuertes) "merajefet" (revoloteaba) "al pne" (sobre cara) "ha maim" (las aguas). Fabuloso, nos cuenta el estado en que se hallaba la Aretz, pero no dice nada del estado en que se hallaba el Shamaim. Menos mal que me he tomado una veintena de páginas para desarrollarlo. ¿No? Esa primera palabras del Génesis evoca al Cielo primordial, el 'Shamai ha.Shamaim' (Cielo de los cielos), el universo Ethe que sostiene a los otros universos derivados del Padre Primordial.

El asunto ahora es que carecería de coherencia sostener que un dios perfecto crease algo de la nada y ese algo fuese un caos. La única explicación es que ese dios tuviese algún tipo de deficiencia, carencia, debilidad o limitación. Cualquier análisis debe realizarse teniendo siempre presente que tanto el mundo metafísico y físico son lo mismo; lo sublunar es imagen de lo supralunar, y viceversa. No están separados los símbolos de lo espiritual y de los material. Dentro del sueño son proyecciones relativas a cada nivel, pues la Mente crea simultáneamente – a pesar de las percepciones independientes dentro del tiempo, o "tiempos" -, de modo que cada ilusión o concepto toma forma según el nivel e que está. Por ende, lo que sería una tiniebla como fenómeno, es asimismo tiniebla en un sentido metafórico y representativo. La idea de las "tinieblas" como 'ignorancia' es aplicable en el sentido metafísico, pero no quiere decir que no existiese una tiniebla en el espacio ni mucho menos sobre la masa líquida originar que constituyó la masa de la cual se formó el sistema solar, o incluso más ampliamente en un sentido de la materia misma.

Un ejemplo de la comprensión de los símbolos sería tomar de la Kabalah métodos de análisis de las palabras, como sería 'Joshej' (tiniebla), cuyas letras son Jet, Shin y Kaf (J-SH-K) y mirar otras por fonema, permutación o anagrama. Así vemos similitud en dos de las tres letras con 'Najash' (serpiente [cobriza]): N-J-SH. Si la Joshej estaba sobre el agua, veamos el número de Joshej: 40. Justamente en lengua hebrea la letra del agua es Mem, cuyo número es 40. Por ello, se interpreta que la tiniebla sobre el abismo era, en efecto, la profundidad de la masa de agua. Seguidamente tenemos la palabra 'Tehom' (abismo), que numéricamente es 46, igual que Yamim (mares). Si observamos la forma de las letras de Yamim, tenemos: I-M-I-M. La primera Mem es abierta, y la final es cerrada, pues una simboliza las aguas superiores y la otra las aguas inferiores, abismales o profundas. Entonces – en el mismo relato genésico - aparece una frase curiosa que sostiene que "el viento de Elohim revoloteaba a la cara de las aguas".

Yeshua relata: "Entonces la Madre empezó a moverse de un lado al otro. Se dio cuenta de que carecía de algo cuando el brillo de la luz disminuyó. Se hizo oscura porque su amante no había colaborado con ella. Yo dije: 'Señor, ¿qué significa que ella se moviese de un lado al otro?' El Señor se rió y dijo: 'No supongas que sucedió tal como dijo Moisés, "sobre las aguas". No, cuando ella reconoció la maldad que había tenido lugar y el robo que su hijo había cometido se arrepintió. Aunque en las tinieblas se había olvidado de su ignorancia, empezó a avergonzarse y agitarse. Esta agitación es el movimiento de un lado a otro!'" (Libro Secreto de Juan 8:1-4) ¿Por qué Yeshua contradice la versión escrita? Porque como de costumbre se visualizaban las formas pero no los símbolos. Por ello, el mismo parámetro de la tiniebla y el abismo, es decir, el agua profunda, identifica la materia, si bien no simplemente en el nivel de la forma y los átomos elementales, sino en otras dimensiones. Dicho de otra manera, no solo se estabas configurando estructuras en el nivel material, sino en el atmos. ¿Y qué se formaba en ese atmos?

El Maestro lo explica con esta parábola: "Yeshua dijo: 'la Divina Ley de Dios es como una mujer que llevaba un recipiente lleno de harina. Mientras caminaba por un camino lejano, el asa del recipiente se rompió, y la harina se derramó detrás de ella a lo largo del camino. Ella no lo sabía; no se dio cuenta del problema. Cuando llegó a casa, dejó el recipiente en el suelo y descubrió que estaba vacío.'" (Ev. Tomás, dicho 97) La mujer es Sofia la pequeña, o la 'Sabiduría Fiel', quien diérose cuenta de lo ocurrido cuando ya se produjo una gran potencia de su potencial. El "recipiente" es su potencial de creación, el "asa" es su fuerza, y la 'harina' era su poder, el 'vacío' – en esta metáfora – era su capacidad. Como explico en RS1, ese potencial creó en el nivel material lo físico, pero en el nivel atmos lo psíquico. Y tal como las cosas toman conciencia dentro de la Mente, lo que tomó conciencia en el nivel atmos fue un ego diabólico. Eso es llamado "la maldad", pues no puede haber nada peor que haber pensado en estar separado del Todo.

El universo físico procede de un universo espiritual, y entre medio hay otros niveles psykicos, o el Atmos. Las almas han venido del Ethe por medio de ese universo espiritual, como dice Yeshua en el Evangelio de María Magdalena respecto del alma: "A un mundo he sido precipitada desde un mundo, y a una imagen desde una imagen celestial." En ese universo anterior se decidió voluntariamente venir a los mundos que serían creados en la materia y se sabía que en la materia habría un destino, es decir, aparte de cosas agradables habría causas y efectos, vulnerabilidad, sufrimiento, ignorancia, dolor, incertidumbre, libre albedrío, pena, congoja y conflictos. En esencia esa es la diferencia que estriba entre el arquetipo Shamaim y el arquetipo Aretz: ambos son desarrollos dentro de la proyección, pero el nivel Aretz es donde percibimos el sufrimiento.

Volviendo con el primer libro de Moisés, el verso 1 del primer capítulo termina con la palabra 'Aretz', de la cual provienen los vocablos que se refieren a 'tierra' (ver RS2, cap. 2 - Los Colonos de Sumer, pág. 54). La palabra Aretz deriva del sumerio 'Eridu' (tierra cimentada en la lejanía), pero según muchas fuentes remotas parece evocar a todos y cada uno de los mundos físicos que se han producido – y se producen – en la creación (los universos). La línea segunda del sumerio Enuma-Elish dice: «šap-li-iš am-ma-tum šu-ma la zak-rat», refiriéndose a que lo de "abajo" - que denomina en este caso 'am.ma.tum', es decir, Tierra - tampoco había sido llamada por un nombre, es decir, no estaba aún estructurada ni definida; y es importante acotar que la Tierra original es llamada en sumerio 'Tiamat' - aun cuando aquí aún no es denominada así, connotación que refuerza la deducción de que habla de la masa primigenia de la cual Tierra y otras "tierras" (mundos) fueron "construidas" -.

El relato de Moisés no empieza hablándonos del vacío original - que tanto se ventila entre las teorías científicas convencionales -, sino que periódicamente pareciese haberse constituido el universo, primero desde un universo espiritual primevo y, tras este, el universo que ahora experimentamos. De esa forma, la interrogante sobre qué fue antes del Big Bang, sería respondida aludiendo a un universo raíz del cual procede este cosmos – o sueño -, y puede que otros muchos. Es aquí, llegados a este punto, cuando Moisés habría escrito lo siguiente...

וְהָאָרֶץ הָיְתָה תֹהוּ וָבֹהוּ וְחֹשֶׁךְ עַל־פְּנֵי תְהוֹם וְרוּחַ אֱלֹהִים מְרַחֶפֶת עַל־פְּנֵי הַמָּיִם:

Este siguiente versículo nos dice, «ve.ha.aretz haitah tohu va.bohu ve.joshej al-pnei tehom ve-ruaj Elohim merajefet al-pnei ha.maim». Esto se podría ir traduciendo en una primera sección como, «y la tierra estaba en caos». No obstante, teniendo presente que en ningún momento nos dijo cómo se formó la Tierra - aún con su parecido al diseño del resto de esferas que se extienden por el universo -, debemos preguntarnos si efectivamente 'Aretz' identifica nuestro mundo o a la materia en sí. En otras palabras, Aretz puede evocar al principio de la composición atómica que se habría establecido en el espacio, o el escenario mismo para la futura vida que se desarrollaría en el cosmos. De ser así, Aretz es el universo e s composición material, pero, ¿qué era ese caos del relato? En los paradigmas teóricos se entiende el caos como el principio de la nada, lo impredecible, la complejidad de la supuesta causalidad en la relación entre fenómenos o la razón del destino del universo.

Caos o Aleatoriedad

Los griegos antiguos eran ya muy versados en filosofías sobre esta concepción, y en todos los caos pareciese identificar la fuente o fuerza que rige el cosmos en cierto espacio, bajo determinados parámetros que no siguen el modelo o leyes del resto del sistema. Dicho de otra manera, la progresión del desarrollo del universo iría acompañada de la existencia de leyes cósmicas que empujan la energía y ordenan y establecen el orden de todo. Eso quiere decir que hay una fuerza primordial que en el espacio parece ordenar todas las cosas y darles leyes (gravedad, cargas eléctricas, magnetismo, etc.), y por medio de una fuerza motora provoca vórtices que condensas y repelen (como una carga positiva y otra negativa), manteniendo todo por fuerza de atracción y repulsión en forma espiral. Eso se aplicaría desde los átomos hasta las propias galaxias. El caos habría sido la parte inicial en el "vacío" donde aún esa fuerza o "inteligencia" energética no había dado empuje a la vibración que produjo los campos, y sería aún todo espacio en el infinito a donde aún esa "creación" en progresión no habría llegado.

Esta versión de la historia es semejante a la de otros muchos pueblos, solo que con matices diferentes, pues sigue el mismo esquema, hablándonos de ese "tohu va.bohu" que asimismo son palabras de raíz sánscrita que tienen un sentido de "abismo" y "desorden" (ausencia de un principio de ordenamiento o ley). Tiene lógica que diga 'Joshej' (tiniebla), si aceptamos que en la teoría del Big Bang, antes de aparecer esta explosión masiva, tuvo que existir un espacio a donde se produjo, o a donde se proyectó todo el susodicho potencial. Por ende, primero debe existir un "lugar" y luego la explosión que se produce en dicho "lugar". En consecuencia, si aún no estaba el "potencial" del universo "material", dicho espacio preexistente estaba a oscuras. Aunque otros textos como los hebreos Jubileos, 2ª Baruc, 2ª Esdras o 2ª Henoc varían en uno que otro detalle en el orden de sucesos, el patrón es básicamente el mismo que el que sigue Moisés en Génesis 1, y en este punto habla ya de "agua" y seguidamente de "luz" (otros manuscritos ponen primero la luz y luego el agua).

El Agua y el Gas

Quien no conoce la teoría más aceptada de la formación de la materia en el universo, ignora igualmente que dicho planteamiento coincide con la traducción griega de este pasaje bíblico. La palabra 'agua' en griego es 'idor', de donde procede 'hidros', y de ahí 'hidrógeno'. La materia se constituye de átomos; los átomos forman moléculas a través de las valencias, y todo esto sigue el principio de ley-orden del que venimos hablando. La comunidad científica considera que la materia primordial es el gas que más abarca en el cosmos: el hidrógeno. Es el hidrógeno - de acuerdo a la propuesta científica convencional – la sustancia base que da lugar a la materia, por lo que es acertado asumir que "el mundo vino del agua", como refiere la Biblia.

«ἡ δὲ γῆ ἦν ἀόρατος καὶ ἀκατασκεύαστος καὶ σκότος ἐπάνω τῆς ἀβύσσου καὶ πνεῦμα θεοῦ ἐπεφέρετο ἐπάνω τοῦ ὕδατος»

La última palabra de esta cita, que corresponde con la versión griega del mismo relato, es 'Idatos' (agua), de la misma forma 'Idor' e 'Ydros'. El agua es dos veces más hidrógeno que oxígeno. Los cristales de roca, el agua, el hielo y la mayoría del gas esparcido por el espacio proceden, según la teoría moderna, del principio atómico del hidrógeno, ya que es el átomo más simple, o sea, la estructura primordial y matriz de la materia en el universo. Siendo así, al decirnos en Génesis que había un 'Ruaj' (viento) 'Merajefet' (revoloteando), parece indicarnos claramente que un movimiento de espiral o vórtice era movido o empujado en todas partes del espacio para condensar la materia. Ese "motor", por Ley de Termodinámica, debía seguir un patrón consciente y una fuerza de empuje proveniente de una energía en conservación y acción inteligente. En otras palabras, en un sentido estrictamente científico-pragmático clásico del siglo XIX, el vacío, la nada o la aleatoriedad no tienen conciencia ni inteligencia, por lo que no podrían entonces crear gravedad, luz, átomos o electromagnetismo.

Así que la conciencia de la Mente actuando en el infinito inteligente produjo por vibración las cargas de energía inteligente que configuraron todo, desde el mismísimo átomo básico: hidrógeno. Siguiendo este influjo e impulso el hidrógeno, habría producido condensación de agua, claramente congelada debido a la temperatura del casi Cero Absoluto. El movimiento habría creado fricción y la fricción energía, haciendo así que estos vórtices condensasen materia sólida - en gran parte agua congelada -, evidentemente con el resto de sumas de elementos que hemos estudiado en la Tabla Periódica en la Secundaria. Con todo, la inmensa mayoría - y la base - sería hidrógeno, hielo, agua...

En medio de esa oscuridad, ¿qué podría verse? Nada. Sin estrellas en el espacio, ¿qué se puede ver? Nada en absoluto (salvo si no se ve con ojos carnales, pues entonces sí se verían las fluctuaciones de energía). Es eso lo que define el vocablo griego 'Aóratos' de la cita de arriba: invisible. La materia o sustancia - lo existente - no se podía ver. La versión Vulgata de Jerónimo agrega que estaba 'Vacua' (vacía), y todos estos conceptos coinciden con la versión hebrea - e incluso la aramea -, que dice «tzadia ve.rokania» (desierta y estéril). Te había dicho que el Enuma-Elish - relato sumerio que se conserva en varias tablillas halladas en las ruinas de la biblioteca de Asurbanipal en Nínive (ahora conservadas en el Museo Británico), y que se remontan al 669 a. C. o 627 a. C. - inicia contando que «Cuando en lo alto, el Cielo no había sido aún nombrado, y debajo, la Tierra no había sido mencionada por nombre, nada existía excepto Apsû, el antiguo, su creador, y el caos, Tiamat, del que todo fue generado. Las aguas se agitaban en un solo conjunto y los pastos no se habían aún formado ni existían los cañaverales. Cuando aún ningún astro podía verse, ninguno tenía un nombre cuando los destinos no se habían aún establecido.» (Líneas 1 al 8).

Irónicamente la Tierra es primero una masa, y lo que vino a ser el molde o modelo era el 'mu.um.mu' (caos) - en ese momento Ti-amat -: «mu-al-li-da-at gim-ri-šu-un» ("del que todo fue generado", o "la madre de los dos", refiriéndose a Apsu y Tiamat). La frase, «meš-šu-nu iš-te-niš i-ḫi-qu-ú-ma» (aguas en un solo conjunto), hacen pensar, ¿dónde y cómo estaban configuradas? ¿Quiénes son Apsu y Tiamat? Acorde a los expertos, Apsu es un concepto masculino alusivo a las "aguas primordiales" y el agua dulce, mientras Tiamat es una idea femenina de los abismos y el caos primevo – la fuente posterior del agua salada -. Este sería el equivalente del hebreo 'tohu va.bohu'. Si miramos la raíz etimológica de estas definiciones, encontramos que de Apsu provino el semítico Ab.Zu (padre sabio), de donde posteriormente derivó 'Abisu', y seguidamente el griego 'Abisos', el inglés 'abyss', o el español 'abismo'. Es más, las regiones sureñas - o del Hemisferio Sur - eran denominadas por los mesopotámicos, 'Abzu', como idea de "lo de abajo". En cuanto a Tiamat - o Tiamatu -, dio lugar a la forma semítica 'Teemut', y esa al hebreo 'Tehemot' (abismos), cuya raíz es precisamente la partícula 'Tehu' o 'Tohu', de la endíadis 'tohuvabohu' (curiosamente en alemán, este concepto - definido como 'Tohuwabohu' - es un coloquialismo para "caos").

Un Rayo en el Infinito

Esta idea de «las aguas» agitadas «en un solo conjunto» afina con otras fuentes sobre el mismo tema de la masa acuosa que se produjo de la condensación y fusión por vórtice del hidrógeno con otros elementos básicos que empezaron a componer la materia bariónica. ¿Y qué empujaba todo esto? Ese 'Ruaj' (viento, espíritu), o conciencia-inteligencia. En ese tiempo, antes del tiempo, es cuando apareció lo visible - porque previamente la oscuridad se cernía sobre todo, al no haber estrellas - como tantas fuentes nos dicen, incluyendo la línea 7 del Enuma-Elish: «e-nu-ma ilâni la šu-pu-u ma-na-ma» (cuando aún ningún astro podía verse).

וַיֹּאמֶר אֱלֹהִים יְהִי אוֹר וַיְהִי־אוֹר:

Aquí nos dice Génesis 1, «ve.iamer Elohim iehi aor va-iehi-aor» refiriéndose a que fuese luz, y fue luz. ¿Cómo se produjo esa luz? En la línea 9 del Enuma-Elish también se habla de esto: «íb-ba-nu-ú-ma ilâni ki-rib ša-ma-mi» (Entonces, los astros fueron hechos visibles en medio del cielo). Si bien, se suele creer en el creacionismo que en 6 periodos fue hecho el universo (para algunos esto es incluso literal, o en el mejor de los casos una referencia a 6.000 años), pero el primer periodo no empezó a ser marcado sino a partir de este momento, por lo que lo anterior sucedió antes de este tiempo definido. En este orden de cosas, solo en el 4º periodo habrían aparecido las estrellas, no en el primero. Empero, ¿si los astros se supone que aparecían en el 4º periodo, qué fue esa "luz" (Aor) que tuvo lugar antes de comenzar a marcar el reloj del tiempo?

Moisés no se contradecía, y en otra obra de su autoría - recuperada de las cuevas del Qumran - nos dice que el dios, «Para el primer día que creó los cielos y [lo] que está por encima de la tierra y las aguas y todos los espíritus que sirven ante él [...] y los abismos de la oscuridad, [...] (y noche), y la luz, el amanecer y el día, [...] siete grandes obras que Él creó en el primer día.» ¿Primer día? El término hebreo que se traduce por 'día' es 'Yom', pero que identifica un periodo y ubicación donde domina la luz. El vocablo Yom se asocia al griego "eón", como Edad o Era. La voz castellana "día" derivó del griego, siendo éste un calificativo del nombre Zeus (Dios), y esto nos recuerda que los antiguos relacionaban a los dioses y a los ángeles con los astros, tal como otros traducen la línea 9 del Enuma Elish: «Entonces se crearon los Dioses en el medio del cielo.» En la versión revelada al escribano hebreo Esdras, refiere: «luego fue el espíritu, y la oscuridad y el silencio estaba por todos lados, el sonido de la voz del hombre no fue formado. Entonces mandaste una luz justo salir de tus tesoros, para que tu trabajo pudiese aparecer.» (2ª Esdras 6:39-40)

¿El Big Bang? Parece una descripción que tanto da la razón a la versión clásica del origen del universo como a la de otras culturas, que sostienen que todo surgió de "otro lugar" y fue proveído de allá por medio de una gran luz con sus fueras espirituales o invisibles que iniciaron la creación. La versión china e hindú de este relato es similar, al considerar que las cosas salieron de una especie de "lugar primordial" que se abrió y lo produjo todo: los vedas lo describen como un huevo que se partió y de ahí salieron las "deidades" que produjeron el cielo y a tierra. Es admisible considerar que al decir "tierra" no se refiera al principio explícitamente a este planeta sino a todos aquellos en las mismas condiciones, que no son asteroides ni cometas ni estrellas, y cumplen ciertos parámetros que los incluyen en la categoría de "planetas" (cuerpos celestes que siguen una órbita). De hecho, en la versión del profeta Henoc, la Tierra se produjo de una masa líquida oscura espesa que se fragmentó en 8 partes, quedando la que contenía las aguas más densas configurada como nuestro planeta Tierra, mientras las otras 7 se convertían en los otros planetas del sistema solar.

וַיַּרְא אֱלֹהִים אֶת־הָאוֹר כִּי־טוֹב וַיַּבְדֵּל אֱלֹהִים בֵּין הָאוֹר וּבֵין הַחֹשֶׁךְ

El versículo 4 nos dice, «ve.irá Elohim et-ha.or ki-tob ve.ibdel Elohim bein ha.or ve.bein ha.joshej», refiriéndose a que Elohim ve lo bueno de esta "luz" y realiza una distinción o separación entre la luz y la tiniebla. Lo que en un principio se venía uniendo ahora se separaba; las sustancias obedecían a la fuerza de gravedad y la fuerza centrífuga. Según las palabras del profeta Henoc, el dios de los hebreos le llevó fuera de la Tierra y le mostró cómo hizo el universo, y narrando sobre este aparente "Big Bang", le dice: «Yo ordené [...] que las cosas visibles debían venir abajo de las invisibles, y Adoil (luz de la creación) vino abajo muy grandioso, y yo le contemplé, y bajó. Él tenía un vientre de luz grandiosa. Y yo le dije: Se deshecho, Adoil, y deja lo visible venir fuera de ti. Y él vino a deshacerse, y una grandiosa luz salió. Y yo estaba en la mitad de la gran luz, y tal como allá es nacido luz de la luz, vino adelante una grandiosa edad, y mostró toda creación, cual Yo tuve pensado el crear. Y yo vi que eso era bueno. Y yo instalé para mí un trono, y tomé mi asiento en él, y dije a la luz: Ve por lo tanto arriba a lo alto y repárate a ti misma alto sobre el trono, y sé una fundación para las cosas elevadas.» (2ª Henoc 25:1-5) Henoc parece describir el relato desde otro prisma, aduciendo que primero fue esta luz que emanó de quién sabe dónde y se deshizo o explotó haciendo ver lo invisible como visible, pero tras esto Dios mandó que surgiese la materia sólida: «Y yo convoqué el muy bajo una segunda vez, y dije: Deja Arjas (espíritu de creación) sal duro, y él surgió duro desde lo invisible. Y Arjas vino fuera, duro, pesado, y muy rojo. Y yo dije: Se abierto, Arjas, y deja allá que nazca de ti, y él se deshizo, una era salió adelante, muy grandiosa y muy oscura, portando la creación de todas las cosas bajas, y yo vi que eso era bueno...» (Cap. 26:1-3) Posteriormente Henoc habla de esta 'separación', diciendo que Dios le contó: «Y yo ordené que allá debían ser tomados desde luz y oscuridad, y yo dije: Sea denso, y ello fue así, y yo lo separé fuera con luz, y ello se convirtió en aguas, y yo lo separé fuera con oscuridad, por debajo de la luz, y entonces y hice firmes las aguas, es decir el insondable (sin fondo), y yo hice fundación de luz alrededor de las aguas, y creé 7 círculos desde dentro, e imaginadas las aguas como cristal mojado y seco, que es decir como vidrio, y la circunspección de las aguas y de los otros elementos, y yo mostré cada uno de ellos su camino, y las 7 estrellas cada una de ellas en su Cielo, que ellos van así, y yo vi que eso era bueno. Y yo separé entre la luz y entre la oscuridad, que es decir en el medio del agua aquí y allá, y yo dije a la luz, que ello debía ser el día, y a la oscuridad, que ello debía ser la noche, y fue tarde y fue mañana el Primer Día.» (Cap. 27)

Notablemente es imposible para la historia convencional pensar que alguien diese semejantes descripciones hace más de 4.500 años, por lo que este profeta no podía estárselo inventando. Su descripción, arcaica – es de entender – por su época y límites de su propio idioma, son suficientemente escuetas como para comprender que nos narra cómo tras la aparición de esa luz que se desgaja por todo el universo - o Big Bang -, la materia se condensa en medio del espacio y se aprecia como masas abismales de condensación basada en el hidrógeno. Su descripción sobre cómo la luz y la oscuridad se separan para dar forma al agua como tal solo puede explicarse como la estructuración del agua debido al principio de valencia atómica de los gases que componen el agua y también producen electricidad. Dado que estas palabras no existían en la remota antigüedad, era de esperar que simplemente se refiriesen a esto como lo invisible que sustenta las cosas o es la esencia en sí, es decir, el Ruaj (viento, espíritu). Ese Ruaj que se "movía" sobre el agua siendo la ley o fuerza que iba "cuajando" la materia.

Además de esto, la mención que da Henoc en el capítulo 27 de su Segundo Libro respecto del agua y su forma, hace entrever que le fue dicho que la fuerza invisible y motora provocaba que por rotación las masas se consolidasen en "círculos". Como veréis si repasáis el principio de este Artículo, veréis que ya les comentaba que el vocablo 'Aretz' parecía designar a los mundos físicos creados, al menos, en este universo. Aunque Moisés solo habló de este rápidamente, Henoc lo matiza de forma formidable (ver RS1, capítulo sobre Génesis 1, pág. 127), haciéndonos saber que el dios ya hace miles y miles de años le había contado la forma en que la fuerza motora que de Él proviene produjo el Big Bang, las fuerzas del universo, las cargas que crearon los átomos y posteriormente las moléculas y, en consecuencia, los gases de los cuales se produjo el agua (líquida o no, pura o no). Aunque a simple vista pareciese que Henoc describe la formación de lo que pudiesen ser los planetas de nuestro sistema solar, es en el capítulo 30 cuando nos habla de estos 7 cuerpos espaciales mandados a fijarse en sus órbitas respectivas, y lo que cabe interpretarse es que el 7 designe un patrón.

Al decir que creó 7 esferas una dentro de otra, da lugar a suponer que habla de una cosmovisión de 7 cielos o dimensiones, y/o de un patrón de 7 niveles sujetos a la geometría de la esfera como modelo elemental del universo. Este mismo modelo habría dado cabida a la estructura de nuestro sistema solar, aunque, según esta descripción - y las que parecen aportar las fuentes sumerias - habría sido distinta de cómo vino a ser después, habiéndose reorganizado miles de años después para tener la distribución que hoy poseen. Es más, al hablar de estas 7 esferas - y cada una en su propio cielo -, hace suponer que existen mínimo 7 cielos o que hay 7 realidades existenciales en el cosmos; pero por encima de todo nos recuerda a los 7 planetas del sistema solar en sus órbitas. ¿Quiere decir esto que solo hablaría de la creación de nuestro sistema? Según estas palabras, Dios llamaría a esto el "círculo celestial", y afirma que ordenó que en esas "esferas" o "círculos" hubiese "luminares", y siguiendo este patrón hizo todo en «todos los cielos». Esto manifiesta una verdad sublime: un modelo o esquema de secuencias de 7 en cada estado de realidad con sub-niveles también de 7 escalas. Este es un principio fractal basado en el tan idealizado número 7 que vemos en otras enseñanzas.

וַיִּקְרָא אֱלֹהִים לָאוֹר יוֹם וְלַחֹשֶׁךְ קָרָא לַיְלָה וַיְהִי־עֶרֶב
וַיְהִי־בֹקֶר יוֹם אֶחָד

A pesar de que muchas de estas explicaciones ya las traté en 'RS1' y 'RS2', hay muchos datos que siempre es bueno repasar, reestructurar, actualizar y ampliar. He aquí el verso 5, que nos dice, «ve.ikrá Elohim la.or Yom ve.la.joshej kara lailah ve.iehi-ereb ve.iehi-boker yom ajad.» Solo hay que ver que la luz se proyecta en un prisma de 7 colores o difusiones, y siendo luz en metafísica el conocimiento-despertar, los 7 colores o espectros electromagnéticos vienen a identificar 7 niveles de conciencia. Como resultado, el tiempo se divide en 7 ciclos, que corresponden con 7 estados de conciencia, o niveles de conciencia. Estos separan al ser de la oscuridad, o dicho de otra forma, de la ignorancia-separación-sufrimiento, o sea, de la muerte. Si traduzco la reciente cita hebrea al castellano, nos encontraríamos con que la designación o identidad de la 'Aor' (luz) viene entonces a ser 'Yom' (día, eón, era), mientras que la de 'Joshej' (tiniebla) pasa a ser 'Lailah' (noche). Observa que a nivel metafísico entre Yom (día, era) y Yam (mar) está la experiencia, y por ello el simbolismo del mar como inmensidad tiene intrínseca la idea de tiempo-experiencia en la materia.

Llegados a este punto, todo el conjunto es conocido como 'Yom Ajad' ('Día Uno' o 'Eón Ajad'), y si recordamos el patrón 7, aquí se vuelve a reflejar, pues se habla del 6 como tiempo de formación, y el 7º como finalización de este ciclo para seguir otros. Sí, porque la creación del universo no acabó en un 7º ciclo: prevalece, sigue teniendo lugar. Los textos de Nag Hammadi definen estos ciclos en el nivel mayor, lo que podríamos denominar de las "causas", y lógicamente de ellos derivarían los "efectos". Ahí lo referido se denomina como 'la Batalla de los Siete Cielos', que correspondería con parte de la vedanta 'Lilá', o conflagración galáctica. Asimismo aquí estaría proyectado el dualismo puro, enfrentándose la luz contra la oscuridad. En ese ciclo del eón se habría definido quién era de la Derecha y quién de la Izquierda. Iao, o Jeu (el ángel de la luz), proveniente de los primeros 5 árboles eónicos, así como Melki-Tzedek mayor, y ambos serían los fuertes que habrían mantenido el control sobe el caos y sus arcontes. Ellos estarían mirando sobre la Región del Medio - correspondencia con los estados "entre-vidas", o intermedios - mientras los arcones estarían en la Izquierda, como analogía y conexión con los estados inferiores de vibración.

Tras 'La Batalla de los Siete Cielos' - cuentan los manuscritos de Nag Hammadi - los hermanos Jabaoth y Jabraoth, se separaron. Jabaoth es definido también como 'Tzabaot Adamas' (o 'Adamas el Tirano'), y era quien regía la mitad de los 12 reinos de los eones de la Heimarmene. Según el Ev. Valentino, este tirano quedó encadenado a la región de la esfera por el ángel Ieu. Jabraot se convirtió y se hizo un misionero de la luz, y fue conocido como Tzabaot el bueno (o simplemente como 'Zeus'), que en otros textos se le denomina 'Adonai Tzabaot' (Señor de los Ejércitos). Por otros manuscritos entendemos que Ialdabaot creó 7 hijos y 7 potentados, y puso a cada uno sobre los 12 eones, habiendo acá cierta comprensión de que Tzabaot Adamas - el tirano - es presumiblemente uno de los principales hijos de Ialdabaot. Tras la derrota en La Batalla de los Siete Cielos, Ialdabaot fue lanzado al abismo de los planos inferiores, donde se mantendría como rector de los estados infernales que la Mente concibe como herencia por su culpabilidad inconsciente.

Se podría pensar que Tzabaot el Bueno – posiblemente vinculado al conocido como el Adonai Iaheveh en la Tanaj – hubiese sido la idea de separación que se produjo en Sakla, una analogía de lo que ocurrió al principio, pero esta vez invertida. Expresado de otro modo, esto representaría un estado de sanación de la caída de Pistis Sofia. El Ev. Valentino habla de monstruos que crea Adamas el tirano - incluyendo un basilisco de 7 cabezas, algo que nos recuerda al diablo del Apocalipsis -, pudiendo denotar que el número 7 acá es el arquetipo de la serpiente Kundalini. Así, 7 niveles profundos de oscuridad separan a la mente dual del regreso a la Mente Recta. Es más, el hinduismo vedanta identifica 7 niveles superiores, pero también 7 niveles inferiores: los Thala.

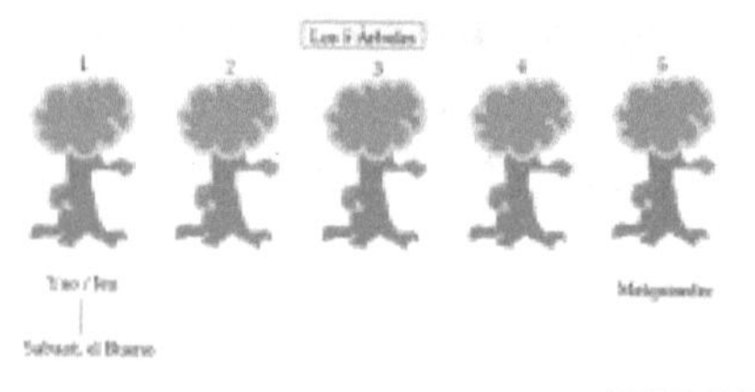

La deficiencia de Pistis Sofia ahora es la sanación por medio de la idea de la justicia que se despierta tras 'La Caída'. Estaríamos observando que hay un principio de conciencia que se hace consciente de su realidad y comienza el regreso a casa, a Dios. Este despertar se da, precisamente, por parte de la propia Mente que estaba aparentemente dividida y que creía que estaba fuera del Dios. Ahora el ego se encontraba con dudas sobre sí mismo. Este es un principio de compensación, pues donde hubo Caída debe haber Restitución. De ahí nace la idea de Karma, o inercia de las acciones que se ponen en funcionamiento hasta ser equilibradas. El Karma se detiene por el Perdón, y el Perdón viene por la comprensión y conciencia, ¿de qué? De que no hay separación, sino solo unicidad, y por tanto la Mente busca la filiación a la que pertenece, aún a pesar de los espejismos y artimañas del ego. Por ello, el Karma y el Perdón son conceptos inseparables. Es un parámetro evidente de causas y efectos, pues donde apareció la muerte-separación de la luz que concibió la individualidad, debe, pues, compensarse como amor-perdón-luz que restaure la deficiencia.

Por ello, todas las proyecciones de la separación son todo resultados de sufrimiento: la vejez, la enfermedad, las dolencias, las desgracias y accidentes, la pobreza y la muerte. Todos ellos son compensados por el Perdón, y por tanto, sanados. El Perdón aplica también por medio de los procesos de Comprensión, Aceptación y Perdón consciente.

Parte III

EL FIRMAMENTO DE LOS CIELOS

«Nada real puede ser amenazado.
Nada irreal existe.
En esto radica la paz de Dios.»
(Un Curso de Milagros – Introducción, 2:2-4)

Los Relatos

«Antes del comienzo sólo había una conciencia, la de 'el Eterno' cuya naturaleza no se puede expresar en palabras. Era el único Espíritu, El Ser Generador que no puede reducirse. El Desconocido, Incognoscible Un solitario melancólico en profundo silencio embarazado. El nombre que se pronunció no puede comprender este Gran Ser que, permaneciendo sin nombre, es el principio y el final, más allá del tiempo, más allá del alcance de los mortales, y que en nuestra simplicidad llaman Dios. El que precedió a todo existía solo en Su extraña habitación de la luz increada, que permanece siempre inextinguible, y ningún ojo comprensible puede jamás contemplarlo. Los borradores pulsantes de la luz, la vida eterna en su mantenimiento aún no se habían soltado.» (El Libro de la Creación, The Kolbrin. Los registros de la cultura celta).

Esta explicación tan majestuosa del Kolbrin nos resume sabiamente todo lo anteriormente dicho, y nos amplía la visión de esta historia: «Sabía Él solo, fue sin contraste, incapaz de manifestarse en la nada, pues todo dentro de su ser estaba, [el] potencial no expresado. Los círculos mayores de la Eternidad aún no habían salido, para ser echados fuera como los siglos de los siglos de la existencia de [las] sustancias. Ellos iban a comenzar con Dios y retornar a Él completando en variedad y expresión infinita. Tierra aún no existía, no había viento con el cielo por encima de ellos; altas montañas no se plantearon, ni fue el gran río en su lugar. Todo era sin forma, sin movimiento, calma, silencio, vacío y oscuro. Sin nombre había sido nombrado y no había destinos presagiando.»

Los viejos recuentos griegos nos dicen que «Antes de existir el gran mar y la fértil tierra, y el cielo azul que recubre el mundo; antes de que la naturaleza – que nuestros ojos ven y todos nuestros sentidos ayudan a aceptar - viviese como vive ahora: organizada, plástica, sabia, poderosa; antes de todo eso, era el Caos: masa tosca e informe que constituía el universo. En el comienzo, lo que existía era inerte – dice Ovidio, poeta latino -. Era un peso muerto. Un montón de elementos dispares. En ese tiempo, ninguna luz daba al mundo calor y claridad. Ni el Sol ni la Luna recorrían la bóveda celeste, transformando cada día en un nuevo día, y cada noche en una noche clara. La Tierra todavía no estaba suspendida en el aire, equilibrada por su propio peso. Y Anfitrite, la reina del mar, no había extendido aún sus dulces brazos hasta las márgenes. Tierra y Mar eran una mezcla indistinta de vida y agitación. El suelo no tenía densidad. El mar no fluía. El aire no tenía luz. Nada poseía forma propia. Y en el interior de esa masa única, se entablaba la constante batalla de los principios opuestos: el frio combatía al calor; la humedad contra la sequía; la liviandad contra el peso. Poco a poco un germen inteligente, un dios ordenador emergió del Caos. Definió (delimitó) y armonizó (equilibró) todo, según su soberana voluntad. La paz se hizo en el universo. Pero permaneció para siempre encendida la chispa del conflicto, porque el orden, el límite y el equilibrio no son estáticos...»

También los indios quichés nos cuentan la versión mesoamericana de esta historia: «He aquí el relato de cómo todo estaba en suspenso, todo tranquilo, todo inmóvil, todo apacible, todo silencioso, todo vacío, en el cielo, en la tierra. He aquí la primera historia, la primera descripción. No había un solo hombre, un solo animal, pájaro, pez, cangrejo, madera, piedra, caverna, barranca, hierba, selva. Sólo el cielo existía. La faz de la tierra no aparecía; sólo existían la mar limitada, todo el espacio del cielo. No había nada reunido, junto. Todo era invisible, todo estaba inmóvil en el cielo. No existía nada edificado. Solamente el agua limitada, solamente la mar tranquila, sola, limitada. Nada existía. Solamente la inmovilidad, el silencio, en las tinieblas, en la noche. Sólo los Constructores, los Formadores, los Dominadores, los Poderosos del Cielo, los Procreadores, los Engendradores, estaban sobre el agua, luz esparcida. [Sus símbolos] estaban envueltos en las plumas, las verdes; sus nombres [gráficos] eran, pues, Serpientes Emplumadas. Son grandes Sabios. Así es el cielo, [así] son también los Espíritus del Cielo; tales son, cuéntase, los nombres de los dioses. Entonces vino la Palabra; vino aquí de los Dominadores, de los Poderosos del Cielo, en las tinieblas, en la noche [...] unieron sus palabras, sus sabidurías. Entonces se mostraron, meditaron, en el momento del alba...» (Popol Vuh. Cap. 2)

En su tiempo ya decían los nórdicos que el mundo empezó como una masa helada llamada Niflheim, y con ella vino el mundo que podemos definir como el de la actividad magmática, al que llamaban Muspelheim, así como el caos o abismo que existía entre ambos: Ginnungagap. Asimismo tenemos la idea del universo siendo producido con su Dios desde un útero dorado o brillante, un huevo cósmico llamado Hiranyagarbha, del que narra grandes cosas el sagrado Bhagavata Purana de la India. Así se habrían producido los cielos, mundos, sus órbitas y dimensiones, planos de realidad e incluso espacios y realidades paralelas, y en ellos el gran Dios, bajo muchas formas y representaciones, quien lo habita todo – dice la literatura persa - «aquel que se viste (empleando como manto) las sólidas piedras del Cielo. Y escogió también a cuantos le agradan a Él» (Yasna XXX, el Avesta – Zoroastro)

Los manuscritos de la biblioteca egipcia de Nag Hammadi nos comentan estas historias en sus varios tratados, exponiendo que los "dioses" emanaron en el caos, en esa oscuridad y la masa acuosa. Si bien, en copto y griego koiné la palabra para 'dioses' era más precisamente 'exoisias' (autoridades) y 'arjais' (arcontes, principados), que posteriormente crean a los 'dynameis' (poderes, fuerzas, energías), y con quienes representan aquellas potencias del Destino. Irónicamente, aunque la palabra hebrea 'elohim' se traduce por "dioses" o "Dios", realmente significa "poderosos", pudiendo evocar a "poderes" o "fuerzas" detrás del mover del mundo material.

En otro tratado de estos registros cristianos gnósticos, encontramos: «Sem, ya que eres de un poder sin mezclar y usted es el primer ser sobre la tierra, oye y entiende lo que voy a decirte, [y] por primera vez acerca de las grandes potencias que estaban en existencia en el comienzo, antes del presente. No había luz ni oscuridad y no había Espíritu entre ellos. Dada su raíz cayeron en el olvido - el que fue el Espíritu no engendrado – del cual yo te revelo la verdad, acerca de los poderes. La Luz se creía completa de la audición y la palabra. Estaban unidos en una sola forma. Y la oscuridad fue el ruaj (viento, espíritu) en las aguas. Poseía la mente envuelta en un incendio caótico. Y el Espíritu entre ellos era una luz suave y humilde. Estas son las tres raíces. Ellos reinaron cada uno en sí mismos, solos. Y cubrieron unos a otros, cada uno con su poder.» (Paráfrasis de Sem 1:19 al 2:10) Todo eso concuerda con el resto de versiones que tratan esta historia del origen del universo, ya que la idea de un Dios Eterno e Inconmensurable que existía antes del universo y del cual procede todo, está presente en muchas culturas.

Dicen los registros vedanta, de la India, que «La muerte entonces no estaba, ni nada había inmortal. Aquello sin aliento, respiraba por su naturaleza: aparte de ello lo que fuese nada había. Todo lo existente era vacío y sin forma. ¿Qué había por encima o por debajo entonces? ¿Quién ciertamente lo sepa y declararlo pueda? ¿De dónde nació y de dónde viene esta creación? Los dioses posteriores fueron la producción del mundo. ¿Quién sabe entonces dónde comenzó la existencia? Él, primero origen de la creación, si la formó o no, cuyo ojo controla el mundo desde el empíreo, Él ciertamente lo sabe, o quizás no...» (Rig Veda) Estos pueblos llamaban "dioses" a los poderes y astros que emergieron con el "Big Bang".

Día Dos

El relato de Moisés, en su verso 6, nos dice, «ve.iamer Elohim iehi rakia ba.toj ha.maim ve.iehi mabdil bein maim le.maim», es decir, que hubiese un espacio o vacío entre el agua, entiéndase esa ahí ya existente. Agrega que se realice esto separando entre "aguas a las aguas", o sea, aguas sobre aguas. ¿Quién no oído el cuento de que Dios creó el universo en 6 días y luego descansó? Objetivamente, no habla de días sino de eras (ver RS2, cap. 1, El Anciano de Días, pág. 34). Una vez la materia se condensaba en el espacio, como un aparente mar ilimitado, inició un nuevo ciclo de formación, el de la consolidación de lo que definiríamos como cuerpos acuosos. Las concepciones masculinas y femeninas derivan de las virtudes esenciales del Ethe, y de ellas se configuraron el Yin Yang en el universo dual. Así se comprende el mito sumerio de Tiamat y Apsu (femenino y masculino, o aguas saladas y aguas dulces). El mismo patrón dual masculino-femenino lo hallamos en códigos de Génesis justo al empezar el relato: recuerda que leíamos "barashit bará elohim", como las primeras tres palabras de toda la Biblia. La primera letra de 'Bará' es Beit, y la primera de Elohim es 'Alef', y dado que en hebreo no hay vocales y se pueden leer las palabras de atrás para delante e incluso permutar las letras, se puede leer con estas dos iniciales 'Ab' (padre), asimismo, la última letra de Bará es la 'Alef', y de Elohim es 'Mem', las cuales forman 'Am' (madre).

וַיֹּאמֶר אֱלֹהִים יְהִי רָקִיעַ בְּתוֹךְ הַמָּיִם וִיהִי מַבְדִּיל בֵּין מַיִם לָמָיִם׃

El texto hebreo para-bíblico de 2ª Esdras (cap. 6:41) nos dice: «Al segundo día hiciste el espíritu del firmamento, y ordenaste partirse en dos, y pues hacer una división entre las aguas, que por una parte podría subir, y la otra permanecerá al pie.» Esta descripción es claramente una alusión a la formación de la atmósfera, al menos en nuestro mundo y los que son esferas semejantes. ¿Cómo se produciría esto? Es una acción lógica que responde a la ley de la gravedad: unos elementos son más pesados que otros, y los más ligeros (gases) se superponen a los más pesados (líquidos), y estos a los aún más pesados (sólidos). Jubileos 2:4 nos confirma este hecho, aduciendo, de palabras de Moisés: «Y en el segundo día creó la Rakia en medio de las aguas, y las aguas estaban divididas en ese día; la mitad de ellas pasó por encima y la [otra] mitad de ellas bajó por debajo de la Rakia (que fue) en el medio durante la faz de la tierra entera. Y este fue el único trabajo [que] (Dios), [hubo] creado en el segundo día.» (Jubileos)

Los Hijos del Amanecer

Las milenarias 'Tablas Esmeralda' de Thoth nos hablan de «los Señores de Amenti, señores ellos de los Niños de la Mañana, Soles de los ciclos, Maestros de Sabiduría.» (Tabla III) Dyehuty (Thoth), el "dios" egipcio de la escritura, afirmaba que estos señores de Amenti controlaban el caos para que el universo no fuese disuelto, y, según él, era necesaria la existencia del caos para mantener un equilibrio en el cosmos. Dyehuty refirió que estos inmortales de Amenti (las salas del camino hacia el más allá) eran señores sobre los "niños de la mañana" y a su vez "soles de los ciclos". El sabio idumeo Job, escribió, un tiempo después de Abraham, «cuando alababan juntas todas las estrellas del alba y se regocijaban todos los hijos de Dios...» (Job 38:7, RVA 60) ¿Alababan las estrellas? En hebreo dice 'Kokabei Boker' (astros de la mañana), los mismos que parece mencionar Dyehuty, y de quienes agregó, «Muchas de las estrellas pasé en mi viaje, muchas de las razas de los hombres en sus mundos; algunos llegando alto como las estrellas de la mañana, algunos cayendo bajo en la negrura de la noche.» Y asimismo escribió que «Hace muchas eras, los soles de la Mañana descendiendo, encontraron el mundo lleno con la noche, ahí en ese pasado, comenzó la lucha, la antigua Batalla de Oscuridad y Luz.» (Tabla VI)

Ahora bien, esos "soles de los ciclos" identifican al control del tiempo, pues el sol representa un periodo de tiempo – los mayas mismos llamaban a sus eras "soles". El vocablo hebreo Yom (día, era, eón, edad) alude a una era y a un dios, como engloba el vocablo griego 'Aionos' (eón, era, siglo, edad), también el hebreo 'Laila' (noche) tiene su propio significado profundo. Su raíz sánscrita, 'Lila', lo identifica como el concepto relativo a la eterna lucha en el cosmos, desde que la oscuridad emergió. Para los vedas, la Lila era la eterna batalla cósmica entre el bien y el mal, la lucha entre el orden y el caos, la luz y la oscuridad, la justicia y la injusticia. El propio nombre de la demonesa Lilit - de las leyendas judías - toma su nombre de la misma raíz, siendo idea de mal, oscuridad y lo demoníaco. Otro punto importante acá es que la narrativa de Génesis 1:5 nos habla de un 'Boker' (mañana) y un 'Ereb' (tarde) que configuran ese primer eón o era inicial, pero, si el sol se supone que aún no estaba, ¿qué eran esa mañana y esa tarde? Además, no dice "noche", sino que el día sería solamente según el periodo de luz, ¿el principio de 6 horas matinales y 6 horas de la tarde? En consecuencia, no habla de un día de 24 horas, sino de un ciclo de luz. Si estuviese hablando de un periodo consecutivo de días reales, tendría que haber incluido la noche. Esto concuerda con las otras fuentes que exponen que esta luz no solo era cósmica (de esferas de luz), sino de seres de luz que rigen el lado positivo de ese Yin-Yang, o "Lilá", frente a los caóticos que rigen el lado oscuro.

Podemos mencionar aquí que esas "estrellas" eran seres extraterrestres e interdimensionales; ángeles de esferas superiores de realidad que luchan contra la oscuridad y sus fuerzas, y esos "soles" o "hijos de dios" son igualmente un grado elevado de inteligencias sobrenaturales que operan sobre el orden en el cosmos. En los periodos del "amanecer" de la civilización estuvieron acá, habiendo sido algunos de ellos desertores en tiempos anteriores al diluvio. Génesis nos dice que el Yom se divide en dos secciones: Boker y Ereb. Los de Boker son de máxima luz y de esa era, pero, ¿qué es eso de 'Ereb'? El ocaso de esa era (ciclos que empezaban y terminaban con episodios determinantes), de la cual los antiguos griegos dieron constancia al decir que en la era remota del mundo, 'Érebo' fue lanzado a los infiernos, donde se convirtió en la horda de espíritus demoníacos que en aquel remoto pasado asolaron al mundo.

La Rakia

La versión de Henoc es aún más clara sobre esta historia, y nos dice: «Y entonces yo hice firme el círculo celestial, e hice que las aguas bajas cuales están bajo el Cielo colectarse a sí mismas juntas, hacia dentro de un agujero, y que el caos se volviera seco, y ello se convirtió así. Fuera de las olas (onda) yo creé roca dura y grande, y de la roca yo llené lo seco, y lo seco yo llamé tierra, y el medio de la tierra yo la llamé abismo, que es decir lo sin fondo (insondable), yo colecté el mar en un lugar y lo limité junto con un yugo. Y yo dije al mar: Contempla yo te doy tus límites eternos, y tu no deberás romperte, soltarte de tus partes componentes. Así yo hice rápido el firmamento. Y fue la tarde y la mañana el Día Segundo.» (2ª Henoc 28:1-4) El tal "círculo celestial" que se formó al elevarse las partes de agua más ligera (gases), del resto que se quedó abajo, era ese vacío (Rakia) entre ambos, y el resto de materia de la parte inferior recubría lo que en un principio fue un agujero.

Esto es lo que también se cuenta en el Enuma-Elish, donde la historia se describe como una batalla campal entre dioses para referirse a la manera en la que se formó el sistema solar. En el verso 5 dice: "meš-šu-nu iš-te-niš i-ḫi-qu-ú-ma", que raducido sería: "las aguas se agitaban en un solo conjunto". Tras esto aparecieron los dioses, o los "seres celestes": "Entonces se crearon los Dioses en el medio del cielo, y Lahmu Lahamu fueron llamados a la existencia ... Edad aumentó, ... Entonces Ansar y Kisar fueron creados, y sobre ellos .... Larga eran los días, entonces no salió ..... Anu, su hijo, ... Ansar y Anu ... Y el dios Anu ... Nudimmud, a quien sus padres, sus engendradores ..... Abundando en toda sabiduría, ..." Según la larga descripción que dan las tablillas sumerias, varios impactos de cuerpos espaciales y procesos de formación conllevaron al establecimiento del sistema solar como lo conocemos, pero la masa primordial Lahmu y Lahamu cambiaron de estado y "espíritus" emergieron y sojuzgaron.

Justamente las palabras Lahmu y Lahamu dan lugar al vocablo hebreo Lejem (pan), por la idea de una masa pastosa que evidentemente luego se calienta para conseguir el preciado alimento. La tierra como lodazal y asimismo ardiente (caliente aún y con muchos volcanes y lava) empezó a producir su atmósfera en un largo ciclo de cambios con los procesos de cambio consecuente, presiones y revoluciones de la esfera terrestre. Esa idea que describe Henoc - del caos haciéndose seco o sólido - concuerda con los otros pasajes del relato de Moisés, por lo que podemos aducir que los cambios se sucedían unos tras otros, pero la secuencia no necesariamente era según la finalización de una era para empezar la siguiente, sino incluso muchas empezando antes de concluir la otra. ¿En qué difiere toda esta historia de la versión científica sobre la formación geológica de la Tierra? Realmente en prácticamente nada, salvo que estos pueblos ya lo sabían miles de años antes de la ciencia actual.

Los traductores bíblicos tradujeron 'Rakia' de diversas maneras, desde 'bóveda' (Reina Valera de 1995) o 'expansión' (Reina Valera de 1960), pero a partir de la traducción de los Setenta se aceptó la idea de 'Steréoma' (firmamento, firmeza, firme), como lo hizo mucho después Jerónimo al latín: 'Firmamentum' (versión Vulgata). Muchos son los textos, sea hebreos o no - especialmente del profeta Henoc - que abordan el tema de cómo el "espíritu" de Dios formó la atmósfera – o "cielo" según vocabulario "bíblico" – y lo diseñó con esta perfecta silueta esférica recubriendo la superficie de nuestro mundo. La palabra misma, Rakia, deriva de la raíz 'Rek' (vacío), ya que en cierto modo las capas de la atmósfera, aunque están llenas de gas, aparentemente son un vacío sobre nosotros, como si estuviésemos dentro de un gran globo transparente lleno de aire o de helio, porque el gas es invisible, aunque ocupe espacio. Ahora bien, toda esa masa gaseosa no dejaba de ser parte de esas aguas primordiales, aun cuando a simple vista nuestra percepción de las cosas no nos haga imaginarnos esto así. Solo son composiciones en mayor o menos medida de los mismos elementos.

Dicha situación incluso responde al ciclo hidrológico, donde las mágicas nubes juegan un papel trascendental, y ese "espíritu" invisible que motiva la vida lleva las corrientes de viento del sur y del norte, del este y del oeste, sea en la atmósfera o en los fondos oceánicos; mantiene las nubes que nacieron con la formación atmosférica en su altura gracias a la presión y el clima, promueve las precipitaciones que nutren la tierra firme, lleva el agua dulce en descenso hasta el mar y nuevamente la sublimación en el océano vuelve a llevar las partículas líquidas hacia las nubes. Con toda razón dice el texto que "se separen las aguas de las aguas".

וַיַּעַשׂ אֱלֹהִים אֶת־הָרָקִיעַ וַיַּבְדֵּל בֵּין הַמַּיִם אֲשֶׁר מִתַּחַת לָרָקִיעַ
וּבֵין הַמַּיִם אֲשֶׁר מֵעַל לָרָקִיעַ וַיְהִי־כֵן׃

En el séptimo versículo de Génesis 1, nos dice el texto hebreo, «ve.ias Elohim et-ha.rakia ve.ibdel bein ha.maim asher mi-tajat le.rakia ve.bein ha.maim asher meal la.rakia ve.iehi-ken», que en pocas palabras quiere decir que fue hecho ese "firmamento" y se separaron las "aguas" que estaban bajo el firmamento, que así quedaron, pero, asimismo, las "aguas" de arriba, sobre ese "vacío". Se puede suponer que ciertas "aguas" fueron a parar más allá de este mundo, al cielo, como algunos hemos sugerido alguna vez, dando formación a otros planetas (como es el caso de los "acuosos" o mega "gaseosos" que están más allá de la Tierra: Júpiter, Saturno, Urano y Neptuno (planeta que, empero, se identifica como "el mar del cielo" en la cultura védica, y que los griegos llamaban 'Poseidón')). Sin embargo, lo que más sencillo se puede considerar es que estemos hablando del O3 (la capa de ozono). ¿Solo esa capa? No, el contexto de la atmósfera como masa gaseosa. Acuérdate que siempre se habla de niveles, por lo que una interpretación de un nivel no refuta la que corresponde a otro nivel.

De manera que, así como antes del Día Uno (primera era definida, Eón Uno) era el universo espiritual, posteriormente el "vacío" en este universo, seguidamente la aparición de la luz (Big Bang, estrellas, etc.) y posteriormente la materia configurándose, en el Segundo Eón se estructuraron los "Aretz", o masas físicas, que gracias a la ley de gravedad tomaron la forma esférica y separaron su sustancia por peso, dando lugar a las capas exteriores planetarias: atmósfera. Es más, en la obra 'The Twelve Planet' (El Doceavo Planeta) de Zecharia Sitchin, él determina que los dioses del Enuma Elish (Anshar, Kishar, Tiamat, Apsu, Lahmu, Lahamu, Nudimmud y Kingu) son además referencias a los planetas del sistema solar, junto con la Luna (a quien Sitchin asocia con Kingu). No todos los planetas parecen seguir el mismo modelo y ser un paraíso, pero la idea da a entender que siguen el mismo patrón (lo cual según las leyes de la física tendría mucho sentido).

וַיִּקְרָא אֱלֹהִים לָרָקִיעַ שָׁמָיִם וַיְהִי־עֶרֶב וַיְהִי־בֹקֶר יוֹם שֵׁנִי׃

El verso 8 nos dice, «ve.ikra Elohim la.rakia shamaim ve.iehi-ereb ve.iehi-boker iom sheni», cosa que define que la 'Rakia' recibió el título, nombre, designación o identidad de 'Shamaim'. Así concluía este Segundo Eón, pero el problema acá es que antes de empezar los "días", ya se había dicho que la Shamaim - así como la Aretz - habían sido creadas. Es más, se daban explicaciones sobre el estado en que estaba esa materia, o 'Aretz', que vino tras el Shamaim, por lo que, este "otro" Shamaim parece emular el primero o ser una imagen "inferior" del mismo. Si observaron en las citas anteriores, se hablaba constantemente del "nombre" que fue antes de todas las cosas y del cual emanan. Justamente "nombre" en lenguas semíticas es 'Shem', que también se lee como 'Sham' (allá), y que da lugar al vocablo 'Shamaim'. Aunque en hebreo "nombres" es 'Shemot', en plural femenino, no en plural masculino, cabe notar que 'Shamaim' - o 'Shemim' - fuese una idea de 'nombres' (identidades, destinos) proyectados de ese Shem original, siendo dicho Shem original el motor de todos los demás.

Muchos manuscritos nos dicen que el cielo está lleno de cielos, ¿y en qué consisten esos cielos? Evidentemente esta es una precaria definición que engloba lo que ahora con muchas palabras sabemos definir del universo. Si este Shamaim es todo el espacio que engloba la atmósfera de los planetas, sus órbitas, sus dimensiones y/o todo lo anterior, estas descripciones cobran un fascinante sentido, ya que encajan a la perfección con todas las escrituras que abordan dicha materia. Incluso las descripciones sobre "vórtices" o "espirales" explican ese movimiento del "espíritu" fluyendo en todo y motorizándolo todo: «Como se ve el poder del torbellino recogiendo el polvo de la tierra, y la conducción juntos, sabe que del mismo modo es reunida la ji'ay, a'ji y nebulosas en el firmamento de los cielos; por el poder del torbellino puedo crear los soles corporales, lunas y estrellas. Y dije al hombre el nombrar los torbellinos en el firmamento Etherean, y los nombró de acuerdo a su forma, que califica de vórtices y wark.» (Oahspe, revelación de 1882)

Este concepto de los cielos puedes estudiarlo con los datos que provee el vedanta, y te da la información detallada sobre los 7 niveles inferiores - o Thalas - y los 7 niveles superiores - o Loka - de este planeta. Yo me centraré en los 7 niveles de nuestra conciencia, puesto que la comprensión de los niveles es muy útil en el sendero del despertar de la conciencia. En este sentido, si uno trascendiese en un viaje astral, mental o con una nueva vestimenta-cuerpo de gloria, primeramente sobrepasaría esta Rakia (o firmamento), y de ahí se cruza la primera esfera hacia las realidades superiores - el círculo de las esferas - que es la expansión de las potencias de estos sistemas. Seguidamente se elevaría a la puerta de la segunda esfera, que es la Heimarmene - o región del destino -, y sobre ella está la región de los 12 eones de estos planos. Esta es la región del Gran Maestro del cielo y de los llamados tres grandes Triples Poderes. Lógicamente, todo esto es debajo del velo, en consonancia con las realidades inferiores, pero en los máximos niveles ya debajo del velo. En esa región está el primer tirano adámico, señor de los poderes que ahí han gobernado como personificación del ego en dicha región interestelar y estado dimensional.

Desde el principio en que estos poderes quisieron enseñorearse de la creación manifiesta en el Cosmos, el ángel de la luz (Iao, Ieu) les dio a todos ellos un límite y ubicación dentro de estas regiones, para crear orden, como dijo Moisés, "y separó la luz de la tiniebla". Al llegar a la región de los eones inferiores (los que están bajo el reino imperecedero), están los velos del eón 13°, o 13ª región de los eones. Estos eones de las potencias que emanaron del poder de Pistis tienen acá su estado de mayor nivel dimensional, y aquí reside el último y mayor de los rebeldes, tras el cual está el velo hacia las realidades superiores. Estos niveles, mundos, cielos o Lokas, son estados de vibración más altos en otros lugares de esta galaxia. La cultura judía los define como el 6° y 7° cielo en la versión clásica, que también creían algunos místicos católicos. Sin embargo, gracias al profeta Henoc, podemos considerar que la idea de las 10 sefirot tenga una equivalencia con 10 cielos, donde el último - o Arabot - sería el estado y región por encima del velo. De esta manera, dicho 13er eón vendía a ser el 9° cielo, la región de los 12 eones el 7°, y la región de la Heimarmene el 6°.

Dicha descripción nos da cierta conexión con los diversos relatos sobre cielos, vertidos en numerosos textos epigráficos del judaísmo. Todas las analogías sobre evolución son aplicables el sistema de niveles, y el ejemplo más elemental de todos ellos es el del árbol, como Yggdrasil en la mitología nórdica. También se le conoce como árbol de la vida, y en su caso sería un fresno perenne cuyas raíces conectan los 9 mundos, que es analogía de las 9 difusiones de la conciencia que menciona Dyehuty en Las Tablas Esmeralda de Tot. Aún con todo, estos conceptos de los cielos no son otra cosa que las referencias a los niveles de conciencia, y el Rakia de los Shamaim no es otra cosa que los velos que existen en la Mente entre el aspecto inconsciente, subconsciente y consciente. En ese sentido estriba el principio elemental de porqué existen cientos de miles de denominaciones religiosas a nivel mundial, siendo que los textos de los que se basan no son tantos. Simple: aplican lo que leen al nivel de la forma, de las imágenes y las proyecciones, no al nivel de la Mente. A eso se refería el apóstol Pablo al decir que aún seguía el velo que tenían los judíos. El mismo velo que aún prevalece en el judaísmo - en gran parte - es el que pasó al cristianismo y prevalece en gran medida, salvo en ciertas minorías, como ciertos estudiantes de UCDM, o los que reconocen correctamente las raíces del gnosticismo, por dar un par de ejemplos.

La Comprensión de las Escrituras

"No hay nada oculto que no haya de saberse ni secreto que no haya de salir a la luz", quiere decir que lo inconsciente (secreto) se manifiesta en lo consciente (la luz). Lo inconsciente son los programas de la mente, y lo consciente los resultados o aspectos manifiestos. Es lo mismo que decir "todo árbol que no da fruto es arrancado y echado fuera", donde el árbol identifica conocimiento, experiencia y la mente misma, el buen fruto son los resultados de la Mente Recta; los arrancado es el proceso de deshacimiento llevado a cabo por el Espíritu Santo; lo echado fuera es el final. Te mostraré algunos casos en donde se puede ver la notoria diferencia entre la verdad revelada por el Espíritu Santo sobre la Mente, y lo que podrás tú mismo reconocer como citas que han sido interpretadas al arbitrio por el judaísmo o el cristianismo – si estás familiarizado con dichas creencias o alguna vez oíste hablar de alguno de estos conceptos.

Veamos, cuando uno lee la historia del Israel bíblico, encuentra que hace menos de 4.000 años el patriarca Abraham tuvo 13 bisnietos (una chica y 12 chicos), cuyo padre fuera el patriarca hebreo Yakob (o Jacob). La hija de Yakob se llamó 'Dinah', que quiere decir, 'juicio', y fui violada por un príncipe de Sikem (del hebreo 'Shajam', que quiere decir, hombro) llamado Jamor, que quiere decir "burro". Se habla usualmente de los 3 patriarcas: Abraham, Ytzjak (Isaac) y Yakob. Esto es simbolizado por los padres del reino incorruptible, que son, Esefec, Adama y Set. Tras ellos vinieron 12 reinos, que son representados en las 12 tribus de Israel, pues Israel es el nombre con que se identifica a la raza setita de los reinos imperecederos al llegar al mundo. ¿Quién identifica, pues, Dinah? Ella es la idea de la Atenea griega, producida por Zeus (Dios) de su propia mente, pero la proyección errada de la separación es el Efesto hijo de Rea, la esposa de Zeus. Es decir, la Dinah que fue violada, pues la violación no fue otra cosa que el haber sido ultrajada por el ego – o llámesele en la religión cristiana, diablo.

Todos los textos sagrados reflejan los niveles de la Mente sobre la ilusión, así que cualquier parte de las Biblia que desees interpretar a la luz de la Mente Recta – que es el Espíritu Santo – te explicará la verdad, mientras que si la pretendes entender al nivel de la forma-ilusión, solo llevará a suposiciones y nuevas tendencias teológicas sujetas al dualismo. Ahora bien, se dice que Israel eran 12 tribus, o sea, la raza setita en 12 reinos imperecederos, pero 10 tribus fueron dispersadas por los asirios. Una vez más nos vemos una ilustración – al nivel de la forma – de algo que ocurrió en la Mente. En este caso es Salmanasar de Asiria quien personifica el ego, y las 10 tribus identifican a los setitas entrando en la ilusión y proyectándose en el sueño en diversas partes del cosmos (pues la teología judía sostiene que la 10 tribus ya no están en Nínive, sino que fueron mezcladas por las naciones). Ya te había dicho que la palabra hebrea para naciones, gentes y gentiles es una y la misma: Goim. Goim deriva de 'Gei', o sea, relativo a la Tierra. Dado que Aretz (tierra) identifica el cosmos material, o planos físicos de las primeras dimensiones de esta octava, ergo, la mayoría de setitas fue replegada en mundos de los primeros niveles de densidad.

Pero, ¿qué ocurre con las tribus de Iuhdah (Judá) y Benjamín? Se habla mucho de Judah, pero prácticamente nada se dice de Benjamín. En hebreo, Ihudah quiere decir "alabado sea Iah", y es, de hecho, un código de IHVH donde la letra Dalet está introducida en la penúltima posición. Eso quiere decir que por medio del tal 'Ihudah' se abre la puerta de acceso del dios. Pero no es el pueblo judío al que se refiere. Por lo regular se habla de 9 tribus y media, pues los levitas estaban repartidos entre las 11 tribus. En efecto, levitas, judíos y benjaminitas simbolizas 3 grupos, y el resto - llamado Israel o tribus perdidas - es un 4º grupo. El 4º grupo son los que están más alejados dentro del camino de regreso a la unicidad. O sea, los seres del universo que aún no comprender el rol y parte integral de la unicidad.

Por su parte, Ihudah - o los ihudim (judíos) – reales, son los seres que son conscientes de la verdad, pero están luchando con las proyecciones del sueño. Los benjaminitas, como su nombre indica, son los que se mantienen en el anonimato, pero están sirviendo a la verdad: pues Benjamín es 'Ben-Iamin', o "hijo de la derecha", que significa "los de la justicia". Luego están los levitas verdaderos, quienes cumplen con un sacerdocio sabiendo que no son parte del mundo. Estos 4 grupos son los setitas en las fases de desarrollo en las que se hallan en un 3er nivel de densidad, algunos realizando servicios de 4ª densidad. Por ello, los iehudim suelen ser definidos como rebeldes, pues son lo mismo que los cristianos tibios del nuevo Testamento, o personas que son conscientes de que son parte de la verdad, pero no se terminan de definir. De esta forma los levitas y benjaminitas son los "justos", mientras de los ihudim (judíos) se toma a los "elegidos" - que incorrectamente han asumido los cristianos que se refiere a ellos. Los elegidos no son de sangre ni carne, ni de religión, sino que son aquellos seres conscientes de la verdad que deciden vivir según la verdad. Tanto ellos como los que están perdidos en la oscuridad del ego - llamados Goim – reconocen en ciertos momentos de sus vidas su origen superior.

La diferencia entre goim (gentiles) e israelitas es que los goim han venido de un nivel mucho menor de desarrollo de la conciencia, mientas los setitas llamados Israel vinieron después, pero conscientes de su rol. En teoría los llamados israelitas o Iglesia, o congregación – logran despertar antes que los llamados metafóricamente Goim. Pero estoy hablando desde el nivel de la Mente al nivel de la psike, no de las gentes que los judíos llaman goim e Israel. Por ende, la tal "rebelión de Israel" a causa de su "idolatría" y "fornicación" es en realidad la manifestación – en el nivel de la forma – de las obras llamadas "pecado", que son desarrolladas por las conciencias dentro del sueño. La fornicación son las consecuencias de oír al ego y como te "calienta la oreja", como dicen los españoles: te meten ideas en la cabeza. Esto lleva a la culpabilidad, que activa el karma a razón de la culpabilidad subconsciente e inconsciente. Por su parte, la llamada idolatría es la idealización y fue puesta en las figuras e ilusiones del mundo. Hay muchas referencias a esto en UCDM, pero referiré esta: «Pues al estar frente a este ídolo y verlo exactamente como es, llevas a cabo una elección. ¿Vas a restituirle al amor lo que has procurado arrebatarle para ponerlo a los pies de ese inanimado bloque de piedra? ¿O vas a inventar otro ídolo para que lo reemplace? Pues el dios de la crueldad adopta muchas formas. Siempre es posible encontrar otra. Ergo, no creas que el miedo es la manera de escapar del miedo. Recordemos lo que se ha subrayado en el texto con respecto a los obstáculos que la paz tiene que superar. De éstos, el último, el más difícil de creer que en realidad no es nada, si bien aparenta ser un bloque sólido, impenetrable, temible e insuperable, es el miedo a Dios Mismo. 4He aquí la premisa básica que entrona como un dios al pensamiento del miedo. 5Pues el miedo es venerado por aquellos que le rinden culto, y el amor parece ahora estar revestido de crueldad.» (Un Curso de Milagros, Lección 170, VIII y IX).

El concepto primario que Yeshua explica en UCDM va referido a cualquier cosa que hay en el mundo, pues todo son imágenes, formas, proyecciones y fenómenos que derivan de la Mente, y por ende, son creaciones delirantes de la misma. Todos ellos son la proyección de la ilusión, mientras Dios es lo real, lo que representa el espíritu. Por ello más adelante refiere en el curso la sección XII, que al corregir tu Mente, optando por el Espíritu Santo en lugar del ego: "Lo has elegido a Él en lugar de los ídolos". Por ende, la idolatría es la creencia en el mundo y sus espejismos, y dado que un ídolo no tiene vida, tampoco puede proveer de nada real. Del mismo modo, cualquier cosa en el mundo es solo una imagen de nuestra Mente - no algo real – y en consecuencia creer en un ídolo (proyección) es descreer de la verdad, pues piensas que hay algo exterior que existe, que tiene vida que posee algún tipo de poder. Peor el mundo no es real, por tanto no tiene poder, ni vida ni acción sobre ti: tú eres quien crea lo que ocurre en tu mundo, no al revés.

Cuando el Israel espiritual estaba aún en Dios, estaba unido, pero al escuchar al ego, hubo rebelión, y por tanto se dispersaron en el cosmos que fue producido. Así, los tales "castigos de Iaheveh" no son otra cosa que los efectos de las causas derivadas de la culpabilidad inconsciente de la Mente por sentirse separada de Dios. No hay ningún dios real castigando a nadie, porque dios no es dual, no es demente. El único dios que está castigando somos nosotros a nosotros mismos. Es el ego quien dice que Iehovah "destruirá a sus enemigos", sin saber que esa frase viene del Espíritu Santo para referirse a los propios pensamientos del ego: esos serán los que desaparecerán, y "para siempre dejarán de ser". El Espíritu Santo eliminará progresivamente todos nuestros pensamientos de separación, pues estar separado es estar opuesto a la luz de la verdad, y la oposición se llama en lengua hebrea 'Ha.Satan'. Ése es el acusador: el ego. Es tan ridículo que nos hace sentir mal por las proyecciones que él mismo ha infundido en nosotros. El propio ego dijo a Yeshua "lánzate de acá", como si Yeshua creyese en el sueño; y le dijo "convierte la piedra en pan", siendo Yeshua plenamente consciente que la piedra no es real, como el hambre tampoco lo es, sino la verdad. Solo la verdad, que es el Uno, es real.

Entonces dice el profeta sobre Iaheveh, que este dios habría referido que "por amor a mi pueblo me arrepentiré", toda vez que el Espíritu Santo se refiere a que el amor hace que el perdón sane las proyecciones ilusorias. No se refiere a un amor especial sino a un amor santo, que es comprender la unicidad de la que todos somos parte. Nosotros somos quienes al comprender el amor cambiamos de actitud, pus comprendemos que no hay nadie a quien culpar, ya que todos somos inocentes, tal como dice el Curso (UCDM), pues "todos somos el santo hijo de dios". O sea, todos nosotros somos el unigénito, pues Dios solo tiene un hijo. Esto es, que del Dios venimos nosotros, pues somos él, y Él está en nosotros. Somos Dios, y en lengua hebrea "hijo" no es solo el descendiente, sino la integración de un conjunto. Por ello, ser "hijo de dios" quiere decir que se es un dios, parte de la estirpe divina. Cuando comprendemos esto dejamos de señalar y condenar, entendiendo que frases como "la espada del juicio" no es otra cosa que las experiencias del karma que nos sanan y equilibran. Por lo que cualquiera que nos hiere, no es solo un reflejo de nuestros propios defectos inconscientes, sino una porción de nuestro ser que aún no es consciente de lo que ha ocurrido, y actúa solo por impulso de los programas dentro de su inconsciente, adaptados a su sistema de creencias.

La Tanak dice que "por el cumplimiento de esta ley prolongarás todos tus días sobre la tierra", lo cual significa que la aplicación o estilo de vida según la verdad del amor y la unicidad hará que recibas la experimentación de la eternidad, nuestra parte en la los reinos imperecederos – del lugar del que nos desgajamos aparentemente. Yeshua representa esa verdad, pues a él le fue dado el conocimiento de los misterios de los eones y de la producción del universo. Por ello dijo el apóstol que Yeshua salvará al remanente de Israel - refiriéndose en el espíritu - a que Yeshua está encargado de la expiación, o sea, del plan de sanación de la Mente, y por ello con el Espíritu Santo se encarga de aquellos que han de despertar y comprender la unicidad. Otro ejemplo de la Biblia y la Mente es cuando dice que "él los reunirá de los confines de la tierra", queriendo decir que el Espíritu Santo trabaja en la obra del regreso a la unicidad, la filiación de retorno al Padre. Una semejanza de este trabajo de Yeshua se ve en el profeta Ihoshea (Oseas), que lleva también su nombre, como Ihoshua (pues así fue llamado Yeshua de nacimiento). Es lo mismo Ieshua que Yeshua, como Yerushalaim que Ierushalaim, o Ihudeah que Yhudeah. Pero mira lo curioso que es que el profeta Ihoshea (Oseas) fuese mandado a casarse con una prostituta, ¿por qué? Para que relacionasen al profeta con Iaheveh, y a la prostituta con Israel. Eso es lo mismo que decir que Yeshua se casara con una prostituta, que son lo que se van integrando a la unicidad. Pero primero viene el conocerse, luego la ceremonia de moda y, finalmente, la unión en la cámara nupcial. En la cámara nupcial pasan a ser una sola carne, como debió ser Pistis (Eva) con el Cristo en las moradas eternas. Otro ejemplo bíblico de lo mismo – porque SIEMPRE es lo mismo, una cosa y única cosa – es el madero que fue lanzado al agua y convirtió las aguas en dulces.

La comprensión clásica del cristianismo solo idealiza las cosas para adorar más a Yeshua, perpetuando con su actitud el aspecto intrínseco de la unicidad del mensaje. Justamente el cristianismo solo hace de la comprensión de cierto nivel de estos símbolos una legitimación de la dualidad. Porque no hacen más que orientarlo a la separación, como hacen el resto de religiones. Tanto madero como madera son lo mismo en hebreo, y su símbolo análogo es la cruz y el árbol, pero no es tan evidente que estas ideas identifican a la Mente y sus niveles. El árbol no solo se usa para representar una genealogía, sino para simbolizar los caminos de la trascendencia del ser. Por ello el árbol o madero es - junto con el monolito o piedra – un elemento primordial de idolatría. Esto quiere decir que el enfoque que uno pone en un árbol identifica su focalización, y por ende, la orientación de su vida. Lógicamente entiendes que no hablo de un árbol físico, sino del arquetipo del árbol. Empero, Yeshua, Buda, Shankara, Krishna, Lao Tse, Confucio, Nichinen Daisonin, y otros como ellos, son modelos a seguir, y figuras que han aportado un sistema de enseñanzas basados en la unicidad, la filiación, el amor y el perdón, con pautas más que menos excelentes, pero por encima de todo, útiles. Ése es el madero, el conocimiento de la verdad, pues cada árbol tiene sus "propias propiedades", mas todos identifican un saber profundo.

En eso radica la frase de "mi pueblo falló por falta de conocimiento", refiriéndose a la humanidad y el conocimiento de la verdad. Y agrega el profeta, "por cuando has desechado el conocimiento, yo te desecharé del sacerdocio", lo cual significa que el Espíritu Santo no puede agregar miembros a la filiación si no buscan la verdad, y los que la tienen en su corazón, pero no la aplican y no la hacen real – dejando de ser mera teoría – se hacen infructuosos e inútiles para ser luz. Y dice en otra parte que "ellos, tal como Adán, traspasaron mi pacto", que quiere decir que el pensamiento de separación permanece vigente en aquellos que no desean despertar. Por el contrario, quien practica el verdadero perdón y el verdadero amor, y así "enseña a otros más pequeños" está en un estado de mayor trabajo en el despertar dela conciencia. Esos "pequeños" no son de tamaño o edad, sino lo que vienen solo un par de pasos más atrás en el mismo camino del despertar. Así se aplica la frase de la Tanak que refiere que "el alma del sacerdote será saciada con vino", pues el vino es el regocijo de conocer y entender la verdad de que todo es solo un sueño. El sacerdote simboliza al servidor que es consciente de que quiere despertar del sueño y en tanto ayudar a otros hermanos a comprender la proyección y el camino de la unicidad.

Por ello fue dicho que "el rey viene en un pollino de asna", toda vez que rey es el estado Malkut, o estado más bajo de conciencia del ser. Aquel que desde Malkut sube hacia la verdad por medio de la humildad (símbolo del burro, que a su vez sana la separación representada con Jamor de Sikem al violar a Dinah), tal como lo expresó el propio Yeshua al entrar a la ciudad – símbolo del estado de unicidad – subido en un asno. Todas las pautas de Yeshua las hemos de seguir, pues él es el modelo, pues "hijo del hombre" es una identificación dada a todos los que somos el hijo unigénito. Yeshua no representa, pues, a cada humano, en esto que quiero expresar, sino a todo el conjunto, a todo el hijo del hombre, a todo Adam-Adamah. Otro pasaje sostiene que "nunca más habrá dos reinos", pues volveremos todos a la unicidad. Es decir, no habrá más dualidad. Y también está escrito que "habitaréis en la tierra que di a vuestros padres", la cual son las moradas imperecederas (pues esos padres son los Geradama). En otra parte sostiene que hay privilegios para "los que aman a Dios", es decir, a los que viven una vida espiritual. ¿Qué es vivir una vida "espiritual"? El trasegar de la experiencia sin perder de vista que todo es un sueño, y que buscamos en realidad tener nuestra mente en el estado de despertar, del silencio, de la unión, del amor y del perdón, pues todo lo contrario es de la "carne", o sea, del mundo (parte del sueño ilusorio).

Lo mismo podemos ver al leer que dice: "buscad primeramente el reino de dios y su justicia". Todas las necesidades dentro de la proyección nos vienen solas desde la realidad cuando lo primero que hacemos en nuestra vida es buscar la verdad y la unicidad, que se entiende en nuestro propio ser equilibrado y en ser uno con nuestros semejantes, ayudándoles a su despertar para estar en la misma vibración de conciencia. Como dice el apóstol, "mejor es dar que recibir", pues quien quiere recibir no recibe si no da primero, ¿y qué es eso de dar sino servir? Aquel que primero sirve, entonces recibe, pues cosechamos lo que sembramos. Es lo mismo que el pasaje que refiere: "encomienda al señor tu camino y confía en él", y seguidamente agrega que "él te concederá las peticiones de tu corazón". ¿Confías en él respecto de qué? De que buscas tu despertar interior y el de tus semejantes y él se encarga de tus asuntos personales que son parte del guión del sueño. A eso se refería Yeshua al decir "no os preocupéis de la mañana a la tarde sobre qué comeréis o qué vestiréis", o asimismo al afirmar, "trabajad no por la comida que perece, sino porque lo que a vida eterna permanece".

Un caso más, el del profeta del que se tradujo: "en dos días no dará vida, al tercero nos levantará y viviremos delante de Él". RVA no traduce "levantará" sino "resucitará", pero en realidad los dos conceptos son lo mismo, y se refiere al despertar de la conciencia, la iluminación y el medrar del ser interior. Los dos días en que nos da vida son los dos ciclos de desarrollo primordial del ser antes de su experiencia en la tercera densidad. El primer día es la experiencia del ser en las formas inertes y celulares, y el segundo en la vegetación y los animales. No obstante, es en el tercer ciclo donde adquirimos la auto consciencia, y por ende llegamos a la trascendencia y el Nirvana. Por ello dicen los textos que "el hijo del hombre resucitó al tercer día", pues en efecto el hombre alcanzará el despertar en este estado de tercera densidad, y pasará a la cuarta densidad. Eso es lo que identifica la constante aparición del concepto de número 3 en la numerología bíblica, y la explicación de otro "medio tiempo" en que se alcanza la transición (pues no se alcanza simplemente empezar el estado de 3ª dimensión).

Uno de mis favoritos es el clásico de Pablo, "porque Satanás mismo se disfraza de ángel de luz", identificando las astutas artimañas del ego para eludirnos, haciendo que no sepamos diferenciar conscientemente cuándo escuchamos al ego o al Espíritu Santo. Es la clásica pregunta que viene a nuestra mente en numerosas ocasiones: ¿cómo sé que esto viene de mi Mente Recta (del Espíritu Santo) o de mi Mente Errada (mi ego)? Los razonamientos del ego suelen ser persuasivos, al grado que podemos están convencidos de que una supuesta buena intención es lo correcto, cuando en realidad es una estratagema zagas del ego. Otro ejemplo es cuando la sagrada escritura israelita sostiene: "santificad vuestros corazones". En la antigua cultura hebrea la palabra 'Leb' (corazón) se usaba para referirse a la fuente de las emociones, como en demótico (antiguo egipcio), con el Ib. si bien, en demótico esta idea estaba más relacionada con la justicia e integridad del ser, coincidiendo con el hecho de que Leb es, más en profundidad, la representación del ego como fuente de las ideas y los pensamientos. Ergo, santificar el corazón es lo mismo que corregir la Mente consagrándola al Espíritu Santo, no haciendo concesiones respecto de la absoluta verdad de que nada en el mundo es real.

Finalmente, por dar un último ejemplo y pasar al siguiente capítulo, veamos esa famosa profecía escatológica de Gog-Magog, donde dice que sus cuerpos estarán siendo sepultados a lo largo de 7 meses... lo mismo de antes. Gog representa el ego, y así como Yeshua fue "tentado" por su ego al finalizar su última prueba, del mismo modo es con la Mente Colectiva dentro del sueño, donde "fuego cae del cielo y consume" todos los pensamientos errados. Como resultado, la luz de la verdad descenderá sobre la ignorancia y la idea de separación y el ego desaparecerá. Pero la Mente es muy poderosa, y sus creencias fijadas no se borran por arte de magia, de manera que son necesarios 7 estados de experiencia en el sueño para borrar completamente las distorsiones de la separación. Entonces los elegidos se regocijarán y vendrán aves y comerán los cuerpos de sus enemigos, pues otros miembros de la filiación obran desde otras dimensiones para eliminar el desconocimiento y ceguera de nuestra mente. El "cuerpo" del enemigo es cada concepto estructural errado de dualismo. Así, "se regocijarán y beberán y comerán" los elegidos, o sea, los pensamientos correctos producirán prosperidad, alegría y demás consecuencia de la filiación y la unicidad. Ahora tienen sentido frases como: "y sabrán todos que por su rebelión fueron dispersados", ¿lo pillas? ¿Ves la parte de Sofía y la Mente que se desgajó. Y "conoceremos cómo fuimos conocidos", pues nosotros nos conocemos ya a nosotros mismos desde el final de la historia, pero esto te lo explicaré más adelante.

Parte IV

UN MUNDO DE ARQUETIPOS

> *«Desde que las estrellas cayeron del cielo*
> *y nuestros más altos símbolos se desvanecieron,*
> *rige la vida secreta de lo inconsciente.»*
> (Carl Jung - Arquetipos e Inconsciente Colectivo 1)

Día Tres

Pasamos del estado sin tiempo y sin espacio al estado sin tiempo en el espacio; posteriormente hubo conciencia en el espacio, focalizándose para producir toroides de energía inteligente; la conciencia se hizo consciente atomizando y moleculizando. Hubo una explosión de luz y empezó este sueño. Otra versión invertiría estos dos hechos, pero si no la invirtiésemos parecería que antes del Big Bang como un agujero blanco, del otro lado se produjo una materia inicial que fue absorbida por un alucinante agujero negro que tragó esa oscuridad y la lanzó como energía transmutada a este espacio. Bueno, esto es solo especulación, aunque algunos teóricos de la astrofísica la han postulado. De cualquier manera, la materia se formó del gas, o viceversa – según cada quien lo quiera plantear, pues en todo caso ese no es el punto, sino el aspecto metafísico -, y se crearon los cuerpos espaciales, y luego se configuraron las composiciones planetarias. Así llegamos a la parte en la que mundos recibieron los primeros atisbos de vida y se formaron sus parámetros geográficos y ambientales.

Cuando la atmósfera se formaba, también la tierra firme empezó a aparecer. La versión de Henoc nos decía que en el final del Segundo Periodo, así como se formaba la cobertura de gas de la Tierra emergía de las profundidades la masa rocosa que construiría Pangea. Mientras esto ocurría – acorde a la versión de este profeta - los seres angélicos eran creados, y uno de ellos se sublevó y dominó los abismos: «Y para todos los ejércitos de los cielos yo imaginé la imagen y esencia de fuego, y mi ojo miró hacia lo muy duro, roca firme, y del destello de mi ojo el relámpago recibió su maravillosa naturaleza, cual son ambos fuego en agua y agua en fuego, y uno no pone fuera al otro, ni hace el uno secar al otro, por lo tanto el relámpago es más brillante que el sol, más suave que el agua y más firme que la roca dura. Y de la roca corté un grandioso fuego, y del fuego creé las órdenes de los ejércitos de decenas de miles de ángeles no carnales, y sus armas son fuego y su armadura una flama ardiente, y yo ordené que cada uno debe mantenerse en su orden. Y uno de entre los custodios jefes de los ángeles, se obstinó (torció) con la custodia hacia debajo y promovió [un] plan imposible: erigir su trono por encima de la Tierra considerando su fuerza comparándola con la mía, y las consecuencias de su envanecimiento con sus ángeles, y él fue [y] próspero por desgracia sobre la faz del Abismo, siempre.» (2ª Henoc 29:1-4)

וַיֹּאמֶר אֱלֹהִים יִקָּווּ הַמַּיִם מִתַּחַת הַשָּׁמַיִם אֶל־מָקוֹם אֶחָד וְתֵרָאֶה הַיַּבָּשָׁה וַיְהִי־כֵן

La versión de Moisés en Barashit (Génesis) 1:9, dice: «ve.iamer Elohim ivakú ha.maim mitajat ha.shamaim al-makom ajad ve.teraeh ha.ibashah ve.iehi-ken», lo cual se refiere a reunir la masa acuática o líquida que estaba bajo el cielo (es decir, lo que estaba debajo de la atmósfera) en un sitio único, y fuese visible lo seco. Dicho de otra forma, la parte más sólida se consolidó en tierra seca, ¿pero cómo, si el agua lo cubría todo? En 2ª Esdras 6:42 nos relata que «al tercer día, tú mandaste que las aguas se reunieran en la séptima parte de la tierra: seis partes tú has secado, y las mantuviste, con la intención de que algunos de estos [fuesen] labrados [y] se plantasen de Dios y pudiesen servirte.» El objetivo - según refiere el texto -

era que esa 7ª parte del mundo fuese tierra firme para llegar a ser cultivada, y en consecuencia, para la finalidad de servir de hogar a la humanidad. Pero, si la humanidad aún no existía (al menos en este globo en particular) es menester asumir pues que la humanidad estaba destinada a venir a los mundos donde los hábitat coincidiesen con el nivel de vibración del ser, o sea, su estado de densidad, su dimensión.

La idea de que la tierra compone solo una 7ª parte de la masa terrestre no habría sido aceptada por la ciencia de no ser por el descubrimiento de los océanos subterráneos que se realizó hace pocos años. Gracias a este hallazgo se supo que este planeta no es estrictamente una masa de roca recubierta de agua, sino que esta distribución no es precisamente uniforme, poseyendo aún más agua en escalas inferiores de la corteza. Jubileos 2:5-7 - un texto atribuido también a Moisés y encontrado en las cuevas del Qumran - sostiene: «Y el tercer día mandó las aguas para pasar de la faz de la tierra entera en un solo lugar, y la tierra seca aparecer. Y las aguas lo hicieron como él les mandó, y retiró de la faz de la tierra en un lugar fuera de esta Rakia, y la tierra seca apareció.» La pregunta a cómo esto se habría producido de forma natural entra en el enigma de la tectónica de placas. Aunque realmente es una teoría, lo que varias propuestas científicas plantean es que la fuerza de gravedad y el cambio de presión y temperatura de los elementos de la litosfera respecto de la astenósfera provocan los cambios geológicos y el desplazamiento continental. Si bien, la radiación y calor de una estrella alteraría los gases y presión subterránea provocando el movimiento de masas.

Un Jardín Característico

De ser esta postura correcta, coincide con los planteamientos previamente comentados, ya que las fuerzas de vórtice, la fuerza de gravedad y los cambios de temperatura y presión elevan las partes ligeras y hunden las pesadas en un ciclo permanente. Así se han creado las montañas y los continentes - como en el caso de este planeta -, y dicho proceso habría dado nacimiento a Pangea. Mientras la roca era empujada hacia arriba por estas fuerzas, el agua se desplazaba hacia los lados, en dirección al espacio que le tocaba (porque dos cosas no pueden ocupar el mismo espacio al mismo tiempo), dando "nacimiento" al océano (masa marítima única que ha recibido el nombre científico de Panthalassa). De acuerdo con la cronología aceptada, todo esto fue el final del periodo Paleozoico. Pero el final del Yom Shlishí (Día Tercero) no llegaba aún, sino que comenzando la era Mesozoica "emergió" la vida: «Y así hice todos los cielos; y fue el Día Tercero», dice Henoc al referirse a toda su retahíla anterior y a la creación de los seres de esos mundos y sus dimensiones, y agrega, que «en el Día Tercero ordené para que la Adamáh abundara de árboles grandes y prósperos y los montes, todo de pasto dulce y toda sémina (semilla) sobre lo esparcido; y puse jardín y lo cerré, y custodié [con] ángeles de fuego nutridores-atentos.» (2ª Henoc 30:1)

Jubileos también habla de esto, agregando que «ese día ha creado para ellos todos los mares de acuerdo a sus diferentes lugares de reunión, y todos los ríos, y las reuniones de las aguas en las montañas y sobre toda la tierra, y todos los lagos, y todo el rocío de la tierra, y la semilla que se siembra, germinación y todas las cosas, y árboles frutales, y los árboles de la madera, y el jardín del Edén, en el Edén y todos. Estas cuatro grandes obras que Dios creó el tercer día.» (Cap. 2:7-8) Ambos escritos nos dicen que al surgir la tierra firme apareció la vida vegetal en toda su extensión – o así se da a entender –, incluyendo el jardín de Eden, pero en un periodo progresivo que pudo durar bastante tiempo. Mas, si la superficie terráquea estaba aún unida, y empezaban a separarse los continentes, ¿dónde estaba ese jardín? ¿Al oriente? Tomando como referencia los estudios sobre Pangea, el "oriente" era el mar de Tethys (o 'Tetis'), salvo que hablase de Eurasia al norte o la India y Australia al sur. Esto hace suponer si quizás está coincidiendo con el relato del Oahspe, el cual afirma que el primer gran continente - llamado ahí 'Waga' - fue disuelto, y de esta porción concreta de tierra donde se situó este jardín en particular quedaría lo que hoy llamamos 'Japón'.

Otros ubican el jardín en Mesopotamia, donde parece coincidir a la hora de revisar los ríos del relato y conectarlo con los textos sumerios. Si bien, no había solamente un jardín en aquel tiempo, pero sí el que pareciese ser más relevante, a imagen del reino de luz donde todo comenzó (antes del Big Bang). La palabra castellana 'Jardín' - que es sustituido por varias casas traductoras de la Biblia como sinónimo de 'Huerto' – procede de la palabra hebrea 'Yarden', que es el nombre del río que pasó a sonar en español como 'Jordán'. Observa los simbolismos y metáforas a propósito de ello en la Biblia, donde se dice que media tribu de Manasés quedó repartida al oriente del Jordán, luego sus aguas se dividieron para dejar pasar a Israel, y al otro lado quedó la otra porción de Manasés. ¿Quién es Manasés? El hermano de Efraín, hijos de Yosef y la egipcia Asenat. Egipto simboliza el mundo de la separación, donde reinan los conceptos idealizados, o "ídolos" y dioses. Vivimos en ese Egipto, aunque nuestra herencia es del Israel celestial, y esa comprensión de los dos estados es la razón de la unión de patriarcas con egipcias.

Conocemos la analogía de Yosef en Egipto con Yeshua, pero en sí, este hermano que viene justo antes de Benjamín es el "prestado" o "sustituto", el que se halla temporalmente en un sitio para una misión que debe concluirse, y tras quien vendrá el verdadero. Por ello el padrastro de Yeshua se llamaba asimismo Yosef. Precisamente Manasés significa 'olvidar', mientras el nombre de su hermano Efraín significa 'fructífero' o 'provechoso'. Estos dos son los derivados de Yosef, que simboliza una vez más a uno de los 12 reinos. Yosef simboliza el estado temporal de separación, lo que se desgajó de la fuente, tal como él fue vendido por sus hermanos. No obstante, de donde vino este acto terrible, vino la salvación para muchos, pues el Adam ha experimentado el sueño que le está perfeccionando en su propio auto conocimiento, y al lograr su plenitud valorará lo que realmente es y la fuente de la vida-luz.

El olvido - o el Manasés – es la humanidad en el estado que va desde el inicio de su proyección en el sueño hasta su superación del estado de 3ª densidad. El hombre referido como Manasés no recuerda quién es hasta cierto estado avanzado de la Tercera Densidad, cuando empieza a ser consciente de quién es. Él se halla dividido (a lado y lado del Yarden), más cuando vuelva a ser uno estará en el paraíso. El Yarden – de donde derivó el inglés 'Garden' - es representado como un río por la idea del flujo de bendiciones, florecimiento y prosperidad, y por ello Iojanan bautizaba en el Yarden, donde Yeshua igualmente fue sumergido. Al sumergirse ahí, los participantes estaban siendo programados con la idea de volver a penetrar en la vida eterna, mas como no pueden "permanecer permanentemente" bajo el agua, salen otra vez, pues aún el hombre no está preparado para trascender al poder del agua, es decir, los niveles de sueño del mundo y el olvido. Pues el agua como materia es, también, analogía de los múltiples niveles y capas de las complejidades de la Mente, que en el cosmos se proyectan como escalas de conciencia-aprendizaje.

Refiere el apóstol que "Jesús manifestó [su gloria en el] Jordán. La plenitud del reino de los cielos, que [preexistía] al Todo, nació allí de nuevo. El que antes [había sido] ungido, fue ungido de nuevo. El que había sido redimido, redimió a su vez." (Ev. Felipe 81) Esto indica que todo emanó el jardín de vida, al que llaman Paraíso (del persa 'Pardes'), pues era un hermoso y perfecto lugar, lo más bello y hermoso, tal como metafóricamente lo describe el Génesis. Fue en ese jardín paradisíaco donde fue primero manifiesto el Cristo por medio de su gloria, es decir, donde primero mostró quién era a las realidades de los reinos imperecederos. Así hizo Yeshua como analogía, y de ahí fue conocido. Como refiere el sabio Valentino en el siglo II d. C., "Hemos sido traídos de los de la derecha, es decir, en la inmortalidad, la cual es el Jordán." (Comentario 'A' sobre el Bautismo, Valentino).

La Descendencia

Con todo, hay otro enigma que descubrir acá, y es ¿de dónde salieron las semillas de los árboles? Sabemos que hay plantas y árboles que dependen estrictamente del cuidado humano, y que además las semillas surgen de algún lugar, porque es un principio elemental de bio-génesis. Es el mismo cuento de, "¿qué fue primero, el huevo o la gallina?". Lógicamente fueron ambos al mismo tiempo (porque ambas ideas se crearon juntamente en la Mente antes de ser manifiestos en la proyección del sueño), pero en este caso, ¿de dónde salieron los árboles, arbustos, plantas, tubérculos, hongos y demás hierbas? Aquí es donde entra la teoría de la Panspermia, primeramente formulada por el sueco Svante August Arrhenius (premio nobel de química), y defendida por Hermann Richter - aunque fue el respetado y reconocido astrónomo británico Sir Fred Hoyle quien la hizo popular-.

De acuerdo con la teoría clásica de la Panspermia, la vida llegó a este mundo desde el espacio, pudiendo provenir de uno o más asteroides que tenían esporas o células congeladas que al entrar en contacto con un ambiente óptimo en nuestro globo - un terreno y condiciones propicias - produjeron las formas posteriormente existentes. Esto sería como una teoría de la Evolución menos convencional, salvo por el problema de que, como señala la Bio-Génesis, la vida se produce de una forma semejante que la trae a la existencia, por lo que aunque hubiese venido la vida desde "afuera" eso no explica la variedad de las especies, la inteligencia o su nivel de desarrollo, salvo que del cielo hubiese caído un arca de Noé de plantas y animales. Además de esto, la vida, aunque "se busca la vida", para "sobrevivir" – valgan las redundancias -, depende de condiciones adecuadas para producirse, y teóricamente las bacterias no sobrevivirían a las altísimas temperaturas y a las fuerzas que intervienen en un impacto contra la Tierra.

Se cree que las bacterias extremófilas sí superarían esta barrera, y recreando este escenario con moléculas orgánicas - como los aminoácidos - se ha comprobado que no solo no se destruyen, sino que comienzan a formar péptidos. La postura más coherente es la que incluso defienden los teóricos de los Antiguos Astronautas, quienes, respaldándose de testimonios y registros antiguos, sostienen que la vida fue deliberadamente traída a nuestro mundo desde otros confines, especialmente desde sistemas planetarios de Orión. Así es como la teoría de la Panspermia Dirigida cobra un gran sentido y puede explicar satisfactoriamente el dilema del origen de la célula y, puede, que el de los organismos complejos. 2ª Esdras 6:43-44 agrega: «Porque tan pronto como tu palabra se extendió el trabajo se hizo. Porque inmediatamente se produjeron frutos grandes e innumerables, y muchos dulces y placenteros para el paladar, y flores de color inalterable y los olores de olor maravilloso, y esto se hizo al tercer día.»

La versión sumeria de este relato asimismo coincide, dando a entender que los "dioses" o seres de luz del universo vieron que este orbe ya estaba listo para sustentar un jardín paradisíaco para los dioses. Es curiosa la relación que se encuentra a la hora de ver las definiciones mesopotámicas para estos conceptos, como es el contraste entre "estepa" ('Edin' en sumerio; 'Serum' en acadio) y "tierra de regadío" ('Gan' en sumerio; 'Eqlum' en acadio). Si bien, en hebreo, 'Gan Eden' quiere decir 'jardín del Edén' o 'huerto de Eden', la forma sumeria 'Edin' quiere decir - etimológicamente - "planicie" o "lugar plano más allá de las tierras cultivadas". Es igualmente curioso que la palabra indoeuropea con las mismas consonantes del hebreo GaN, sean 'GheN', o simplemente 'Ghn', lo cual probablemente derive del mismo tronco del que provino la forma Gan sumeria (tierra de regadío), o la hebrea (jardín, huerto). El fonema sánscrito

Ghen precisamente quiere decir "caos", que posteriormente pasó a la idea de "desorden", pero llegó al griego como 'Gen' (Tierra), y sus variantes: Gi, Ge, Gin, Gea, Gis, Gei, Gii.

Por su parte, la palabra Edén pasó al hebreo como un coloquialismo para "paraíso", que a su vez deriva del griego 'Paradeisos', y éste del persa 'Pardes'. Es incluso concebible que la propia raíz tuviese el mismo origen que dio lugar a la forma hebrea Gai, o Gia, que significa "valle". Claramente hemos de comprender de una misma Aretz fuera primero un paraíso, pero se convirtió en un caos, pues ha sido el estado de creación de la Mene errada. Todo esto nos lleva a la lógica conclusión de que nuestra esfera era un mundo acuático que resaltó como un paraíso cuando las montañas y tierra firme emergieron, y la vida vegetal exuberante pronto lo llenó todo, y según parece especialmente hacia el oriente. Cabe agregar que la idea de manantiales, ríos, lagos o mares – o sea, "aguas" - es referida en los manuscritos que ejemplifican los estados de gloria en que se hallan las emanaciones del Perfecto. Esas regiones gloriosas son acompañadas de estas representaciones, lo cual podría explicar la razón de que a imagen de ello Poseidón se interesara por crear un reino glorioso en medio del océano Atlántico.

וַיִּקְרָא אֱלֹהִים לַיַּבָּשָׁה אֶרֶץ וּלְמִקְוֵה הַמַּיִם קָרָא יַמִּים וַיַּרְא אֱלֹהִים כִּי־טוֹב

En este verso 10 dice el texto, «ve.ikra Elohim la.iabeshah Aretz ve.la.mikuh ha.maim kará iamim ve.irá Elohim ki-tob», refiriéndose a que la extensión seca del mundo recibió el nombre de 'Aretz' (Tierra, 'Eridu' en sumerio), mientras la zona donde se reunían en una sola masa todas las aguas, fue llamado 'Iamim' (Mares). ¡Vaya! Solamente en el día tercero sería nombrada la Tierra, así que una vez más vemos una estructura de niveles: hubo una Aretz divina, un universo de Aretz (material) y finalmente esferas planetarias acuáticas de las que surgió tierra firme con su oxígeno respirable y plantas para el alimento. Según la historia sumeria, Eridu – el Aretz sumerio - fue la primera ciudad que fue establecida en la Tierra, el lugar que inicialmente se fundó al verse que la superficie era estable y habitable. El libro 'Mesopotamia y el Antiguo Oriente Medio' (1992) evoca las palabras relativas a una antigua inscripción sumeria, que dice: «No había crecido una caña; no había sido creado un árbol; no había sido hecha una casa; no había sido hecha una ciudad; y las tierras eran mar, cuando Eridu fue creada.»

Varias veces se halla esta descripción de que el mundo era mayormente agua, y la primera parte que sobresalió fue esta planicie, que parecía resaltar desde la zona de Mesopotamia hasta Japón; posteriormente el resto de Pangea fue saliendo a "flote". Las leyendas sobre los Akpallu o Anedoti, del dios Oannes y otras narrativas babilonias, también hablan del mundo acuático, de la era del reinado del dios del mar Ea (luego regente en tierra firme como Enki), quien construyó su primer asentamiento en mar adentro, analogía de la historia griega de cómo Poseidón edificó la Atlántida. De hecho, Enki habría sido el responsable de la creación de los ríos de Mesopotamia, por medio de un largo proceso de drenajes, desviación del agua y canales, similar al mito egipcio de Ptah, creador del Nilo (algunos creen que Enki, Poseidón y Ptah fueron el mismo ser). Pero si ahora estaban definidos claramente la Aretz (tierra firme) y los Iamim (la extensión oceánica total), con esos nombres, ¿cómo es que el inicio de Génesis viene a decir que fue en ese entonces que fue creada la "Aretz", y no tres "eones" después? Había unos Shamaim y una Aretz que existían – y aún existen – antes de la existencia de este universo, y los Cielos y la Tierra que ahora existen, son imagen de aquellos que primero eran antes del tiempo y el espacio.

¿En qué proporción pudo ocurrir esto? ¿Cuántas veces pudo ocurrir esto o estará repitiéndose este patrón en este o más universos? Un cielo y una tierra eternos crean un cielo (dimensiones, planos, órbitas) y una tierra (materia) en el universo y esos cielos y tierra crean muchos como los nuestros: planetas (Aretz con sus Rakia

(Rakiot)). Con estas palabras nos deleita la tablilla sumeria más antigua encontrada: «Los reptiles verdaderamente descendieron. La tierra está resplandeciente como jardín bien regado. En aquella época Enki y Eridu no aparecían. La luz del día no brillaba, la luz de la luna no emergía.» Ni siquiera aún estaban los planetas, pero ya la Tierra había empezado a florecer y era un bello jardín, hermoso. Sin luz solar, ¿cómo crecían las plantas? ¿Cómo hacían la fotosíntesis? Sin luz, ¿cómo se realizaba este proceso de cambio de energía lumínica en energía química para producir carbono? ¿Por absorción de energía geotérmica? ¿Por síntesis de materia inorgánica? ¿Por radiación derivada de rayos cósmicos?

Nada de esto está del todo claro, pero hay muchos registros sobre plantas y árboles que crecen en condiciones de casi ausencia permanente de luz, o al menos en gran medida. Podrían crecer y entrar en fase de letargo, pero, para el mero hecho de producirse el crecimiento necesitan seguir una fuente de luz. El texto sumerio sostiene que la tierra estaba "resplandeciente", pero parece usar este epíteto en el sentido de describir la belleza del hábitat vegetal. Una hipótesis, aunque un tanto atrevida, sería considerar que los posibles sembradores de la vida vegetal hubiesen traído semillas capaces de absorber la energía de la propia geotermia o de radiación cósmica, o haber introducido semillas creadas con esta capacidad. Todo esto suena un tanto loco, pero justamente un factor que resalta de las plantas y árboles carentes de luz es que su crecimiento aumenta más de lo normal por una reacción normal cuya finalidad estriba en la necesidad de extender su tronco en busca de luz. Si algo nos han inculcado desde niños en el colegio es que la era Mesozoica resaltó por el brote de formas de vida de un tamaño sobrenatural, fuese en plantas y árboles o en animales.

El equilibrio del carbono en nuestro planeta proviene mayormente de la fotosíntesis que realizan en el medio acuático las algas, las cianobacterias, las bacterias rojas y las bacterias púrpuras y bacterias verdes del azufre. Esto podría explicar que las condiciones fuesen propicias desde antes de la aparición de las plantas terrestres, aún cuando no hubiese luz solar. El milenario texto egipcio de Hermes Trismegisto, 'Corpus Hermeticum', nos dice que «hay un lugar, más allá del Cielo, lugar sin estrellas y apartado de todas las cosas corporales. Hay otro Dispensador que está entre el Cielo y la Tierra, al que llamamos Júpiter. En cuanto a la tierra y el mar, están bajo el dominio de Júpiter Plutonio que nutre a los seres vivos mortales y a los que producen fruto. Son las energías de todos ellos las que otorgan la subsistencia a la tierra, los frutos y los árboles.» (Tratado de Hermes a Asclepio. Verso 27) ¿Estarían estos cuerpos siendo formados apenas y su energía ya influyendo en nuestro orbe?

Considero que la tierra era visitada por cultivadores y científicos de otros mundos que probablemente estaban en un estado más avanzado de conciencia, habiendo pasado por nuestra experiencia ya muchos eones atrás. Lo más importante es comprender la parte mental de todo ello, y en ese orden de cosas podemos ver en ese pasaje sumerio sobre los reptiles que antes de cualquier cosa descendieron, una analogía con otros mitos semejantes, que no son otra cosa – al nivel de la Mente – que la personificación de los peores y más siniestros pensamientos inconscientes de separación. Sí, aparecieron cuando la Mente dio lugar a un ego, cuando la Mene estaba en paz, "como jardín bien regado", pues en ese entonces-estado no carecía de nada en ningún nivel – salvo de la experiencia propia de comprender lo que es estar fuera de la unicidad con todas sus consecuencias –.

וַיֹּאמֶר אֱלֹהִים תַּדְשֵׁא הָאָרֶץ דֶּשֶׁא עֵשֶׂב מַזְרִיעַ זֶרַע עֵץ פְּרִי עֹשֶׂה פְּרִי לְמִינוֹ אֲשֶׁר זַרְעוֹ־בוֹ עַל־הָאָרֶץ וַיְהִי־כֵן׃

Génesis 1:11 agrega el relato relativo a la producción de árboles, semillas y frutos como cosa que debe darse en un sentido de "verdor": «reverdezca la Tierra». Podemos leer: «ve.iamer Elohim tadeshe ha.aretz deshe esheb mazria zera etz pri oséh pri lemino asher zaró-bo al-ha.aretz ve-iehi-ken», donde hay varias palabras que se traducen diferente, aunque son lo mismo o apenas varía su raíz. Por ejemplo, se afirma que se debe hacer 'Tadeshe' - de la forma 'Deshe' (producir, pulular) - de 'Esheb' (pasto, hierba, vegetación). Como vemos, el cognado de 'Deshe' y 'Esheb' es semejante, y algo similar pasa con la forma 'Mazria' (con semilla, de semilla) y 'Zera' (semilla, descendencia), que acompañan a estas palabras en esta frase. Afirma que estas semillas sea de "árboles frutales" que a su vez produzcan también productos que posean igualmente semillas, y que todos estos sean de diversas especies, según el tipo de semilla, y todo esto ocurriese sobre la Tierra. ¿Qué significa esto al nivel de la Mente? Pensamientos que no se quedan en meras ideas, sino que se manifiestan, y no arbitraria y esporádicamente, desapareciendo después, sino provocando consecuencias, ciclos de aprendizaje, karma.

וַתּוֹצֵא הָאָרֶץ דֶּשֶׁא עֵשֶׂב מַזְרִיעַ זֶרַע לְמִינֵהוּ וְעֵץ עֹשֶׂה־פְּרִי אֲשֶׁר זַרְעוֹ־בוֹ לְמִינֵהוּ וַיַּרְא אֱלֹהִים כִּי־טוֹב׃

El verso 12 de Génesis 1 nos dice: «ve.totzé ha.aretz deshe esheb mazrea zera laminehu ve.etz oséh-pri asher zaró-bo leminahu ve.irá Elohim ki-tob», y podemos apreciar que primero se da una orden, luego se ejecuta la orden, cosa que sugiere una determinación que viene de "arriba" y que posteriormente se lleva a cabo. Es decir, no es algo que produce la "mente de Dios", ya que, jugando a esta idea, ¿por qué dios tendría que decir nada, o darle una orden a la Tierra como si la Tierra pudiese crear algo por sí sola? Esto quiere decir que deliberadamente se dio la orden para que en nuestro mundo hubiese árboles frutales con su información genética que produciría frutos que a su vez, según su propia tipología, producirían más árboles frutales de su correspondiente especie. Además, si es algo que viene de Dios, ¿por qué tiene que "ver" que al final resulta "bueno"? ¿Y es que acaso de Dios iba a venir algo malo o salir algo mal? Lo que da a entender es que el proyecto que manda a desencadenarse sale bien, resulta ser un éxito. Al nivel de la Mente, ella creó todas las cosas del cosmos en todos sus niveles de conciencia: Inconscientemente, subconscientemente y conscientemente, dependiendo del nivel de conciencia.

וַיְהִי־עֶרֶב וַיְהִי־בֹקֶר יוֹם שְׁלִישִׁי

Así, con estas palabras, Moisés termina el relato de las cosas que ocurrieron en ese Tercer Eón, que para nosotros podría indicar todos los periodos de la era Paleozoica y Mesozoica. Esto no solo se asume por las cronologías del origen de Pangea y Panthalassa, sino por el mismo hecho de que los fósiles de árboles más remotos se han hallado desde periodos que van de los 140 a los 300 millones de años. Precisamente el final del Paleozoico fue el Pérmico, hace unos 286 millones de años, y las eras del Mesozoico (Cretácico, Jurásico y Triásico) abordaron de los 144 a los 248 millones de años. Eso no quiere decir que las plantas apareciesen inmediatamente cuando la tierra emergió, por lo que el tiempo que fuese que tardó la "vida" en ser sembrada acá y se llevaron a cabo con éxito estos "experimentos", pudo ser a lo largo de todo el Mesozoico. Así la vida habría ido evolucionando, no sola, sino a través de mejoras realizadas por aquellos que respondían a las directrices de "elohim", o sea, lo que la Mente produjo a través de su pensamiento.

Mundos Etéreos

Para hablar del Yom Cuarto hemos de comprender cómo se desarrolla la percepción dentro del sueño de este universo. Definimos que hay un velo entre las octavas de esta "realidad" y el mundo imperecedero ajeno al sueño, y ese velo se llama "espíritu". Dado que el concepto de "espíritu" o "espiritual" está sobrestimado, idealizado, convertido en ambigüedad o sacado de contexto por la ignorancia y la religiosidad lo definiré tal como lo llaman sabiamente en el Oahspe: Es. El propio juego de letras acá concuerda con las siglas de 'Espíritu Santo' en castellano, lo cual es fabuloso y santo (porque nada es casualidad, y el ES enseña la verdad por medio de múltiples misterios y códigos). Es más, dado que todo es un guión ya escrito fuera del tiempo, no es de extrañar que existan tantas sincronicidades – como las llamaba Carl Jung – incluso en las palabras que hemos adoptado o en los nombres con que hemos bautizado los objetos o cosas, los lugares o a las personas.

Bien, debajo del velo está la percepción física - o 'Corpor' - de las formas corpóreas o materiales. De esta manera, en esencia, hay dos niveles o principios básicos de la proyección: Es y Corpor. 'Es' tiene dos sub-niveles, que son Ethera, o Eterea, y Atmosferea, o que prefiero llamar 'Atmos', que sería semejante al "mundo de las ideas" o plano mental del espíritu. Este plano Atmos tiene 3 sub-niveles *per se*, que son llamados Ji'ay, A'ji y Nebulosas, o Nebulae. Lo que hay en la Tierra también lo hay allá, solo que las de allá son más enrarecidas (si bien, el Primer Cielo de la Tierra es estrictamente sustancia Atmos). Aquellos que moran o experimentan la percepción en los estados 'Es' son usualmente llamados es'eans, espíritus o ángeles, mientras los de Corpor simplemente se conocen como "corpóreos". Esto es a lo que se refiere el salmista al afirmar que ellos "ejecutan su logos obedeciendo la voz de su precepto" (Tehilim 103:20) Eso quiere decir que en ese estado se hallan en el nivel superior de conciencia, que son los campos vibratorios de 4ª Densidad de conciencia en adelante.

Este estado Ethe y niveles Atmos es en donde las conciencias están en el nivel de servicio a los que están aún polarizados en los niveles 2, 3 y 4 de conciencia. No que todas las conciencias de 4ª y 5ª densidad estén equilibradas, pero sí que son los estados desde los cuales se trabaja en la ayuda hacia el despertar de las otras proyecciones almáticas. Debido a eso reza el salmo 104:4: "hace sus malaj sus ruaj, mashar de fuego flameante", o "hace sus malaj sus ruaj, quienes son sus líderes de llama de fuego". Un Mashar es un ministro, y acá el concepto de Ruaj es el mismo que de criatura espiritual o es'ean. El agregado que los define como ministros de 'Esh Lahet' - o fuego en llama – evoca a su rol como trabajadores de la luz cuya función radica en el llamamiento al despertar de la conciencia y la instrucción por medio de revelaciones y conocimientos. La esencias ji'ay, A'ji y Nebulosas se reúnen por conciencia aleatoria a modo de torbellinos, o sea, por la energía toroidal de focalización de la Conciencia Elohim, de tal forma que comprimen los elementos produciendo los soles, lunas y estrellas físicas.

Los mundos corpóreos han sido creados redondos, con tierra y agua, e impenetrables, para que sus habitantes moren en su superficie. Sin embargo, los mundos etéreos no son redondos ni impenetrables. Estos mundos se asemejan a copos de nieve – formas hexagonales -, y con terminaciones fractales. Su apariencia es, pues, similar a paraísos de cristal con caminos de cristal, colores de arco iris, arcos, curvas, ángulos y millones de ángeles en jerarquías engranadas. Según el Oahspe, un hombre podría tardar un millón de años en llegar a recorrer solo uno de los mundos Ethe. Cuando aquellos que desencarnan van a los planos Atmos, o cielos inferiores de su esfera, se desarrolla la estructuración de los parámetros mentales que definen su siguiente paso en su evolución de conciencia, y si ha alcanzado el punto de crecimiento de vibración mayor pasa por el puente Sinvat de su escala superior de Atmos en el Duat para viajar al Segundo Cielo, es decir, a Nirvania (los mundos Ethe). La Atmos de la Tierra (amplitud del Primer Cielo) tiene 1'504.000 millas, con la esfera planetaria flotando en el centro de la misma.

Tal como los elementos más sólidos o "densos" se comprimen hacia el interior de la focalización – creando la llamada gravedad – los elementos más ligeros - o Atmos - que configuran el Primer Cielo de cada esfera o cuerpo espacial. De manera que los soles (también denominados 'fotosferas') vienen a ser mundos corpóreos con las densidades Atmos que Ethe, e influyen en los mundos corpóreos y sus fronteras de nivel de conciencia. Es decir, las fotosferas son soles corporales a medida que viajan a través de Etherea (que otros la llaman 'Nirvania') y sus mundos, ya que esa es su finalidad. Por su parte, las esferas o mesetas que giran y se desplazan con la Tierra se llaman Atmosferea, o 'cielos inferiores'. Por el contrario, la idea de Segundo Cielo es ya la extensión alejada de Towsang (nuestro sistema solar), por lo que en realidad cada planeta de nuestro sistema solar tiene su propio "Primer Cielo" donde se hallan sus "cielos inferiores" correspondientes, 'Duat'. La línea divisoria entre el Primer Cielo terrestre y el plano Etherea-Nirvania, donde el estado Atmos pasa a Ethe es llamado 'puente Chinvat' o 'puente Sinvat'.

Ahora bien, la idea del reconocimiento de la verdad, o toma de conciencia, se manifestó primero entre los dioses, sirviendo así de puente a los que vendrían después – dentro de la ilusión del tiempo y el espacio -. Como analogía de esto se estructuraron 5 luces en contraposición a los poderes polarizados hacia el SAS. Esas 5 luces siguen el patrón pentagonal - el concepto de los 5 sentidos o matemática del patrón π (Pi) - como en nuestro cuerpo dejan patente los dedos da cada mano y de cada pie. Esto es entendible como ejemplo del cielo, pues 5 es la letra hebrea 'He', y como los 4 He que contienen la esfera de los "4 ángulos de la Tierra" y los que contienen los "4 ángulos del cielo", nuestras manos y pies proyectan esto en el estado fenoménico, o sub-lunar. El posicionamiento de estos 5 cuerpos espaciales vino como resultado del final de la Batalla de los Siete Cielos, que empezó con la formación del sistema solar - o Towsang - y definió los aspectos de los ciclos menores de percepción del tiempo. De manera que al llegar la Luna y el Sol se crea un conjunto de 7, una vez más. Esto es otro ejemplo del sistema de niveles de progresión de la conciencia, pues el Sol es la Lumbrera Mayor, en la parte superior de la escalera, y la Luna es la Lumbrera Menor, estando en la parte inferior de la escalera. En el intermedio estarían Mercurio, Marte, Venus, Júpiter y Saturno.

Día Cuatro

Dado que no es mencionado Maldek en la lista de planetas de nuestro sistema original, se entiende que éste fue destruido antes de que el conjunto y su orden se completasen, y/o simplemente, al no ser parte estructural permanente del grupo, no sería contado, pues de esa manera no sería un símbolo arquetípico para configurar la escalera de 7 niveles. Esto mismo se puede decir que Urano, Neptuno y los otros planetas exteriores del sistema (los llamados 'transneptunianos'), como Plutón, Nix, Hidra, Cerbero, Ixión, Haumea, Namaka, Orcus, Makemake o Huya. En todo caso, hay que saber que Maldek se destruyó hace más de 500.000 años, por lo que tendría sentido que no hubiese sido incorporada en la lista de las cosmología de nuestro sistema solar dado al profeta Henoc. Ahora bien, una vez transcurridas estas tres eras previas - desde el origen del universo del que nos narran dichas historias - parece haber llegado el momento en que las grandes esferas lumínicas y planetas comenzaron a fijarse en órbitas específicas.

Así describe Henoc este desarrollo: «Y en el yom cuarto ordené que hubiesen los luminares los grandes en los círculos de los Cielos.» (2º Henoc 30:3) Nos habla en hebreo de 'Jugei', de la forma 'Jug' (círculo), pero, ¿qué son los "círculos" de los cielos? ¿Podría referirse a las cosas "circulares" que hay en los cielos? De ser así, podría estar hablando de planetas y estrellas. Para la astronomía contemporánea, se podría considerar que los "círculos del cielo" pudiesen ser los mecanismos estelares, tales como los movimientos orbitales, los viajes locales de los sistemas estelares, los viajes galácticos de los sistemas locales, la propia rotación galáctica o el movimiento de galaxias locales. Es notorio, toda vez que todo en el cosmos lleva a cabo rotaciones en todos los niveles. En el caso de Henoc, parece describirnos lo mismo que Moisés, hablando de las «meorot ha.gdolim», o "grandes luminarias". No obstante, ¿por qué dice "grandes luminarias" y no "estrellas" (kokabim)? Por kojabim - o Kokabim - pueden entenderse tanto planetas como estrellas; pero las Meorot identifican algo más allá de esto, empezando por el hecho de que varios juegos de palabras están aquí implícitos.

El vocablo 'Meorot' es un plural de 'Meoré', que a su vez deriva de la forma 'Aor' u 'Or' (luz), por lo que quiere decir que son "portadoras de luz" o "dadores de luz". Sería más acertado traducirlo como "las que proveen luz" o "las que son luminosas". Dentro de los propios conceptos fonéticos, Meoré se asemeja a la forma 'Moréh' (maestro, profesor), indicando una semejanza con la idea de "guía". 2ª Esdras 6:45-46 nos dice que «el día cuarto tú ordenaste que el sol debía brillar y la luna daría su resplandor, las estrellas debían estar en orden. Y les diste una carga para el servicio al hombre, que iba a ser hecho.» Aunque ya había quedado claro con los frutos que iba a producir la vegetación, ahora los astros complementaban este trabajo. Pero si la analogía entre estrellas y ángeles ya se entendió que giraba en torno a los yom Uno y Dos, ¿habría también aquí una relación? Podríamos pensar que la Tierra – o "tierras" – fue provista de rectores para velar por lo que había de ser llevado a cabo, y esto coincide con las referencias que hemos observado en los procesos que tuvieron lugar a lo largo del yom Tercero.

Asimismo, parece decir directamente que tanto el Sol, como la Luna y las "estrellas" fueron "fijadas" por una ley. Estos dos textos no nos dicen que estos cuerpos fueron creados, sino que se les mandó hacer su "trabajo": iluminar. Esto hace suponer que dichos astros existían previamente pero no habían iniciado su labor. En otras palabras, tanto los kojab como los malaak (ángeles) ya existían llegados a este punto del relato, pero se les dieron directrices relativas al ciudad, guía y administración de las conciencias de nivel inferior.

וַיֹּאמֶר אֱלֹהִים יְהִי מְאֹרֹת בִּרְקִיעַ הַשָּׁמַיִם לְהַבְדִּיל בֵּין הַיּוֹם וּבֵין הַלַּיְלָה וְהָיוּ לְאֹתֹת וּלְמוֹעֲדִים וּלְיָמִים וְשָׁנִים:

Moisés escribió en Génesis 1:14: «ve.iamer Elohim iehi meorot ba.rakia ha.shamaim lehabdil bein ha.laila ve.haiu leotot ve.lemoadim ve.leiamim ve.shanim», y si entendemos que el tiempo y el espacio giran en torno a la existencia de masas, este pasaje afina a la perfección, ya que sostiene que se dijo que debía haber Meorot en el firmamento - o espacio - de "los" cielos – hablando en plural – con la finalidad de "separar" la Laila (noche) y ser "signos" para los "iamim" (días, ciclos, eras, eones) y "shanim" (años). Las posiciones de estos cuerpos "dividirían" la oscuridad y definirían los ciclos del tiempo. Pero, ¿por qué dice "rakia ha.shamaim" (firmamento de los cielos)? Si hay un cielo superior y otro definido como nuestra atmósfera, ¿cuál es la Rakiá de esos shamaim? Definitivamente el espacio - o "vacío" – que hay en todos los cielos, cosa que nos refuerza la idea ya aceptada de que el cielo está lleno de sistemas estelares, y vuelve a enfatizar en que los cielos son los lugares que abarcan el infinito.

וְהָיוּ לִמְאוֹרֹת בִּרְקִיעַ הַשָּׁמַיִם לְהָאִיר עַל־הָאָרֶץ וַיְהִי־כֵן׃

En el relato de Moisés parece englobarse a todos los cuerpos celestes como 'Meorot', por lo que entran en la descripción el 'Shemesh' (sol), la 'Iareja' (Luna) y las 'Kojabim' (estrellas, planetas), así como los Mazalot y demás Tzba ha.Shamaim. Mazalot suele traducirse de 2ª reyes 23:5 como zodiaco, pero Tzba es hueste o ejército. Ahora bien, ¿este patrón se repite por todo el universo o solamente en nuestro sistema solar? Siendo metódicos en el análisis, debemos considerar que el nombre 'Sol' es nórdico, mientras 'Shemesh' deriva del acadio 'Shamash', mientras en Sumer se le conocía como 'Utu' (los griegos lo denominaban 'Helios', y no estaban muy errados, toda vez que el sol supuestamente se mantiene incandescente debido a la fusión de helio). El vocablo 'Shamash' o 'Shemesh' quiere decir "identifica fuego" o "quien tiene por nombre el fuego"; aún Henoc dice que también recibe el nombre de 'Ur-Jamá' ('luz ardiente' o 'luz caliente'). Por su parte, se denomina 'Iareja' o 'Iareaj' a la Luna por la definición del "mes", mientras según Henoc ésta tiene también el nombre de 'Lebaná' (blanca); se la llama Iareaj por definir los ciclos de 30 días que separan el año en 12 partes.

Entonces el Sol fija las 12 horas teóricas del día del ecuador terrestre y el tiempo de un día total (24 horas), la Luna con sus fases las etapas del mes, mientras los otros astros definen los otros ciclos: los planetas de nuestro sistema marcan las eras y etapas más detalladas de ciclos más largos y encriptados, mientras los grupos estelares que llamamos 'constelaciones' definen los otros, y además, las eras aún más largas y el viaje total del sol, o el ciclo completo solar. El ciclo de traslación en que se fijó la Tierra tomó su número del reino de Adama, del dios que es Elohim. Este parámetro - dentro de la Heimarmene - se determinó con base a los 36 dekan (decanos), los cuales rigen de 3 en 3 las 12 locaciones de los signos zodiacales, que a su vez, determinan las 12 fases anuales que se combinan con la Luna. En la Exposición Valentiniana se comenta lo siguiente: "Pero la Década de la Palabra y la Vida sacó decads a fin de que el Pleroma convertirse en un centenar, y el Dodecad del hombre y la Iglesia dio a luz e hizo la Triacontad a fin de que el trescientos sesenta y se convierten en el Pleroma del año." El 'Trescientos Sesenta' es el nombre de los eones superiores de Adamas, como también Valentino comenta, respecto de las moradas de los inmortales y el hombre imperecedero: "mientras que moraba en el Trescientos Sesenta".

Empero, los astros definen el tiempo, pero además iluminan la Tierra. 2ª Henoc 30:4 dice: «En el círculo, el primero, el más alto coloqué la estrella Shabetai, en el segundo arriba coloqué a Noga, en el tercero Maedim, de cuarto Shemesh, de quinto Tzedek, de sexto Kojab, de séptimo Iareaj; y en las estrellas, las pequeñas, las espléndidas, esas las aéreas, las últimas-finales.» Estos son los nombres hebreos de los planetas conocidos de nuestro sistema solar hasta 1780, cuando se descubrió Urano, y luego Neptuno en 1846. Shabetai es Saturno; Noga es Venus; Maedim es Marte; Shemesh es Sol; Tzedek es Júpiter; Kojab es estrella y, asimismo, el nombre que recibe Mercurio; Iareaj es Luna. Este orden que Henoc da es extraño, ya que no corresponde con la secuencia de tamaños de estos cuerpos ni su ubicación en el sistema solar, por lo que podría referirse a su estado inicial. Lo que sí es evidente es que si antes nos preguntábamos por esos "círculos" de los cielos, estos 7 cuerpos espaciales iban distribuidos de mayor a menor en ese orden.

Además de que nada se dice de Urano y Neptuno - al menos hablando de aquella era de la creación del sistema solar - se menciona a otras "estrellas" o "planetas" que son "pequeños" - lógicamente en relación a los anteriores -, descritos como "espléndidos" que se hallan "al final", o que son los "últimos". No está claro si nos habla de exo-planetas, de planetas enanos del sistema solar y/o de satélites naturales, pero dice que son de 'ha.Avir' (del aire). No tendría sentido que estuviese insinuando que hay planetas o estrellas pequeñas en nuestra atmósfera, pero si recordáis las tesis en 'RS3' y

'Trascendencia', podréis recabar los datos sobre las "regiones del aire", que es la manera de referirse al espacio exterior más cercano a nuestro orbe, es decir, lo que en cierta medida podríamos definir como los primeros cielos de la Tierra. Los pueblos antiguos se referían al espacio de la Esfera estelar como las regiones del aire, y que podríamos decir que es todo aquello que - incluida la Tierra - engloba el espacio que llega más allá de las 12 constelaciones del zodiaco y los 36 decanos.

Sea que se refiera a cuerpos de este sistema, o a las constelaciones (a las que definiría como "pequeñas" por la distancia), el hecho es que engloba a todos estos astros. La mención de Moisés en Jubileos 2:8-11 tampoco da demasiados detalles de más: «Y el cuarto día que creó el sol y la luna y las estrellas, y ponerlos en la expansión de los cielos, para dar luz a toda la tierra, y en el día y la noche, y dividir la luz de las tinieblas. Y Dios designó el sol para ser un buen signo en la tierra por días y para los días de reposo y durante meses, y para celebraciones y durante años y años de días de reposo y para aniversarios y para todas las estaciones del año. Y que separa la luz de las tinieblas [y] de la prosperidad, que todas las cosas puedan prosperar y crecer disparadas sobre la tierra. Estos tres tipos hizo el cuarto día.»

וַיַּעַשׂ אֱלֹהִים אֶת־שְׁנֵי הַמְּאֹרֹת הַגְּדֹלִים אֶת־הַמָּאוֹר הַגָּדֹל לְמֶמְשֶׁלֶת הַיּוֹם וְאֶת־הַמָּאוֹר הַקָּטֹן לְמֶמְשֶׁלֶת הַלַּיְלָה וְאֵת הַכּוֹכָבִים׃

El verso 16 de Génesis 1 dice, «ve.iás Elohim et-shnei ha.morot ha.gdolim et ha.maor ha.gadol lememshelet ha-iom ve.et-ha.meor ha.katan lememshelet ha.laila ve.et ha.kokabim», cita que reza que la mayor Meorá tiene por objetivo señorear o gobernar sobre el Yom (eón, día), mientras la menor lo tiene sobre la Lalila (noche). Esta apreciación no es metafórica, puesto que el Logos creador se repliega por los universos en todas las escalas, según la personificación de la conciencia en el nivel que se haya constituido. Empero, el Logos que creó la Vía Láctea y nuestro Sol, siendo la conciencia de este Logos Sol quien seguidamente crearía a nuestro Logos planetario, quien a su vez determinaría la creación de nuestros logos particulares o porciones individualizada de conciencia. Dice Ra: "Con la distorsión fundamental del libre albedrío, cada galaxia desarrolló su propio Logos. Ese Logos tiene total libre albedrío para determinar las vías de la energía inteligente que promueven las lecciones de cada una de las densidades, según las condiciones de las esferas planetarias y de los cuerpos solares." (Material de Ra, 1981)

¿Cómo crea el Logos Galáctico el Logos Solar y ese Logos Solar el Logos Planetario, y sucesivamente, creando nuestro ser o sub-logos? Conciencia. Siempre es la conciencia, pues se trata de una Mente creando dentro de su propio sueño. Lamentablemente el humano de este mundo y nivel cree que las cosas que le ocurren son fruto de poderes externos y ajenos a él. Atribuye el bien y el mal de su experiencia particular a fuerzas diabólicas o destino de dioses, dejando a un lado la responsabilidad sobre su propia vida. Nuestra Mente ca la realidad que percibimos; nuestros pensamientos son los precursores de la vida que se presenta ante nosotros y en nuestro cuerpo. Cuando somos conscientes de que nuestra Mente crea lo que ocurre en nuestro campo cuántico, dejamos de ser víctimas de a aleatoriedad de nuestra irresponsabilidad, y tomamos control de nuestros pensamientos, emociones y acciones. De esta manera, nuestra Mente empieza una nueva etapa, una en la que conscientemente elige qué pensamientos aceptar y cuáles rechazar; configura entonces deliberadamente las proyecciones que desea que se manifiesten en su vida. Su Mente empieza con las imágenes en su pensamiento, y de ahí proceden sus emociones sobre lo que atrae o aleja, y finalmente usa sus manos e intelecto para llevar a cabo sus deseos y sueños.

Mientras el hombre vive en la superstición, se priva de su poder, pierde la capacidad de tomar control sobre su vida; cede sus experiencias vivenciales a suposiciones y creencias que ha absorbido de sus antepasados o de influencias religiosas, y luego se justifica a sí mismo y sus desgracias diciendo que "es el destino", "son ataques del diablo" o "son pruebas de Dios". Dado que eso solo pasa en nuestro nivel de Tercera Densidad, como Logos Adam dejamos que el arbitrio decida lo que nosotros deberíamos estar decidiendo. La conciencia del Logos Galáctico, el Logos Solar y el Logos Planetario, así como el Logos Dimensional, atraen con su pensamiento las cosas que configurarán su sustancia de niveles atómicos y energéticos, así como sus campos electromagnéticos, cuerpos orbitales y circunstancias. Así un Logos se podría decir que crea su propio cuerpo de las sustancias de la Energía Inteligente, así como los escenarios que darán lugar a la manera y métodos en que otras formas de vida de densidades de otro tipo se desarrollarán en su avatar. De esta manera un Logos como el de nuestro planeta atrajo a las conciencias que fertilizaron la tierra, alcalinizaron el mar y sembraron las semillas de la vida y del ADN de las especies animales para más adelante venir otros que produjesen las condiciones para la vida adámica.

En lo que respecta a nuestro sistema solar están las dos Meorot clave – las principales -, como símbolos de los tiempos, y luego ya están las kokabim, que - como hemos analizado - definen el resto de meorot - sea planetas o estrellas -. Acorde a lo que se aprecia en la siguiente cita que dice «ve.iten otem Elohim ba.rakia ha.shamaim lehair al-ha.aretz», observamos que fueron designados para "iluminar" sobre la Tierra, y así como en el texto de Henoc, hallamos el vocablo 'Air', pero interpretado como la conjugación de la forma 'Aor' (luz), en el sentido de iluminar, por lo que tendría un doble significado: región del aire e iluminar (tengamos presente que las estrellas y la Luna iluminan el cielo nocturno – especialmente Selene por su cercanía y en consecuencia por su volumen -, aunque no la Tierra, pero el Sol sí, ya que dada su cercanía los fotones golpean toda la atmósfera iluminándola, de manera que producen el efecto de "luz del día").

וַיִּתֵּן אֹתָם אֱלֹהִים בִּרְקִיעַ הַשָּׁמָיִם לְהָאִיר עַל־הָאָרֶץ

Moisés dice, pues, en caracteres hebreos del verso 17 de Génesis 1: "ve.iten otam elohim ba.rakia ha.shamaim le.ha.air al-ha.aretz", donde podemos leer que afirma "sobre el aire que está sobre de la Tierra"; pero como explico en RS3 (Cap. 4 - Gobernadores de las Tinieblas, pág. 152), Air o Aera es la dimensión de la Heimarmene, donde se expanden los astros que configuran toda la extensión de las 12 constelaciones del zodiaco. Esto puede hacer suponer que las estrellas de la Heimarmene determinan el tiempo-destino sobre los mundos materiales (Aretz). Suena a la influencia de las estrellas, el llamado horóscopo, pero es que "cuando el río suena" no es que se haya ahogado una orquesta, sino que de algún lado vienen las creencias tan arraigadas e influyentes en tantos pueblos del globo. 2ª Henoc 30, por su parte, agrega: «Y custodia sobre los Cielos para iluminar el Día y sobre la Luna y sobre las estrellas para alumbrar sobre la Noche. Y el Sol debe ir por todo el círculo [de las constelaciones] del zodiaco; y 12 circulan el zodiaco giran [en torno] a la Luna; y obran de acuerdo al significado de sus nombres y truenan conforme al círculo del zodiaco que está frente a ellos, y [la] ley de sus horas conforme a su rotación.» (Vers. 5-6)

Me resulta fascinante ver que eras remotas se supiese -sin equipos de medición avanzada - que el sol realiza un viaje alrededor de la región de las constelaciones, ya que es un concepto que sería difícil determinar sin un sistema computarizado – o un observador paciente y milenario y/o puntos de marcación de los movimiento celestes contando los cambios siglo a siglo -. Sí, porque hablamos de ciclos muy largos, desde Baktun (400 años) o Dan, de Dan'ha (2.000 años), de eras zodiacales (2.150 años), de ciclos zodiacales completos

(25.800 años) y otros periodos muchos más largo, como el del ciclo completo de la Vía Láctea. Irónicamente este el ciclo de 25.800 años es el tiempo total respecto de la precesión de los equinoccios, y el ciclo que muchos consideran que corresponde con el viaje del Sol alrededor de Alción - que sería la estrella central de las Pléyades, donde algunos asumen que nuestro Sol es el 8ª componente de dicho grupo -. Como en el caso anterior, Moisés reitera en el capítulo 1:18 que el papel de estos astros reyes es dominar en el Yom y en la Laila, y separar entre Luz y entre Tinieblas (puedes estudiar la tesis completa en la pág. 161 de RS3, en el capítulo sobre 'Los 4 Ángulos'), viéndose como algo positivo:

וְלִמְשֹׁל בַּיּוֹם וּבַלַּיְלָה וּלְהַבְדִּיל בֵּין הָאוֹר וּבֵין הַחֹשֶׁךְ וַיַּרְא אֱלֹהִים כִּי־טוֹב

Las descripciones que da Henoc sobre las 'Meorot' son claramente un tratado de astronomía de miles de años de antigüedad: «Observad todas las cosas que ocurren en el Cielo, cómo las luminarias del Cielo no cambian su camino en las posiciones de sus luces y cómo todas nacen y se ponen (instalan), ordenadas cada una según su estación y no desobedecen su orden.» (1ª Henoc 2:1) ¿Las posiciones de sus luces? Acorde a lo que nos dice este legendario profeta, las Meorot están establecidas en sitios específicos - no en un orden aleatorio - y su intensidad de luz (magnitud) está deliberadamente fijada según una pauta o prerrequisito. Además de esto, Henoc habla de las Meorot como si se tratasen de "conciencias", no meras esferas de luz (dando por sentado que hablamos también aquí de 'esferas'), y que definitivamente participan de la realidad existencias e incluso de las determinaciones universales y el derecho libre albedrío: «Rauel» es «uno [de] los malajím (mensajeros), sagrados, el [que] toma venganza del mundo [de] las luminarias» (1ª Henoc).

Si las Meorot no tuviesen conciencia o acciones conscientes, ¿cómo iban a hacer algo que llevase al arcángel Rauel ha "vengarse" de ellas, o tomar represalias? Es claro que la estrecha relación entre la idea de Meorot (luminaria, lumbrera) y Kokabim (estrella) con la de Malajim (ángel) es tan estrecha que parece indicar incluso que estas estrellas son una manifestación elevada de conciencia y/o una conciencia en torno a la cual hay conectados y enlazados seres conscientes. Para quienes dudan de esta relación, e incluso del hecho de que los "cielos" son efectivamente porciones del universo en relación con planos y dimensiones que se entrelazan con lo físico, psíquico y etéreo, Henoc tiene unas palabras muy constructivas: «El ángel Miguel me tomó de la mano derecha, me levantó y me condujo dentro de todos los misterios (secretos) y me reveló [...] los secretos de los límites del Cielo y todos los depósitos de las estrellas, de las luminarias, por donde nacen en presencia de los santos. Él trasladó mi espíritu dentro del Cielo de los Cielos y vi que allí había una edificación de cristal y entre esos cristales, lenguas de fuego vivo.» (1ª Henoc 71:3-5) No solo vuelve a hacer diferencia entre Kokabim y Meorot, sino que dice que los ángeles están delante de estas "conciencias" que son creadas, entiéndase en el lugar donde son creadas.

El Oahspe es uno de los escritos que hace esta distinción, hablado de "soles" y "fotosferas", agregando que los astros originales no son de este estado de realidad perceptible, pero algunas son hechas "físicas". ¿Dónde se crean las estrellas y los planetas? A menos de que sean producidas en otro universo y se las escupa a éste, parece notorio que hay una interacción de mundos, y esto se desarrolla en "los cielos" de alguna estancia dimensional a otra. En consonancia con el Oahspe, las fotosferas han sido producidas de los mundos etéreos para iluminar y despertar conciencia en los mundos físicos. Oahspe también aclararía que habiendo 3 esferas-estados de realidad (corpórea, atmosférea o psíquica, y etérea), este tipo de cuerpos espaciales se desarrollarían entre estos niveles (siendo las nebulosas – la cuna de formación de estos astros – de naturaleza atmosférea, o psíquica).

En el 'Libro de las Luminarias del Cielo', Henoc describe cada secuencia, ciclo y periodo, tanto del Sol como de la Luna, y el establecimiento que tienen y los ángeles que los dirijan para que cumplan su objetivo: «El Libro del Movimiento de la Luminarias Celestiales, las relaciones entre ellas, de acuerdo con su clase, su dominio y su estación, cada una según su nombre y el sitio de su salida y según sus meses, las cuales Uriel, el santo malaj que estaba conmigo y que es su guía, me mostró y me reveló todas sus leyes exactamente como son y cómo se observan todos los años del mundo, hasta la eternidad, hasta que se complete la nueva creación que durará hasta la eternidad. Esta es la primera ley de las luminarias, la luminaria del sol, que tiene su nacimiento en las puertas orientales del Cielo y su puesta en las puertas occidentales del Cielo. Vi 6 puertas donde el sol nace y 6 puertas donde el sol se oculta, y la luna nace y se oculta por esas puertas, así como los líderes de las estrellas y quienes los guían a ellos.» (1ª Henoc 72:1-3)

Más adelante agrega sobre esta "Lumbrera Mayor": «Primero allí aparecía la gran luminaria cuyo nombre es Shemesh (el sol) y cuya circunferencia es como la circunferencia del Cielo y está totalmente lleno de un fuego que alumbra y abrasa. El Ruaj lleva el carro en el que él asciende y el sol se oculta y retorna a través del norte para regresar al oriente y es conducido para que entre por esa puerta y brille en la faz del Cielo.» Si la Lumbrera Mayor tiene una "circunferencia" que es equivalente a la "circunferencia del cielo", esto coincide con la revelación de Sofonías y la de Baruc sobre el viaje de estos caballeros a los cielos, ya que definen tales cielos como "espacios en el espacio" - pero en varias dimensiones -, y afirman que la "distancia" de la Tierra al Sol es como el tamaño de ese cielo - semejante a la versión hindú abordando la misma temática -. Pero,

¿qué parámetro determinaría la magnitud o proporciones de cada cielo? Según parece, la propia esfera planetaria o estrella. Oahspe llama a los astros de etérea, 'Fotosferas', e igualmente está de acuerdo con que planetas, estrellas o soles y fotosferas – o a la inversa – son el eje en torno al cual se envuelven dimensiones, una sobre otra, creando lo que podría imaginarse como una capa o manto tan grueso que visto con ojos espirituales a gran distancia, la propia esfera planetaria sería casi como un punto minúsculo al lado de su correspondiente cielo - o cielos dentro de su cielo -.

El papel del Sol, como el de la Luna, sería, efectivamente, contrarrestar fuerzas invisibles, energéticas y potenciales, evitando que el caos y la oscuridad - con todos sus poderes sombríos - hagan desaparecer el equilibrio y el orden. Por esa razón vemos descripciones tan aparentemente incoherentes como decir que el sol vigila el día y la noche, siendo que él es el que determina esto. Pero si entendemos que Día y Noche son conceptos, tiene total sentido que el Sol y la Luna tengan su papel estratégico y decisivo en este balance: «Ésta es la ley del recorrido del sol y su retorno, según la cual el vuelve y nace 60 veces, así la gran luminaria que se llama sol, por los siglos de los siglos. La que se levanta es la gran luminaria, nombrada según su propia apariencia, como lo ha ordenado el Señor. Así como nace se oculta, sin decrecer ni descansar, sino recorriendo día y noche; y su luz brilla 7 veces más que la de la luna, aunque al observarlos a ambos tengan igual magnitud.» (1ª Henoc 72:35-37) El Sol proyecta fotones, que son paquetes de información - conciencia -, sea directa como indirectamente (como hace con la Luna).

Por último y para no extenderme mucho más con este punto particular, comentaré que la Luna es un "satélite" de referencia respecto de las constelaciones del zodiaco y la Tierra, una influencia electromagnética para los campos de energía de la Tierra, y todo esto, en relación con el control de los poderes y fuerzas que rigen el caos (ya que la fuerza magnética, fotónica y gravitatoria - estando relacionadas – son bloqueos para "puertas" o portales que se abren y se cierran en sus pasos, convergencias, alineaciones, sombras (eclipses) y movimiento, como un gran reloj de engranajes, para permitir el tránsito de unos u otros poderes de los planos de realidad invisibles que mantienen la balanza del cosmos): «Después de esta ley, vi otra ley, que trata sobre la pequeña luminaria, cuyo nombre es luna. Su circunferencia es como la circunferencia del Cielo y el carro en el cual monta y la luz le es dada con mesura; y cada mes su nacimiento y su puesta se modifican; sus días son como los días del sol y cuando su luz es plena, es la séptima parte de la luz del sol.» (Cap. 73:1-3)

Si también la Luna tiene la circunferencia semejante a la del cielo, quiere decir que pertenece a este mismo cielo del que se está hablando o, más probablemente, tiene un campo de extensión que en proporción sigue la misma secuencia de los mundos espirituales que están en los planos superiores de las esferas "físicas". Un ejemplo de todo esto lo podemos sacar del tratado Pistis-Sofia, donde Valentino nos permite saber palabras del maestro Yeshua sobre las batallas celestes: «Y sus ángeles, y sus eones, y sus arcángeles, y sus arcontes, y sus dioses, y sus señores, y sus fuerzas, y sus luminarias, y sus antepasados, y sus triples poderes, vieron que yo era luz infinita, al que ninguna especie de luz es ajena.» (Cap. 3:20) En este manuscrito de la Biblioteca de Nag Hammadi se lee que Jesús describe todos los espacios de conciencia y envoltura de cuerpos espaciales como 'esferas', y además habla del "firmamento" como un espacio esférico que es limitado a la altura de lo que se podría interpretar como el límite de este sistema solar; luego, otra esfera sería la que engloba a la anterior, siendo algo como un espacio donde residen otros sistemas estelares, y sobre éste, otra esfera, que sería el círculo de las constelaciones del zodiaco.

Además de hablar de Marte, Mercurio, Venus, Júpiter y Saturno como conciencias que se interrelacionan con las 12 constelaciones y los 36 decanos, Yeshua en este texto es muy enfático al dejar constancia de que todos estos cuerpos celestes son balizas o puntos de partida de las esferas de existencia y del destino, siendo operado todo desde distintas dimensiones: «Y hubiera pasado mucho tiempo antes de que los arcontes de los eones, y los arcontes del Destino, y de la esfera, y todas sus regiones, y sus cielos, y sus eones, hubieren sido destruidos.» (Ev. Valentino 5:7) El 2º libro de Henoc habla de "las pequeñas" que están aparte de los 7 grandes cuerpos. Empero, tenemos dos lumbreras y 5 estrellas frías – como las llamarían en hebreo antiguo - y un montón de cuerpos inferiores. Solo en el sistema solar hay oficialmente 168 lunas, aparte de otras 6 que giran en torno a los otros 5 cuerpos que han sido llamados planetas enanos de nuestro sistema (Ceres, Plutón, Haumea, Makemake y Eris). Estos cuerpos parecen un séquito de custodia en torno a todos los planetas de nuestro vecindario, a excepción de los más próximos al Sol: Mercurio y Venus. Toda esta estructura de cuerpos se estableció bajo una estructura mayor, y cada

uno de estos cuerpos celestes tiene toda una jerarquía en diversos niveles.

El Estado Intermedio

Estos cuerpos planetarios y sus acompañantes sostienen una red entretejida de canales dimensionales que controlan a las personificaciones del caos en estos planos de realidad. De la misma manera, esta telaraña de campos invisibles entre los planetas y sus lunas – que parten de los focos toroidales de la conciencia – contienen los niveles de proyección de los niveles de la conciencia, por lo que se podría decir que los planetas y sus lunas, así como las estrellas, son la baliza, o base referente de la cual se entrelazan los diversos planos de realidad por donde viaja la conciencia en los niveles inferiores de percepción. Por ello, los estados que llamaríamos de meditación, sueño, muerte, astrales, etc., se realizan por medio de estos canales, y en ellos, según la medida del nivel de evolución de la conciencia y del ciclo de aprendizaje particular de cada conciencia (alma). Esto es lo que los maestros Arten y Pursah llaman "estados entre vidas", o que el maestro Seth engloba en el contexto de estados fuera de la vigilia.

Eso quiere decir que las idas concebidas por la Mente como "muerte", se proyectan en la conciencia cuando abandona el cuerpo en los planos entrelazados de estos mundos y sus dimensiones. De esta manera las proyecciones del inconsciente sobre los arquetipos que tendrían los infiernos se crean en formas, figuras y escenarios, así como demonios, que toman las características que la Mente Inconsciente considera que han de tener - según la percepción arquetípica de culpabilidad y creencia que ha absorbido -. De esta manera las Regiones Intermedias – como las llamaban los apóstoles - proyectan los escenarios que la Mente Colectiva ha confeccionado a causa de sus creencias y tradiciones sociales, sus mitos, miedos y configuraciones primitivas. De esta manera se crearían los lugares que los arcontes - o difusiones de la mente errada de la conciencia - proyectarían para castigar al alma que cree que merece castigo. Ahí experimentan las almas lo que creen que es su purificación - en tanto no han aprendido el perdón - y por ello deben regresar a un cuerpo hasta que el verdadero perdón corte el Samsara (ciclo de encarnaciones).

Es en esas regiones donde la Mente concibe sus propios miedos y culpabilidades, y existe porque colectivamente es fabricado por la sociedad que cree inconscientemente en el mismo, pues ansía un castigo por su sentimiento de culpabilidad. De esta manera se entiende la idea de un Jalukam - o Jaluham - dando el agua del olvido a las almas, por mandato de Adamas el Tirano (Tzabaot Adamas) - de quien es sirviente - para que el alma vuelva a encarnar sin recordar, y de este modo sea su conciencia la que aprenda las lecciones de perdón que le harán despertar del sueño. Sí, igualmente por ello existe la idea de Abiuth y Carmon (servidores del demonio Ariel), que llevan el alma a ver el Intermedio por 3 días antes de hacerle sufrir lo que el alma cree que debe sufrir, en periodos que para las etapas terrestres podrían ser de meses hasta décadas.

Según el estado de culpabilidad esta conciencia aparentemente individualizada viaja por los 4 estados de mayor sufrimiento, que no son otra cosa que sus peores percepciones de vibración inferior, desde el infierno hasta la Tiniebla Exterior, pasando por los suplicios de los lugares del camino del medio o el gran caos con todos sus demonios. ¿Quién han creado esto? El propio hombre. Sus miedos toman formas y figuras, producen escenarios, igual que ocurre cuando soñamos, y las fuerzas de consciencia en torno al ser adoptan la forma exterior que la persona quiere o necesita ver. De ahí han nacido las idas de demonios del infierno, Proserpina (Perséfone), Caldauoth, Cernunos, Ereshkegal, el dios Hades, el demonio Surt y otras tantas fantasías de las tradiciones de los pueblos. Pero en otro pasaje más adelante entraré en mayor detalle sobre esto.

Día Cinco

Si de por sí la aparición de la vida vegetal es fascinante, ¿cuánto más la vida animal? Aceptando que las células eucariotas vegetales no pudieron aparecer solas, es concebible que lo propio se replicase con las animales. El profeta Henoc nos habla de esto en solo un versículo, diciendo: «Y en el Quinto Día saqué del mar y salieron peces y aves variados en cantidad y todo reptil que repta sobre la Tierra y lo que van sobre cuatro sobre la Tierra y vuelan en espíritu masculino y femenino en medio de ellos, y toda alma que respira para toda vida.» (2ª Henoc 30:8) Según refieren los textos de la antigüedad – y parece coincidir con ellos la ciencia moderna – las primeras formas de vida en nuestro mundo fueron criaturas andróginas, es decir, hermafroditas, poseyendo cada una ambos sexos: masculino y femenino, a la vez. Esta 5ª era, que parece ser el periodo general del Mesozoico, vio la vida acuática, aérea y "reptil". Pareciera que esto apoyase la hipótesis de la evolución, pero lo que esto podría aducir es que las aves aparecieron antes que los reptiles, o que habrían surgido "del agua", cosa que no tiene porqué ser correcta.

Todas las cosas vinieron de un origen hermafrodito, y posteriormente sus especies fueron separadas en machos y hembras, empezando por las plantas y después las criaturas marinas – no mamíferas -. Esto es un parangón de lo de abajo con la raíz de las emanaciones de los reinos superiores, y por ende, el ejemplo de a lo que deben volver: "J dijo: 'cuando hagáis de los dos en uno, os convertiréis en hijo de Adán, y cuando digáis: ¡montaña, vete de aquí!, se moverá.'" (Ev. Tomás 106/104) En realidad todas las especies tenemos de forma intrínseca nuestra parte dual (los machos la parte hembra, y las hembras la parte macho). Henoc escribió que le fue dicho de parte del Creador, que se sacó la vida del mar en este periodo, y según lo que se llevó a cabo vino a conseguirse con éxito que dichas formas de vida fuesen producidas en grandes cantidades en el océano – y/o en agua dulce -, ese mundo acuático es un claro ejemplo de formas de vida que intercambian sus sexos y hasta sus roles reproductivos.

Lo que también parece dar a entender el texto de Henoc es que el mismo proyecto de producción biológica consiguió crear "aves". El término 'Aof', aunque se traduce por 'ave', da lugar al vocablo 'Meofef' (volar), en el sentido de la acción o ejercicio que realizan las aves: el vuelo. Por ello el vocablo hebreo 'Kanaf' (ala) deriva del mismo cognado. Génesis nos dice que los reptiles aparecieron en el Sexto Yom, por lo que las aves no pudieron venir de los reptiles – como sostiene la hipótesis de la Selección Natural propuesta por vez primera por Charles Darwin -. Igualmente los textos sostienen que las primeras formas de vida salieron del "mar", por lo que es de suponer que lo que pretende dar a entender es que los "experimentos" de vida se realizaron mar adentro, y dieron como resultado las formas de vida marinas y, posteriormente, las que surcarían los cielos (primero andróginos y seguidamente ya separados por sexos complementarios unos de otros para la reproducción y el mantenimiento de la vida).

En el caso de Moisés - sea en Génesis como en Jubileos - se es más explícito en este relato: «Y el quinto día que creó grandes monstruos del mar en las profundidades de las aguas, pues estas fueron las primeras cosas de la carne que se han creado por sus manos, los peces y todo lo que se mueve en las aguas, y todo lo que las moscas, las aves y todos sus tipos. Y el sol subió por encima de ellos para prosperar (ellos) y, sobre todo lo que estaba en la tierra, todo lo que los brotes de la tierra, y todos los árboles frutales, y toda carne. Estos tres tipos Creó el quinto día.» (Jubileos 2:11-13) Aquí nos habla de algo que Henoc trata en otro apartado, y es sobre esos tales "monstruos marinos" que la Septuaginta traduce del Génesis 1:21 como 'Kiti'. De la voz griega 'Kiti' viene 'Kitei', y de ahí 'Kiteos', que derivó al latín 'Cete' y 'Cetus', y al español como 'Cetáceo'. Por ello hay referencias a los Kitim (quiteos) en la Tanaj para evocar a los pueblos del norte del mar Mediterráneo. Esta designación fue posteriormente utilizada por los judíos para referirse al pueblo romano.

Es común oír en las historias de la ufología que seres de otros mundos trajeron la vida a la Tierra, siendo las primeras criaturas con conciencia - que según los defensores de estas tesis habrían traído de Sirio – los cetáceos: delfines y ballenas. Otro aspecto es el que engloba en estas criaturas el carácter de reptiles gigantes. El vocablo que Moisés utiliza en Génesis es 'Taninim' (cuyo singular es 'Tanin'), que usualmente se traduce en la Biblia como 'dragones', aunque 'Tanin' en hebreo moderno significa 'cocodrilo', y la forma 'Tan' – plural 'Tanim' – es 'chacal'. Lo que está claro es que estas afirmaciones coinciden en decir que estas formas de vida fueron las primeras de "carne" que llegaron a producirse; Asimismo incluye a la biodiversidad marina de tantos y tantos organismos acuáticos que existen, y que igualmente fueron creados, así como el resto de cosas que viven en el océano, en galerías acuíferas subterráneas, en lagos y en ríos. Este pasaje de Jubileos es también importante, porque aclara que los tales "voladores" no fueron simplemente aves, sino "zbubim" (moscas, insectos voladores). Habíamos dicho también que en el Tercer Yom se produjo la vida vegetal, pero que el Sol no entró en escena hasta el ciclo siguiente (el Cuarto), y es aquí donde dice que ¡entonces! El astro rey surcó el cielo e hizo "prosperar" todo.

De manera que plantas y árboles, a pesar de existir de antaño, solo comenzaron realmente a fructificar a partir de este momento - por lo que antes debieron estar en alguna especie de estado "vegetativo" o de letargo, sin aún producir fruto -. En consecuencia, es evidente que no necesariamente eran semillas las que fueron diseminadas por el suelo, sino vegetación preparada ya – previamente dispuesta - para cuando llegase el paso del Sol. Esto hace suponer si la vida vegetal de aquel tiempo distaba mucho en parecerse a la actual y tener un aspecto más longevo y cuasi inmortal, o incluso fue injertada desde laboratorios y cultivos hidropónicos o invernaderos artificiales.

וַיֹּאמֶר אֱלֹהִים יִשְׁרְצוּ הַמַּיִם שֶׁרֶץ נֶפֶשׁ חַיָּה וְעוֹף יְעוֹפֵף עַל־הָאָרֶץ עַל־פְּנֵי רְקִיעַ הַשָּׁמָיִם׃

En Génesis 1:20 leemos: «ve.iamer Elohim ishratzu ha.maim sheretz nefesh jaiah ve.of iofef al-ha.aretz al-pnei rakia ha.shamaim», que traducido quiere decir que se dijo que "corriese" el mar de pululación de "almas vivas" y aves voladoras sobre la tierra, delante del firmamento celeste. Es importante que repita constantemente que todas estas palabras y frases tienen un doble componente representativo, ya que además de su significado directo posee un matiz simbólico, queriendo mostrar una analogía con la obra de los ángeles y la personalidad humana. Así, todas las cosas del mundo de los fenómenos son imagen de las cosas celestiales y de la psique. Ahora bien, esas "almas vivas" no habían sido aún descritas, y vienen a ser lo que en lengua hebrea es 'Nefesh Jaiah', o sea, una forma de vida que depende de la respiración (del aire), que posee alma, el privilegio de la existencia y del movimiento en una esfera de realidad (en su caso, el mundo físico).

Así como Henoc, Esdras habla de estos "monstruos" y las formas de vida que se crearon en aquella era: «Al quinto día dijiste tú que en la séptima parte, donde las aguas estaban reunidas, que debería [haber] seres vivientes, aves y peces, y así sucedió. Pues el agua muda y sin vida dio a luz seres vivos en el mandamiento de Dios, [de modo] que toda la gente pudiese alabar tus maravillas. Entonces, ordenaste dos seres vivos, al uno que llamaste [Be]he[m]o[t], y al otro Leviatán; Y has separado el uno del otro: de la séptima parte, es decir, donde el agua se juntó, no podría mantener a los dos. Y a [Be]he[m]o[t] diste una parte, que se secó al tercer día, que deberían vivir juntos en la misma parte, en el que se las mil colinas: Sin embargo, a Leviatán diste la séptima parte, a saber, la humedad, y lo has guardado para ser devorador de los cuales quieras, y cuando.» (2ª Esdras 6:47-52) A menos de que Behemot y Leviatán fuesen unas mega ballenas reptiloides, estas criaturas no parecen algo normal. Haciendo un estudio profundo sobre esta materia se podría conjeturar que estas dos "bestias" constituyen un conjunto de "criaturas" bajo un espíritu. Por ello, hablando del fin de los tiempos, le fue dicho a Henoc que «ese día se harán salir separados dos monstruos, uno femenino y otro masculino. El monstruo femenino se llama Leviatán y habita en el fondo del [gran] mar sobre la[s] fuente[s] de las aguas. El monstruo masculino se llama Behemot, se posa sobre su pecho en el desierto inmenso llamado Dondaín, al oriente del jardín que habitan los elegidos y los justos, donde mi viejo padre fue tomado, el séptimo desde Adán el primer hombre que creó el Señor de los espíritus.» (1ª Henoc 60:7-8) Si estos dos monstruos están reservados para el final de los tiempos, ¿por qué el Apocalipsis de Juan no habla de ellos? Según Henoc, estas bestias devorarán carne, dando a entender el escritor que esa "carne" es de humanos, pero a nivel metafísico identifican los pensamientos egóicos. Apocalipsis lo único que habla en analogía con algo así es respecto de dos poderes que someterán al mundo por unos cuantos años. Si miramos las similitudes - como se aprecia en los libros de 'La Rebelión de Sakla' – Behemot (que significa "la bestia") es una criatura macho que - acorde a la tradición judía - dirige a todos los animales terrestres; por su parte, Leviatán, es una criatura hembra que, según la misma tradición, dirige a las formas de vida acuáticas.

La correspondencia más coherente en el nivel de la forma es que Behemot pudiese estar relacionado con la Bestia de Apocalipsis, y Leviatán lo estuviese con el Dragón del mismo relato. La cuestión sería, ¿cómo es que esas criaturas fueron creadas hace tanto tiempo, especialmente si su función es para la era "final"? La cultura védica de la India cuenta en sus sagrados escritos que en el inicio de los tiempos - cuando empezó la 'Lilá' (o 'Lika') - el Creador del cosmos (Brahma) se enfrentó a los poderes soberanos del caos, tales como Vala y Vritra, los primeros demonios-dioses, a los cuales venció, pero también - manifestado a través de Vishnú - luchó contra el titánico Rajú (el 'Atacante'), y dividió a esta criatura en dos: Rajú y Ketú (el que quedó "desconectado" y errante por el espacio). El atacante es llamado Rahab ('el Orgulloso') en la historia antigua hebrea, y de él se cuenta en los salmos: «Tú quebrantaste a Rahab como a un herido de muerte; con tu brazo poderoso esparciste a tus enemigos.» (Sal. 89:10 - RVA 95) Esta victoria se menciona asimismo en los libros de los profetas: «¡Despiértate, despiértate, vístete de poder, brazo de Iaheveh! ¡Despiértate como en el tiempo antiguo, en los siglos pasados! ¿No eres tú el que despedazó a Rahab, el que hirió al dragón?» (Isa. 51:9)

Si hablamos acá de batallas celestes, tenemos que agregar a nuestro análisis el hecho de que el Enuma-Elish relata que los "espíritus del mal" que se hallaban en "la Tierra" – o sistema solar - en la era primigenia, se vieron obligados a dividirse, pasando a una de dos partes que sobrevivieron a un impacto astronómico (que evocaba a una guerra entre seres sobrenaturales). Los que fueron lanzados al interior de la esfera planetaria y los que fueron lanzados al espacio vinieron a considerarse los dos espíritus del mal que habían de mantenerse separados, ya que reunidos otra vez, procrearían el caos. De manera que, siguiendo la narrativa, encontramos que en el Quinto Yom se crearon estas criaturas, y dado que no nos dice cuándo fueron separadas, hemos de asumir que fue en ese mismo ciclo. Por consiguiente, se podría conjeturar que en ese entonces habría ocurrido algún tipo de guerra ya en cánones físico-psíquicos, no entre humanos (que aún no existíamos en Towsang), pero sí entre seres "inteligentes". Varios de los manuscritos de Nag Hammadi hablan sobre las guerras celestiales y de sus sazones, diciendo, por ejemplo, que tiempo después de que el caos y sus poderes hubiesen aparecido, hubo varias batallas en estos cielos por la soberanía de los mismos, y los poderes del mal fueron divididos y doblegados.

La gran similitud entre estos relatos hace imaginarse una historia un tanto fantástica - pero ordenada - de cómo varios conflictos iban ocurriendo en los cielos, y también la Tierra los experimentaba, incluso en el tiempo en que la vida orgánica y las criaturas ovíparas eran creadas en nuestro mundo (y posiblemente estuviese relacionado el asunto bélico con los planes de creación de la vida y acondicionamiento de este planeta). ¿Pero qué significan Leviatán y Behemot en el nivel de la Mente? ¿Por qué no deben unirse?

Leviatán y Behemot son los aspectos duales de la Mente, las percepciones erradas del Hemisferio Izquierdo y el Hemisferio Derecho. Ellos simbolizan las distorsiones de cada aspecto de la dualidad, o dicho de otra forma: las partes polarizadas del Yin y del Yang. En realidad los aspectos masculino y femenino son conceptos espirituales de la virtud de la unicidad, pero en el ego se desarrollan como opuestos polarizados, inclinados a lo más dual de la idea de separación. Un ejemplo muy sencillo de ellos es ver el machismo o pensamiento Behemot, y el ultra-feminismo, o pensamiento Leviatán. ¿Cambiaría algo que se uniesen? Si su idea es de separación solo legitiman la creencia de la dualidad dando a entender que el mal es necesario para que el bien tenga razón, o que la muerte y la vida son inseparables. En realidad ambos conceptos son ilusorios, pues son parte del sueño de la individualización de la Mente de la fuente del Todo.

וַיִּבְרָא אֱלֹהִים אֶת־הַתַּנִּינִם הַגְּדֹלִים וְאֵת כָּל־נֶפֶשׁ הַחַיָּה הָרֹמֶשֶׂת אֲשֶׁר שָׁרְצוּ הַמַּיִם לְמִינֵהֶם וְאֵת כָּל־עוֹף כָּנָף לְמִינֵהוּ וַיַּרְא אֱלֹהִים כִּי־טוֹב׃

Moisés cuenta en el verso 21, de Génesis 1: «ve.ibrá Elohim et-ha.taninim ha.gdolim ve.et kal-nefesh ha.jaiah; ha remeshet asher shertzó ha.maim laminehem ve.et kal-aof kanaf laminehu ve.ira Elohim ki-tob», hablando de "crear" grandes dragones y toda alma viva. Unas veces dice que "crea", otras que manda a "producir" y otras que "salga" determinada cosa, siendo cada caso distinto el uno del otro, ya que en esta ocasión sí queda patente que los dioses (elohim) crean, mientras en las otras situaciones "mandan" – o quien está sobre ellos - a que "algo" o "alguien" lleve a cabo funciones de "producir" con base a los elementos ya creados - o simplemente que los propios elementos, o masa existente, se transmuta para establecer nuevos escenarios -. Ahora bien, ¿por qué crearía "grandes" dragones? Es notorio que se refiere a que creó dos bandos para menguar el poder de estas fuerzas, pero también habla en lo terrenal de la creación de grandes dragones. Los registros celtas nos lo cuentan, diciendo que la «Tierra quedó vestida con el manto de la dama de verde, hierba cubrió la faz de la tierra. Las aguas produjeron peces y las criaturas que se mueven alrededor y se retuercen y enroscan en las aguas, las serpientes y las bestias de aspecto terrible que eran de antaño, y los reptiles que se meten y se arrastran. Había cosas pisando fuerte y dragones en horrible forma revestida de terror, cuyos huesos grandes todavía pueden verse. Luego salieron del vientre de la tierra todas las bestias del campo y el bosque.» (El Libro de la Creación. The Kolbrin).

Inequívocamente estas son alusiones directas e indirectas a los dinosaurios. En Génesis se hace una diferencia – o eso parece – entre dos grupos: taninim ha.gdolim (grandes dragones) y nefesh ha.jaiah (los vivientes con alma). Es más, estas almas vivientes se definen como "todas", es decir, por un lado estaban estos mega reptiles, y por otra, "todas" las almas vivas. ¿Quiere decir que los otros grandes monstruos no eran criaturas con alma? De hecho, estas almas vivientes se categorizan como aquellos primeros ovíparos, a saber, formas que se arrastran en el subsuelo o lecho marítimo, y las aves "aladas". Pero, ¿hay aves que no sean aladas? Si se sobreentiende que una característica de las aves son sus alas, ¿para qué lo resalta, y por qué no lo hizo anteriormente? Es probable que sea porque habla de un orden de creación, donde primero se produjeron los peces y los INSECTOS (las formas de vida compleja más simple), y justo después el trabajo de "laboratorio" desarrolló a los dinosaurios, los moluscos y crustáceos, y a las aves. Podría pensarse que la gran extensión selvática de tierra firme era tan despoblada de animales que probarse el diseño de los primeros reptiles ahí sería ideal, aunque por su envergadura se les salió de las manos (las otras formas de vida que les acompañarían – las aves – estarían volando, lejos de su alcance).

וַיְבָרֶךְ אֹתָם אֱלֹהִים לֵאמֹר פְּרוּ וּרְבוּ וּמִלְאוּ אֶת־הַמַּיִם בַּיַּמִּים
וְהָעוֹף יִרֶב בָּאָרֶץ:

Génesis 1:22 dice: «ve.ibraj otam elohim leemor pru ve.rabú ve.malú et-ha.maim ba.iamim ve.ha.aof ireb ba.aretz», refiriéndose a que estas formas de vida debían fructificar y multiplicarse en el mar, mientras las aves lo hacían en la Tierra. Pero, ¿por qué sólo las aves? ¿No se supone que los dinosaurios debían estar también multiplicándose en la superficie seca? Esto hace pensar si los grandes dragones a los que se refiere inicialmente fueron efectivamente justo los monstruos oceánicos, como los megalodones, plesiosauros y demás especies que eran los gigantes compañeros de las ballenas y otras formas de vida que aún se estudian en la cripzoología, como los calamares gigantes y demás de los que se habla en mitos hindúes y japoneses – por citar estos dos ejemplos solamente -. Los relatos y grabados sobre estos ejemplares se ven en muchas partes, y se sabe que su tamaño era colosal, mezclándose con las historias sobre las luchas entre los dioses, como cuando Horus luchó con Set (en los relatos egipcios), que es el mito griego del enfrentamiento entre Zeus y Tifón. En su libro 'Flying Serpents & Dragons' (1990), R. A. Boulay teoriza en la relación tan directa entre la aparición de los dinosaurios y las guerras entre seres demoníacos con apariencia reptil, utilizando todo tipo de fuentes, incluida la Biblia y el mismo Hagadah (un texto de la tradición judía).

El uso de analogías es clave para comprender ambos niveles de información recibida, como ya he dicho, toda vez que los mensajes se dan con similitudes entre lo celestial y lo terrenal, mostrando lo etérico y lo fenoménico como uno a imagen del otro. Mirando el relato de estos "monstruos" escritas por personajes diferentes de la historia hebrea encontramos que cuentan que estos bandos representaban al milenario dragón, unas como 'Leviatán Serpiente Fugitiva' y otras como 'Leviatán Serpiente Tortuosa' (Isa. 27). Yeshua cuenta sobre los combates celestes justamente describiéndolos como "batallas contra dragones" - lo cual es un clásico que aparece prácticamente en todos los cuentos o fábulas prehistóricos -: «Y cuando la potencia del triple poder hubo descendido en el caos, encontró a Pistis Sofía. Y la fuerza con rostro de león, y la fuerza con rostro de serpiente, y la fuerza con rostro de basilisco, y la fuerza con rostro de dragón, y todas las fuerzas del triple poder rodearon a Pistis Sofía, queriendo arrebatarle por segunda vez sus fuerzas. Y cuando la atormentaban y afligían, ella se dirigió otra vez a la luz.» (Ev. Valentino 20:10-12)

El relato del Enuma-Elish (épica sumeria de la creación) nos hace saber todo esto con muchos detalles, pero claramente a través de descripciones figurativas: «Ellos mismos [se] congregaron juntos y al lado de Tiamat que avanzaban; Estaban furiosos; idearon travesuras sin descanso Día y Noche. Se prepararon para la batalla, echando humo y furia; Se unieron sus fuerzas e hicieron la guerra, Umm-HUBUR [Tiamat] Hacedor de todo, Hecho en armas invencibles de adición; ella engendró monstruos-serpientes, de dientes afilados, y sin piedad [...] Con veneno en vez de sangre, llenó sus cuerpos feroces monstruos-víboras ella vestida con terror. Con el esplendor que les viste de gala, les hizo de elevada estatura...» Esta descripción sumeria engloba todo lo anterior, hablando de lo que parecen ser criaturas demoníacas de diferentes especies, todas ellas participando de una lucha en el sistema solar (ya que Lahmu, Kingu, y demás deidades descritas a lo largo de todo el conflicto, son los nombres que algunos expertos asumen que recibían los planetas y lunas de nuestro sistema solar en Mesopotamia).

La susodicha tablilla continúa diciendo: «Quien contemplado [a] ellas, el terror se apoderó de él, sus cuerpos se encabritaron y nadie podía resistir su ataque. Estableció víboras y dragones, y el monstruo Lahamu, y los huracanes, y perros rabiosos y hombres-escorpión, y tempestades fuertes, y hombres-pez y carneros. Llevaban armas crueles, sin temor a la lucha; Sus órdenes eran poderosas, no pudo resistirse a ellos; ante esta apariencia, de gran estatura, hizo once [tipos de] monstruos. Entre los dioses que eran sus hijos, en la medida en que le había dado su apoyo, ella exaltó [a] Kingu; en medio de ellos le planteó al poder. A marchar ante las fuerzas, para liderar por anfitrión, para dar la señal de batalla, para avanzar a la agresión, a dirigir la batalla, para el control de la pelea, A él le confió; en costosos vestidos que ella le hizo sentarse...» En el nivel de la forma, estos muestran ser seres de diversas dimensiones entrando en conflicto con las fuerzas de la luz; criaturas que el folclore ha denominado indistintamente demonios.

Parte V

FUE CREADO EL AVATAR

«Yo soy el que viene de lo que es total.
Se me han dado de las cosas de mi padre.
Por lo tanto, yo digo que si uno es total, estará lleno de luz,
pero si uno está dividido, estará lleno de oscuridad»
(Ev. Tomás, 61)

Días Seis

El último eón del proceso de creación descrito en el Génesis de Moisés es el 6º, la etapa en la que aparecen los reptiles terrestres y los mamíferos, y asimismo el ser humano, el último en manifestarse y para quien parece que todo fue dispuesto y acondicionado. Sobre este periodo escribió Esdras: «Al sexto día mandamiento diste tú a la tierra, que diese las bestias, el ganado y de reptiles, antes y después de estas, también Adam (hombre), a quien tú hiciste señor de todas tus criaturas. De él vienen todos, y también la gente que has elegido. Todo esto he hablado delante de ti, oh Señor, porque tú hiciste el mundo por amor a nosotros.» (2ª Esdras 6:53-55) Acorde a estas palabras, se dio la orden de crear mamíferos de dos géneros y reptiles – previamente, y de forma deliberada, a la llegada del hombre -, y concluyendo con otra reafirmación de que todo fue establecido para que el humano fuese señor sobre todo y dispusiera de todo.

Jubileos contiene: «Y en el sexto día Él creó todos los animales de la tierra, y todo el ganado, y todo lo que se mueve sobre la tierra. Y después de todo esto ha creado al hombre, un hombre y una mujer crea a ellos, y le dio el dominio sobre todo lo que está sobre la tierra, y en los mares, y sobre todo lo que vuela, y más bestias y más de ganado, y sobre todo que se mueve sobre la tierra, y sobre toda la tierra, y más que todo esto ha dado el dominio. Y estos cuatro tipos que creó en el sexto día. Y había en total veintidós tipos. Él y todo su trabajo [fue] terminado en el sexto día; lo que está en los cielos y en la tierra, y en el mar y en los abismos, y en la luz y en la oscuridad, y, en todo.» (Cap. 2:14-16)

¿A Qué Animales se Refiere?

Aquí nos habla de 'Jaiat' de la Tierra, de 'Behemat' y del resto de lo que "se mueve", posiblemente queriendo decir "lo que repta" (en hebreo 'ha.Remeshet'). El vocablo 'Jaiat' (viviente) es la conjugación de 'Jaiah' (vivo), cuya raíz es 'Jiah' (vida), por lo que se entiende como "ser" vivo. Behemat es un sinónimo, más explícito según el carácter animal o animalesco, pero que se utiliza para definir a las bestias y, en mayor medida, para el ganado (de ahí que algunos interpreten como animal doméstico o de carga). Es muy raro que siempre haga distinción entre 'Jaiat' o 'Behemat' para englobar a los animales terrestres (a excepción de los reptiles, y, por extensión, se entiende que asimismo los anfibios). Dicha curiosidad hace asumir que 'Jaiah' sería el equivalente al latín 'animam' (animal, ser animado), mientras 'Behemah' sería el equivalente al latín 'bestia' (animal salvaje, criatura irracional), que incluye a los animales salvajes que se han llegado a domesticar. Para nuestra sociedad, una generalidad tan simple como decir "animales" se habría entendido más que suficiente, así que, ¿por qué enfatizar en esto como si se trata de dos conjuntos distintos? Posiblemente debido a que es característico de toda cultura ancestral saber diferenciar entre animales de convivencia y animales peligrosos, así como a criaturas carnívoras y criaturas herbívoras (u omnívoras), sin contar con los eufemismos para referirse a seres inteligentes, debido a su actitud o virtudes/defectos.

Como podemos encontrar en muchas informaciones de manuscritos y significados ocultos en las escrituras, hay constantes alusiones varias humanidades que han existido, sea en este planeta como en otros sistema estelares. Aquellos en que estaba la chispa de la conciencia serían aquellos que precedieron a la humanidad en nuestro mundo, y de los cuales llegaron acá algunos hace miles de años. Esos que llegaron no fueron los únicos, pues hubo otro grupo "regresivo" - o SAS – que solo deseaban su supremacía. Los Jaiat y los Behemat será la forma representativa de identificar a estos dos grupos. Sin embargo, al mencionarse antes de la humanidad convencional deja entrever que los episodios ocurridos en nuestro mundo con la evolución de la vida es, en efecto, una analogía de los procesos de desarrollo de la conciencia en este universo. La conciencia empezó a experimentarse de diversas maneras en continuidades espacio-temporales no simultáneas, pero con dos parámetros en común: Conciencias ya elegidas como dioses, y conciencias que empezarían su camino de ascenso desde los escaños más bajos hasta llegar a la cima.

Esto implica que la inmensa mayoría de los dioses y ángeles que han aparecido en nuestro orbe ya pasaron por los niveles de desarrollo por los que nosotros estamos elevándonos. Independientemente del nivel de vibración-dimensión en que ahora se encuentren, en su momento llegaron a pasar por casi todas las fases que nosotros vivimos, salvo por matices no necesariamente idénticos debido a las fluctuaciones que hay en las variantes de la continuidad espacio-tiempo, debido a las propias decisiones de la Mente. Esto es así porque cada determinación de la Mente abre una nueva línea de continuidad espacio-tiempo de distintas probabilidades-posibilidades, tanto en la manifestación del sueño, o planos materiales y psíquicos, como en las variantes de los estados mentales de no vigilia. Si bien es cierto, todas las probabilidades-posibilidades de las infinitas opciones de la continuidad espacio-tiempo de cada decisión configuran "nuevos" escenarios, en realidad todo está predestinado. El Padre Uno ya conoce toda la historia de todos los posibles escenarios y de cómo se desarrollarán dentro de la proyección de esta "película". El Espíritu Santo también conoce el guión de principio a fin, y por tanto juega con todas las variables de posibilidad-posibilidad y las diversas percepciones de la continuidad espacio-tiempo para dirigir la Mente de regreso a casa.

וַיֹּאמֶר אֱלֹהִים תּוֹצֵא הָאָרֶץ נֶפֶשׁ חַיָּה לְמִינָהּ בְּהֵמָה וָרֶמֶשׂ וְחַיְתוֹ־אֶרֶץ לְמִינָהּ וַיְהִי־כֵן

Moisés dice en Génesis 1:24, «ve.iamer elohim totzé ha.aretz nefesh jaiah laminah behemah ve.remesh ve.jaito-aretz laminoh ve.iehi-ken.» Igual que en los otros pasajes, nos habla de que se produzcan en la Tierra 'nefesh jaiah', a las cuales define como 'behemah' según todas sus especies, 'remesh', de todas sus especies, y 'jaito-aretz', según sus especies. Algunos han conjeturado en que esta referencia hace distinción entre los niveles de conciencia y desarrollo de estas criaturas, y/o diferencias mayores, como podría ser la existencia misma de otros "seres" de carácter inteligente, a la par de los reptiles y las bestias. Visto a modo analógico con lo espiritual, podría suponerse que así como las formas animales, existiesen, sea en esta dimensión o en otras en nuestra esfera, 3 tipos de seres de conciencia superior a la de los animales. Esta conjetura se refuerza con el estudio de manuscritos antiguos que hablan de seres "misteriosos" que cohabitan con las formas de vida salvajes, pero moran – o moraban - en zonas alejadas de los núcleos poblados de la civilización. En su caso, el NH II, 5 (Tratado sobre el Origen del Mundo, de Nag Hammadi), dice que «todas las plantas germinan sobre la tierra según de su especie, con la semilla de autoridades y sus ángeles. Entonces, de las aguas, las autoridades crearon los animales, en su caso, y de reptiles y las aves según su especie, con semillas de las autoridades y sus ángeles.» (Vers. 21-28)
La referencia a "semilla" engloba tanto el grano vegetal como la "simiente" o "semen" en un sentido de la biología reproductiva animal, lo cual puede sugerir que estas autoridades y sus ángeles

utilizaron su propia genética para la elaboración de la vida en este planeta. Probar uno a crear vida en laboratorios y pasarla a ambientes acondicionados tomando por muestras experimentales moléculas, tejido y células nuestras podría sonar raro hace un siglo, pero gracias al estudio del genoma y la comprobación de la clonación e hibridación, y experimentos aún más avanzados, podemos teorizar que nosotros mismos en el presente ya podríamos estar capacitados para car vida en otros planetas solo usando nuestro material genético y adaptándolo a medio ambientes sostenibles. Un determinado tiempo de estudios, recursos necesarios y pruebas en el campo podrían hacer de nosotros mismos unos "dioses creadores" de vida en otros mundos.

Si observamos la profunda y sabia mitología egipcia podemos echar de ver que la idea de los animales y los dioses estaba enlazada. Cada uno de los 44 nethers (dioses-nomos) estaban vinculados a un animal: eran representados con una figura zoomorfa. Los primeros en ser referidos eran ranas y serpientes, así como cocodrilos; con Amon estaba el carnero, con Horus el halcón, con Thot el ibis, con Seth lo que parecería ser la jirafa, y seguían: hipopótamos, escarabajos, reptiles-lagartos, peces, gacelas, vacas y toros, leones, chacales, perros, gatos, babuinos, búhos, "avestruces", lobos, tortugas, caballos, mangostas, incneumones, cigüeñas, grullas, cobras, garzas, aguzanieves, monos, liebres, ocas, escorpiones, elefantes, y otros tantos. Estos animales han estado vinculados con las estrellas (ver RS3, pág. 76), al grado de haber estrechas relaciones entre astros y animales, así como otros elementos, minerales y plantas, incluso representar configuraciones de constelaciones. Por ejemplo, vemos el símbolo del Pesaj en asociación con el zodiaco en varias ocasiones, una de ellas en los 12 elementos que fueron ordenados para consumir: 2 panes, 7 corderos de un año, 1 becerro y 2 carneros. Los 7 corderos de un año son lo mismo que 7 ciclos, pues el año representa 365 ciclos menores. El zodiaco griego, egipcios y sumerio tiene 8 animales y 4 figuras, pero hasta el chino posee los 12 animales anuales (el maya tiene 13, pues el agregado correspondería a Ofiuco). Por otra parte hemos de comprender que la conciencia ha tomado los procesos de tiempo para hacerse consciente de sí misma de manera aleatoria en el cosmos, focalizándose en cada nodo de energía consciente, donde, mientras crea, se experimenta a sí mima y se auto-conoce. De esta manera aún seres que hoy – o e eras pasadas – fuesen dioses, habrían venido de experimentar la percepción del sueño por medio de los elementos más esenciales de las diversas escalas de evolución de la conciencia. Así - como explica Ra en el 'Material de Ra' – el primer estado de experiencia de esta octava sería el de la Primera Dimensión, que es de los estados inertes a los de energía en activación consciente en los elementos. Este estado pasaría de los elementos simples - como los minerales – a la conciencia de la Energía Inteligente que activaría el Aire y el Fuego, quienes proveerían de la misma energía potencial de conciencia a los elementos Agua y Tierra. Este estado de focalización de consciencia del Logos sobre la materia la activaría para potenciar la movilización de los átomos y moléculas hacia un estado de conciencia activa y creadora. Esto es claramente visible en el relato de la Creación de Moisés, donde la luz (fuego) y el espíritu (aire) intervienen sobre la materia (agua y tierra) para darle forma y configuración.

Subsecuentemente nos encontramos con el estado Semuan (o Shem-Mu-An), o primigenio, donde la conciencia es ya una esfera planetaria personificadora de un Logos, el cual toma consciencia para producir el nivel de conciencia de Segunda Densidad, donde las semillas ahora adquieren movilidad y acción, o sea, se activan como "nefesh jaiah" (alma viviente), apareciendo células (de hecho, un espermatozoide es la "semilla" animal de la reproducción-concepción). Se podría decir que los mundos corpóreos se crean por una especie de "vapor" del vórtice de conciencia que se condensa, y su fricción genera calor y se funde, convirtiéndose en un globo de fuego en el cielo. Es entonces un mundo recién nacido que es puesto en órbita. Su siguiente fase es la Se'Mu, donde el Semuan es la combinación de los elementos menos densos al rededor, los cuales pasan a componer el oxígeno sobre la superficie de la Tierra, para así dar lugar a la etapa de gestación para el reino animal en medio de la oscuridad.

En consecuencia llega la siguiente etapa, que es la fase Ho'Tu – o de la esterilidad -, que es seguida por la fase A'du, o de la muerte. Tras esta etapa lleva finalmente la fase apta para nosotros, que es la denominada fase Uz, la cual cumple la función de llevarnos espiritualmente a los reinos invisibles. Ergo, la conciencia planetaria de este Logos terrestre empuja su esfera de energía y materia elevándola hacia el segundo estado de densidad, produciendo algas y hierba, prosiguiendo en su activación hacia crear plantas, arbustos y árboles, mientas otras células son modificadas para ser diseñadas formas de vida complejas, es decir, pluricelulares. La atracción de la mente del Logos Planetario brindaría a la esfera la oportunidad de ser cultivada y germinada con la ayuda de científicos de otros sistemas que ya habrían concluido este estado, o fase Semuan. Ellos habrían comenzado por poner esporas en cometas y asteroides que posteriormente llevarían a nuestro mundo por las largas vías de transporte orbital causado por la influencia gravitatoria.

De esta manera las primeras formas replicantes celulares llegarían deliberadamente desde meteoritos diseminados desde otros sistemas planetarios para ir alcalinizando nuestro océano y aclimatando nuestra atmósfera. Llegado el momento oportuno un grupo de astronautas expertos en bio-ingeniería vendrían a estudiar las condiciones que por sus instrumentos habrían descubierto que eran propicias para la vida orgánica, y habrían estado un tiempo realizando experimentos de acondicionamiento biológico de algunas especies celulares. Esta capacidad replicante con la que fueran dotadas las células y esporas los habrían permitido la readaptación a diversos ambientes, y habría sido el estado precursor de una jardín de vida fascinante, dado que la capacidad energética de vida de este Logos Planetario entre varios mundos semejantes al nuestro en esta región interestelar. De esta forma nuestra esfera vendría a convertirse en todo un jardín y zona apta para el desarrollo de una amplia gama de formas de vida, ya no solo biológica, sino psíquica.

A medida que la esfera planetaria se configuraba como tal – en el periodo Semuan – la energía toroidal igualmente ajustaba los niveles Atmos para configurar escenarios óptimos para seres de mayor estado de conciencia. De esta manera que forma lo que es el Primer cielo de la Tierra, el cual no abarca meramente la atmósfera de gases hasta la estratosfera, sino que va mucho más allá de la magnetósfera y dela órbita lunar. Ese Primer Cielo son estados de vibración de otros niveles donde se fijan "planicies" - o Plateau – en las que se desarrolla la vida-experiencia de múltiples conciencias que no están experimentando su desarrollo en ese momento bajo un estado encarnado, es decir, que no se encuentran en un plano Corpor. Dicho Primer Cielo terrestre era definido en jeroglíficos egipcios bajo el sonido 'D'at' o 'Duat', y se decía que era vigilado por el neter 'Hor', o 'Her-Ur', mejor conocido en occidente como Horus. El Primer Cielo de la Tierra está asociado con el Primer Loka - o primer mundo - en la cosmovisión vedanta, y dada su circunferencia, se entiende que se dijera que su tamaño era equivalente al de la distancia de la Tierra al Sol.

וַיַּעַשׂ אֱלֹהִים אֶת־חַיַּת הָאָרֶץ לְמִינָהּ וְאֶת־הַבְּהֵמָה לְמִינָהּ וְאֵת כָּל־רֶמֶשׂ הָאֲדָמָה לְמִינֵהוּ וַיַּרְא אֱלֹהִים כִּי־טוֹב׃

Génesis 1:25 nos dice, «ve.iás elohim et-jaiát ha.áretz lamináh ve.et-behemáh laminah ve.et kal.remésh ha.adamáh laminéhu ve-irá elohim ki-tob», resaltando que la determinación se efectuó correctamente y tuvo resultado positivo. No obstante, aquí empieza a usar una palabra que hasta el momento no había utilizado: 'Adamah'.

Este vocablo no tiene sentido aplicarlo si no existía aún el hombre, toda vez que dicha designación define el nombre de nuestro mundo a causa de la humanidad. Adamah es la forma femenina de 'Adam' (hombre), y su raíz parte de la estructura que formó el vocablo copto y koiné 'Adamas' (diamante). A mi entender ahora mismo, esto solo puede sugerir una de dos cosas: o ya había humanos en este mundo desde ese entonces, o ya nuestro orbe estaba "bautizado" o "fundado" para dar la bienvenida a la raza humana. Esto podría acompañarse de una tercera opción: que esté hablando a nivel psíquico, no necesariamente al nivel de la forma. Extrañamente Henoc es la única de estas fuentes que no coincide en que los animales terrestres fueron creados o producidos al inicio del Yom Seis, sino que los engloba a todos en el Yom Cinco, posiblemente hacia el final de este y el inicio del Sexto.

Esto refuerza mi tesis de que no estamos simplemente ablando de animales, sino de otro tipo e conciencias inteligentes. Además, también respalda mi idea de que los textos hacen una clara diferenciación ente los niveles de evolución de la conciencia planetaria. Por ello el segundo nivel de densidad – o Segunda Dimensión de vibración – tendría toda la gama de formas de vida vegetales y las animales, que solo son conscientes de su entorno en dicho ciclo -. Empero, entre el Quinto Yom y el inicio del Sexto Yom se habrían alcanzado los niveles de conciencia de toda la gama del campo electromagnético de energía naranja (Segunda Densidad). Por ello los supuestos animales del Yom Sexto podrían ser, efectivamente las criaturas que se interpreta de forma clásica en el texto, mas por encima de todo tratarse de una alusión a diversos géneros de proto-humanos – o precursores de la actual humanidad - en varios grupos diferentes. Lo que sí queda claro en todas las narraciones es que el cuerpo humano (homo sapien sapiens) como tal fue el último en aparecer, y las cosas siguieron básicamente la misma secuencia, que es la que hemos continuados a lo largo de estos capítulos.

Es más, con la aparición del hombre se dio por concluida la creación – acorde a la postura de la cosmovisión monoteísta - sellando el ciclo de formación del cosmos como escenario completo y perfecto para la experiencia humana. Si no, ¿qué puede significar este vacío aparente o cambio en dicha versión? Henoc es quien había dado más detalles sobre la creación de las cosas, y es muy anterior a los otros narradores, por lo que, ¿cuál sería la razón por la que la deidad que hablaba con Henoc le dijo que los animales habían sido producidos en el Yom Cinco, mas únicamente el hombre fue creado en el Yom Seis - sin animal alguno -? Podemos dar interpretaciones, pero lo cierto es que Henoc no solo dice esto, sino que agrega el "proceso" y "pautas" que llevaron a la aparición del humano: «Y en el Sexto Día ordené a mi Sabiduría crear hombre desde 6 bases: su carne de la Adamáh; su sangre del "la velocidad [de] los malajím y las densidades-nubes sus tendones-ligamentos; y su cabello del pasto de la Adamah; su alma de mi aliento y de mi espíritu.» (2ª Enoc 30:10; o 11:58 del rollo hebreo).

¿Podría haber una relación entre las Jaiah, Remesh y Behemah con la antesala de la aparición del hombre en un sentido biológico? No hablo de evolución esporádica, sino de directriz genética deliberada: Diseño Inteligente. ¿Fue la Sabiduría de la deidad la que estuvo detrás de la creación del hombre? Como asimismo se dice en los manuscritos de Nag Hammadi, parece haber un colectivo espiritual que representa un reino celeste - llamado 'Jokma' o 'Jajmah' (sabiduría, ciencia, sapiencia, astucia) - el cual dirigía las operaciones del Espíritu Santo por medio de una posible civilización – o un grupo de ellas – de "ángeles" o seres sobrehumanos que representan a Dios y personifican la Sabiduría de estos sistemas estelares. Como explican Ra, Alex Collier, Zecharia Sitchin, Sixto Paz, y otros muchos, esto fue un proceso ambivalente, habiendo intervención de más de 7 civilizaciones extraterrestres (una versión afirma que llegaron a ser entre 17 y 22 especies) para producir el ADN humano de los pobladores de este planeta, donde el principal participante – y quien tuviera la última palabra en la mejora genética – fue la conciencia conocida como Iaheveh, el dios de los hebreos.

Un ejemplo de lo que quiero decir a propósito de la existencia de varias razas humanas (ver RS2, cap. 2, 3 y 4) estriba en el hecho de que esas Nefesh Jaiah (almas vivientes) tienen una asociación con una vocablo griego: Aima. Es notoria la similitud entre el sonido griego Aima (sangre) y el castellano Alma, así como el hebreo Almah (doncella, virgen). Si recordamos la frase de Pablo en Atenas ante el Areópago, afirmó que "Dios de una sangre hizo a todo el género humano", lo cual es similar a decir que de un linaje, mas aduciendo a la raza de Adam. Si buscásemos ahí un código oculto en Alma como Aima, nos parecería como si dijera que de un alma hizo a toda la raza. Nefesh es alma en el sentido de ser, de criatura de esencia, como cuando le fue dicho a Noé: "la vida de toda alma está en su sangre". La Jai de toda Nefesh está en su Dam; la Zoi de toda Psiji está en su Aima. El significado místico de esta afirmación es que la vida-existencia-experiencia del ser depende de su alma-ser, que es su raza. En un nivel de la psique, lo que ocurre a una criatura está supeditada por la Conciencia Colectiva, y dentro de ella está supeditada a la Conciencia Planetaria, así como a la Conciencia Racial, y en ella la Conciencia Social. Otro verso dice que "en la sangre está la vida"; en la Dam está la Jai; en el Aima está Zoi.

Analicemos debidamente la encriptación aquí codificada: Dam es la sangre o Aima (alma, esencia) que da vida a una criatura, y ésta viene de Dios, o sea, de Adam (A-Dam). La sangre es, pues, la manifestación física – y hasta psíquica – de la integridad de los patrones del ser divino. El propio vocablo griego Aima se forma de las letras Alfa, Iota, Mi y Alfa, cuyo aspecto esotérico es que el Principio (A) Celestial (I) en la Materia (M) está el Dios (A), proyectado en ella. Si la Dam (sangre) viene del Adam (dios), en ella está Zoi (vida), es decir, Jevah. Eva está en Adam-Dios a través de la vida que provee de motricidad y patrones genéticos a un cuerpo en el nivel Corpor. Del mismo modo en el alma está Zoi, o sea, la chispa del Espíritu Santo que revitaliza nuestro ser, nos activa y nos renueva, mas por encima de todas estas cosas, el espíritu que nos revive. Si el hombre viene a ser un "nefesh jaiah", o ser vivo – cuyo contexto metafísico es la capacidad de la trascendencia espiritual - ¿por qué se usa esa misma apreciación ANTES de ser "formado" el humano, para usarlo en la aplicación de la característica de vida de aparentes animales?

El Hombre Simio

Dice el Oahspe que el primer hombre terrestre habitaba en Ha'k (oscuridad), y fue llamado Asu (los asuans). Seres – que las tradiciones han definido como "ángeles" (de 4ª densidad de vibración) - que ya habían vivido en otros mundos fueron invitados a habitar en los cuerpos Asu. Al ser inexpertos en esto convivieron con los Asu comunes y fueron "tentados" y "comieron del árbol de la vida" y contemplaron su propia desnudez. Allí nació la primera nueva raza Asu, llamada 'Man' (o I'hin). Estos ángeles, debido a la aflicción que sufrieron abandonaron aquellos cuerpos, y entonces vino Iaheveh a sacar a la Tierra de la aflicción Se'Mu. Desde entonces aquellos ángeles desencarnados se encargarían de ser "ángeles de la guardia" de su propia gente, o sea, el esto de humanos.

Entre los fragmentos de un viejo manuscrito atribuido al patriarca Abraham (datado de unos 4.000 años de antigüedad) se hallan algunas referencias que ya en ese entonces daban a entender que la existencia humana debe desarrollarse a lo largo de la eternidad en los infinitos mundos que pueblan el cosmos, y que los "ángeles" parecen ser seres evolucionados que trascendieron a la forma humana a la que una vez pertenecieron (es decir, si los ángeles moran en el cielo y habitan en las estrellas, es posible que hubiesen sido habitantes humanos de esos lugares siderales): «Los mundos son infinitos y el hombre ha de vivir en todos los que hoy existen; pero la creación sigue y no se acaba. Todos los mundos se comunican unos con otros en amor y justicia, y mi dios en ello se engrandece. Todos los hijos de mi dios, que llamáis ángeles, hombres fueron...» (Texto del Testamento Secreto de Abraham). Así como con tanta literatura que ya hablaba de esto milenios atrás, el hombre parece ser una creación que existe a lo largo del universo, y parece ser una conciencia (alma) que procedió de un universo anterior y/o un universo espiritual (aquel 'Shamaim') del verso 1 del Génesis

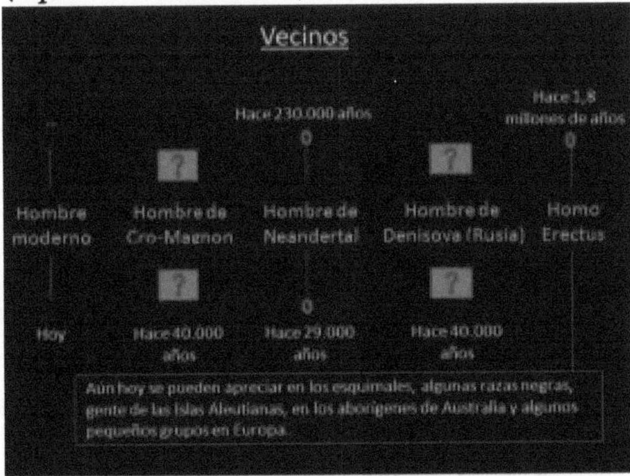

1.

En las culturas amerindias se cree que hubo varias "eras" antes de la que constituyó la humana - y la previa al mismo tiempo - y ya el hombre existía, pero había sido convertido en simio (la era Ehecatonatiuh de las fuentes aztecas). Esta humanidad habría sido un diseño previo al cuerpo humano moderno, y es descrita como "mono" en los registros celtas, quienes además cuentan – como otros pueblos – que esta raza humana simiesca fue destruida en casi su totalidad por la caída de un asteroide. Según los registros antiguos, antes o durante la aparición del ser humano hubo gigantes en nuestro mundo - acorde a los registros aztecas – y ellos estuvieron en la Primera Edad (la de Nahui-Océlotl), que fue precedida por la era Nahui-Ehécatl, arrasada por un "huracán" o mega desastre que supuestamente "convirtió" a sus supervivientes en monos. El libro celta de la creación de los registros Kolbrin: «Nos cuentan cómo la tribu mono Selok, liderada por hombres celestes, perecieron por las llamas ante el Valle de Lod; Sólo una mona llegó a las alturas superiores [de la] cueva. Cuando el hombre celeste renació de la mona en la caverna de la Aflicción, podía saborear los frutos de la tierra, y beber de sus aguas, y sentir la frescura de sus vientos [...] El hombre, creado a partir de sustancia terrenal solo, no podía saber simplemente las cosas de la Tierra, ni podría por sí solo someterlo [al] Espíritu.»

El relato celta – que parece tener una cierta semejanza simbólica con la historia de Sodoma y Gomorra - afirma que esta destrucción fue provocada, básicamente, por un asteroide (y en otras partes del Kolbrin se citan otros acontecimientos similares que acaecieron en nuestra prehistoria destruyéndolo todo bajo la misma descripción de asteroides que cayeron a la Tierra), y coincide con infinidad de relatos remotos de muchas culturas, incluyendo la propia azteca, pues sostiene que la era siguiente – en la que vivían sobre este mundo mayormente seres divinos o inmortales -, Nahui-Quiahuitl, fue arrasada por fuego del cielo (asteroides o lluvia de meteoritos). ¿Por qué directamente no se creó al hombre? Según el Popol-Vuh (registros mayas), se trató de crear al hombre una primera vez, pero no hubo éxito, mas el ensayo posterior sí resultó. Esto resaltan gran parte de otras historias, dando a entender que los propios "dioses" que trabajaban en la genética y la vida, aunque sabían lo que querían hacer – ya que el humano parecía ser un prototipo ya existente en el universo – no sabían cómo hacerlo, y tardaron algún tiempo en conseguir su humano idóneo, haciendo distintas pruebas biológicas y embrionarias con la especie que más similitudes daba la impresión de tener, al menos sobre la Tierra: los primates.

Los textos de Nag Hammadi, especialmente - así como los registros vedas de la India - declaran que el hombre ya existía antes de venir

a este mundo, pero vivía en otros mundos y en otros estados de "vibración", "conciencia" o "dimensionalidad", por lo que necesitaba un cuerpo lo más afín posible a las prestaciones de este nivel para experimentar esta "fisicalidad" - que no le brindaban las formas de vida ya existentes (las de Segunda Densidad) -; por tanto los "dioses" buscaban crear un organismo biológico lo más competente posible para ser vehículo de este alma inmortal (el hombre) que deseaba venir de estos otros mundos. La novela sumeria 'Atra-Hasis' cuenta que unos seres sobrehumanos trabajaban duramente en la tierra, «Su tarea era considerable, Su trabajo pesado, su labor infinita.» Estos eran de una raza llamada 'Anunnaki' (que la Tanak denomina "los hijos de Anak"), pero pertenecían a un subgrupo llamado 'Igigi' - o 'igigu' - que obedecía las ordenes de los Anunnaki superiores en cabeza del heredero Enlil: «[Y estos dioses] [...] [Los Igigu] (tuvieron) que excavar [los cursos de agua], [Y abrir los canales] que vivifican la tierra. [Así, ellos abrieron] el curso del Tigris, [Y des]pués, [el del Éufrates].»
Su ardua labor los agotó, «[Durante mil [...] años] se entregaron a la tarea – [Después de haber acumulado [...]] todas las montañas, [Hicieron el recuento de los años] trabajados. [Después de haber organizado [...]] el gran pantano meridional, [Hicieron el recu]ento [de los años] trabajados, [¡(Durante) dos mil q]uinientos años, y más, Habían, día y noche, Soportado [esta pesada car]ga!» Se dice que ellos, cansados de esta situación, empezaron a quejarse y criticar a sus líderes, conspirando y terminando por llevar a cabo intento de golpe de estado, atacando la sede del poder en aquel entonces. Fue 'Zu' (el gran sabio) quien infiltrado entre ellos pareció motivar esto, según registros hititas (que agrega que Zu intentó hacerse un trono en las alturas y ser semejante al Altísimo), y curiosamente en el 'Tratado sobre el Origen del Mundo', de Nag Hammadi, en el mismo orden de sucesos, aparece el 'Instructor', por medio de quien se diseña

el modelo para crear al hombre sobre esta esfera (toda la explicación sobre este asunto la traté al detalle en RS2, desde pág. 198).

Tomaron el centro de control de la misión y rodearon la mansión de Enlil: «¡[Tu pal]acio está rode[ado], mi Señor! ¡El comba[te se ha ex]tendido hasta tu puerta! – ¡Tu palacio está rodeado, oh Enlil! [...] Enlil ordenó que se trajesen las armas a su casa, - Después abrió la boca Y se dirigió a Nuska, su paje: "¡Nuska, levanta una barricada ante tu puerta! - ¡Toma tus armas y ponte a mis órdenes!» Ante esta amenaza recomiendan a Enlil llamar a su padre Anu, que se había decidido que permanecerse en órbita, o en algún lugar fuera de la Tierra, en una morada celeste, y «Anu, el rey del [Ci]elo, presidia (la reunión), Y el rey del Apsu, Enki, lo escuchaba [todo (?)], Mientras se [sen]taban los grandes Anun[naku], Enlil se puso de pie: se a[bría] el debate.» Esta asamblea urgente se organizó para establecer las pautas que se iban a llevar a cabo, dado que los igigu se rehusaban a seguir cargando con este trabajo. Ellos dieron sus quejas, mientras Enki, hermano de Enlil, les respaldaba y recomendaba un subterfugio: «Pero existe [un remedio para esta situación (?)]: Dado que [Belet-ili, la Matriz], está aquí, Que fabrique un prot[otipo de hombre]: ¡Será él quien car[gue] con el yugo [de los dioses (?)]- [Quien ca]rgue con el [y]ugo [de los Igigu (?)]: [Será el Hombre quien cargue] con su [traba]jo!»

Belet-ili – o 'Mami' - asegura que lo haría con la ayuda de Enki, ya que él era experto en estos temas – que podríamos llamar "genéticos" -, y él afirma que entonces un dios debe ser sacrificado, y su sangre debía mezclarse con arcilla para fabricar un diseño humano. Estos relatos independientes relacionan la combinación de la propia esencia de los dioses con un modelo prediseñado o existente, para producir al humano que había de ser creado: «Los arcontes se reunieron en asamblea y dijeron: "Vamos, tomemos tierra y creemos un hombre de barro". Y modelaron su criatura haciéndola completamente de tierra.» (La Realidad de las Potestades 1:6-7, Nag Hammadi). En otro tratado de esta biblioteca se dice que las autoridades "eyacularon su esperma" en el "ombligo de la Tierra" para crear la vida, y da las pautas de cómo se llevó a cabo este desarrollo hasta llegar al homo Sapiens sapiens. Ya que habría demasiadas fuentes que citar y mucho que escribir, trataré de resumir lo mejor posible todos estos puntos – la mayoría de los cuales ya traté en RS2 -, agregando aquí que todo apunta claramente a que se usó la ingeniería genética para crear el cuerpo biológico del ser humano - hablando incluso del uso de los "elementos de la tierra" combinados para la fabricación estructural de un transporte (cuerpo, avatar), pero que en primera instancia no funcionó, aunque teóricamente estaba todo bien -.

El cuerpo parecía "vivo", pero estaba carente de alma (tripulante), lo cual explican como un estado de trance, de coma o de 'Tardema' (sueño profundo). Estos intentos no fueron satisfactorios desde el principio, y hubo diferentes intentos por crear al hombre "ideal", pero al conseguirlo vieron un peligro y lo volvieron a "mortalizar". Respecto del primer proceso de dicha fabricación Henoc escribió: «Y 7 cualidades le di, las 7 para la carne: la vista para los ojos; el olor para el alma; el regocijo para los ligamentos-tendones; el gusto para la sangre, la paciencia-tolerancia a los huesos; la mansedumbre-tranquilidad para el pensamiento. Y pensé por que dije-llame Palabra astuta-sabia porque de lo existente que no se ve y se ve hice al hombre, ambos muertos y vivientes, y la imagen-figura sabe-conoce Palabra y no hay en toda la Creación como él: pequeño en grandeza y en la pequeñez grande. Y lo puse como segundo ángel custodio sobre la Tierra, honrado-recto y grande, y respetado-venerado. Y lo senté como rey de la Tierra y no había nadie como él entre mis sabios-astutos. Y no había igual a él en la Tierra de todas mis creaciones.»

Y continúa escribiendo: «Y le puse como nombre los 4 vientos: del Oriente, del Occidente, del Norte [y] del Sur. Y le puse en custodia-designé 4 estrellas de las enfriadas-secas y llamé su nombre

Adam. Y di-mostré las voluntades-disposiciones y él miró los dos caminos: luz y oscuridad, y les dije: Eso es ir bien y eso es malo para dirigirse, [debo] saber si tiene astucia-discernimiento hacia mí con odio hacia la dirección excelente, [y quien] de su simiente me ama. Y yo vi mi proyecto pero él sobre el proyecto no sabía, y si sabe lo hará mal, al pecado y todo lo suyo será pecado, y dije: luego del pecado no hay Palabra sino la muerte. [...] Y tomé la letra, la última del nombre de él y llamé su nombre, ellos eran él: Adán, [y] ellos [son] la humanidad y los vivientes.» (2ª Henoc 30:11-16) ¿Estrellas frías? Esta era una forma directa de decir "planeta". ¿Originalmente el hombre en nuestro sistema solar vivía en 4 planetas? ¿Le puso por nombre los cuatro vientos? Las siglas de las cuatro direcciones en griego antiguo eran 'A', 'D', 'A' y 'M'. Y, ¿cuál es esa letra que tomó para el nombre de la compañera? A Javah (Eva) se la definió como «am kal-jai» (madre de toda vida), por lo que su nombre Javah deriva de Jai (vida), y significa "dadora de vida", y además, la primera y última letra de las tres que conforman el vocablo 'A.D.M.' (Adam, hombre) forman 'A.M' (madre).

Era lógico que ella sería madre si era mujer, porque hasta el resto de criaturas procreaban y daban a luz a sus semejantes, de modo que lo que esta alusión pretende hacer ver es que Javah daría a luz seres señoriales, sería matriz para la concepción de una raza gloriosa que encarna a almas de las moradas de los cielos. Sabiendo que esto ocurriría fue por lo que «Ialdabaot le dijo a las autoridades que estaban con él: "Venid, creemos un ser humano a imagen de Dios y con semejanza a nosotros mismos, para que esta imagen nos dé luz".» (Libro Secreto de Juan 9:1) Ialdabaot sabía que el hombre señorial tenía una chispa superior a él y quería poseerla, pero al ver su verdadero potencial se arrepintió y destruyó este molde (cuerpo) inicial produciendo uno nuevo mortal, y que en vez de dominarlo todo, fuese dominado por las autoridades para servirle a ellas y estar tan atareado de oficios y labores que jamás despertase para comprender su verdadera naturaleza. Todo este modelo se creó a imagen de los seres de los reinos superiores que Ialdabaot y los suyos una vez hubieron contemplado: «crearon con sus poderes y copiaron los rasgos que habían aparecido. Cada una de las autoridades aportó un rasgo psíquico correspondiente a la figura de la imagen que había visto.» En la versión del Génesis todo esto toca deducirlo a base de meticuloso análisis, empezando por comprender que el primer humano creado fue hecho a "imagen y semejanza" de la "deidad", con la finalidad de gobernar sobre todas las cosas, lo que es en esencia un llamado al auto-control.

La Proyección Masculino-Femenino

El relato de Moisés nos dice que una vez llevado a cabo todo lo anterior, y preparado el escenario, habla en plural, en segunda persona, para determinar que sea hecho el hombre (o sea, el humano): "ve-iamer elohim naaseh adam ba.tzelmenu k.dmutenu", que significa "hagamos Adam en nuestra imagen como parecido a nosotros". Si Elohim es un dios, y aquí habla de "hagamos", ciertamente la deidad son más de uno. Ese ser ya tiene nombre propio (adam) por lo que previamente ya se sabía lo que era. No obstante, estas deidades determinan hacerlo en el plano material, y el modelo del que se basan para ello es configurar su prototipo corpor basados en la apariencia de ellos, que consistiría en que fuese similar a ellos. Es lógico, toda vez, que Adam y Elohim son la misma cosa, y lo de abajo es "imagen" de lo de arriba, su viva semejanza. Y esos dioses agregan que dicho Adam domine sobre el Deget del mar, el Aof del cielo, sobre la Behemah y sobre todo la Aretz, y sobre los reptiles que reptan sobre la tierra (ver RS1, pág. 166). Esta no es la historia de Tarzán, Mowgli, Manimal, Acuaman o de Ace Ventura. En realidad los animales representen tótemes, que son características de la personalidad. Dominar sobre los animales es dominar los propios instintos.

El verso 26 del capítulo 1 del Génesis de Moisés dice "ve.ibra elohim et-ha.adam ba.tzlemó, ba.tzlem elohim bará ató zakar ve.nekebah bará atam", que traducido sería que el conjunto de dioses creó al Adam a su imagen, a imagen de dioses los creó, macho y hembra los creó. ¿No parece un tanto redundante? El Elohim es completo, con las virtudes de la luz masculinas y femeninas, de manera que si crea a un ser a su imagen, ese ser debe tener integrado el doble componente, masculino-femenino. Al decir "los creó", no es que creó a dos, sino que el Adam creado no era un individuo sino un colectivo, toda una raza. Curiosamente donde se lee "et ha.adam ba.tlemó", se ve otra vez la forma ET, de las letras Alef y Tau, que representan el principio y el final. ¿Por qué? Porque todo será al final como fue al principio. Masculino y femenino en uno solo. Y además las iniciales de estas tres palabras forman AHB (Ahab), vocablo que significa 'amor'.

Aparte de esto, hay una juego de letras iniciales Alef y Beit una tras otra 3 veces – como las 3 humanidades -, la última de ellas separada por las iniciales Zain (identificativo de la mujer) y Vav (identificativo del hombre). El misterio en el código alfabético de Ahab (amor) es el misterio del matrimonio verdadero: hubo una separación-muerte a causa de que la Mujer no se unión al Varón mientras estaban en el Paraíso, y esa desunión, o cosmos, debe redimirse por medio de la re-unión. Ese era su principio y así será su final, y ese el el proceso del rol del prójimo (ayuda idónea) como espejo de nuestras propias distorsiones subconscientes e inconscientes. Ese es el misterio del Amor, que por extensión es el misterio del Perdón. Si un Dios hubiese creado al hombre a su imagen y semejanza, y esa imagen y semejanza son varón y hembra, entonces la imagen de Dios original tiene un varón y una hembra (correctamente escrito: varón y varona, o macho y hembra). ¿Cómo pues iba a ser de otra manera? Sería absurdo. No puedes decir que haces una estatua a tu imagen si no se te parece. Entonces no es tu viva imagen. Sólo puede ser tu imagen si se parece, pues por eso se dice "imagen", como hasta hoy una estatua es llamada imagen en lengua hebrea, toda vez que es idéntica a lo que pretende recalcar o imitar.

Si el humano creado es idéntico en imagen a su creador, y su creador hace esa imagen "varón y varona", ¿cuál es, pues, la imagen de su obrador? ¡Voilá! Literalmente dice ahí que la imagen del hombre que hizo era "masculina y femenina", y ese modelado fue con base a la imagen de su Creador. Por ende, el Creador tiene en sí estas dos formas ya incorporadas en su apariencia-carácter. ¿Andrógino es lo mismo que hermafrodita? ¿Qué es ser hermafrodita? El mito de hermafodito es una historia griega que se refiere a la totalidad, a donde no hay carencia ni deficiencia. Por ende, Dios no es masculino ni femenino, sino todo en sí. Si Dios fuese masculino sería dual y demente y macabro, porque habría puesto al hombre en la debilidad sexual, y eso haría de dios el cómplice y primer culpable de todas las problemáticas mundiales e históricas de índole sexual, desde el aborto, a las violaciones, pederastía, homosexualidad, prostitución, la calentura sexual, la pornografía, la transexualidad, la bisexualidad, las infidelidades o adulterios y demás fornicaciones. Si tu creas algo vulnerable y susceptible, lo mínimo es no culparlo después por caer a causa de la debilidad que le impusiste.

Dios es total, no dual, es todo en sí mismo. Que se le llame en masculino por costumbre no hace que sea masculino. Sencillamente en hebreo no hay una forma de referirse a él que sea neutra, porque en hebreo no hay esas posibilidades que hay en otras lenguas, y además el idioma en sí mismo es dual. Un ejemplo muy simple, en español puedes decir a una mujer "tú", e igual a un hombre, "tú", pero en hebreo todo es dual: a una mujer le dices "at" (tú femenina) y a un hombre "atá" (tú masculino), y solo en pocos idiomas hay formas neutras. Tampoco olvidemos que vivimos en un planeta machista desde hace miles de años, y cualquier mujer que en la mayoría de los casos hubiese sido honrada, habría sido callada, ridiculizada o apedreada, salvo casos concretos, excepcionales y puntuales que se dieron, como en la historia de Ester (dadas las condiciones). Si querías deshacerte de una mujer solo tenías que convencerla de que se hiciera líder o maestra.

Esos pueblos solo querían ver a una deidad fuerte en la figura machista que ellos anhelaban. Por ello casi nadie entendía porqué Yeshua tenía más seguidoras que seguidores y daba tanta importancia al rol de las mujeres, lo cual además provocaba muchos debates entre sus cercanos. Yeshua no era dual ni creía en la dualidad, por ende, nunca dio atisbos de machismo, salvo que se le malinterpretase (pues cuando decía 'Padre' no se refería a un hombre o a un macho, sino al que es Todo-Paternidad). El machismo ha sido una gran plaga de las últimas 2 o 3 eras zodiacales, al grado de que Iaheveh mismo sólo pudo ser tomado en serio presentándose como si fuese masculino. Si lo femenino no hubiese existido antes de Jevah, no habría tenido sentido decir "formó a una Aishah", toda vez que no dice nada de sus diferencias contextuales y conceptuales, morfogenéticas, anatómicas, hormonales o biológicas. Si la mujer complementa al hombre, eso es que en algún punto el hombre no es completo. ¿Dios comete errores? ¿Disimula sus fallos creando luego apaños? El hombre era perfecto, mas no el hombre en el sentido de masculino, sino en el sentido de Adam, cuyo significado es Cristo.

En lo existente y todo abarcable no solo hay materia y espíritu: hay éter y hay psiji. Lo que en lo físico - o mundo Asiah - es sexual según órganos de animales mamíferos, no lo es en lo psiji (del mundo de las ideas, como lo llamaba Platón), ni en el espiritual, ni en el etéreo - o eterno -, que es el mundo Atzilut. Las ideas de masculino y femenino existen desde que tuvo inicio el principio, aunque no antes del inicio del principio, pues antes de haber tiempo ya hubo eternidad, y antes de empezar todo ya estaba un Uno - quien era y es completo completamente -. Las proyecciones de carácter de la copulación sólo se dan en el mundo Asiah, o lo que Génesis 1 llama 'Aretz' - que es la materia -. En los niveles mayores no se crea con los órganos de un cuerpo físico. En el nivel del éter se crea con el pensamiento; en el nivel del espíritu se crea con la palabra (Logos); en el nivel de la mente se crea con la emoción; mientras en el nivel de la materia se crea con la acción, copulando o fabricando con las manos. En el Atzilut el UNO se proyecta por emanaciones complementarias no diferenciadas, salvo en su nombre, pues su nombre identifica sus virtudes masculinas y femeninas.

Dado que no tienen sexo u órganos, no son seres masculinos ni femeninos, pues tampoco hay formas o imágenes. Son perfectos viendo su reflejo delante de ellos, pues los dos son uno y el mismo parte de la Totalidad. El primer diseño fue andrógino: «masculino y femenino los creó» (vers. 27). No obstante, este hombre vegano (vers. 29) perteneció al Yom Seis, mucho antes del hombre moderno, y Moisés también dio constancia de ello al escribir: «Fueron, pues, acabados los cielos y la tierra, y todo el ejército de ellos. Y acabó Dios en el día séptimo la obra que hizo; y reposó el día séptimo de toda la obra que hizo.» (Gén. 2:1-2, RVA 60) ¿Qué quiere decir esto? Que al llegar el tiempo de cesación de este proyecto, se impuso un periodo – Séptimo – para que las cosas transcurriesen solas, como la semilla que ya sembrada y regada ahora solo se espera que con el tiempo germine y produzca. Observa que menciona una tal "ejército" o huestes, pero, ¿en qué momento dio detalles sobre las características de dicho ejército de la creación? Se refiere a todas las conciencias que operan en los múltiples niveles de densidad, y que dirigen los mecanismos de los niveles inferiores. La concepción de espíritus machos y espíritus hembras también se proyectó dentro de estas escalas de vibración.

Andróginos quiere decir macho-hembra, de la conformación de las palabras griegas Andros (varón) y Ginos (varona) - pero no en algún tipo de aspecto o sentido transexual -, sino como un ser completo en sí mismo. Esto suena chocante al principio, y algunos creen que se trata de cierto tipo de broma sobre desórdenes sexuales, pero el ser andrógino es equilibrado, y en esencia es carente de deficiencias propias de la necesidad sexual. Esto no tiene nada de escandaloso. Y como dirían los religiosos, ¿dónde lo dice la Biblia? La Biblia refiere la totalidad como lo Perfecto y completo. Pero aún en el supuesto de que esto fuese un parámetro biológico, tampoco entra en conflicto con los principios religiosos de nadie. La religión ha perseguido a los que considera impuros, infieles, pecadores, inconversos, apóstatas, tibios, inconstantes, etc., y ha determinado con sus juicios y señalamientos quién merece el cielo y quién no. Para ello encuentran pasajes que ni ellos entienden, pero les sirven de pretexto para levantar el dedo acusador y condenar, violando – por este mismo acto de desamor – los mandamientos dados por Yeshua: "si entendieseis lo que significa, misericordia quiero y no sacrificios, no condenaríais a los inocentes".

¿Quiénes son los inocentes? TODOS LO SOMOS. El ego quiere hacer creer que hay pecadores y culpables. Apocalipsis dice que afeminados, hechiceros, perros y otros tantos que practican el mal no entrarán a la ciudad santa, pero no estamos hablando literalmente. La ciudad santa es el estado de completitud, el estado de verdadera Paz de Dios. Al decir que determinadas personas con sus actos no entrarán se refiere a que en el estado de plenitud no habrá polaridades ni dualidad ni distorsiones: no habrá ningún desequilibrio en el ser. Dios no rechaza a ninguno de sus hijos. El Espíritu Santo se encarga de corregir la Mente para eliminar de ella todas las difusiones de separatismo e individualidad propias del ego. Por ello Apocalipsis también sostiene que los fornicarios, adúlteros, amanerados, etc. irán al lago de azufre y fuego donde ya estarían el ego y su idea de separación, pues a lo que se quiere referir en realidad es que todas las experiencias son purificadas por el karma y el despertar de la conciencia individual, racial, colectiva, social y planetarias. El fuego lo purifica todo, y ese fuego son las pruebas y experiencias de la vida, que ya es el infierno de cada uno en su estado de convicción de que supuestamente estamos separados de Dios.

Dan Fruto y lo Multiplican

Prosiguiendo con el versículo 28 del capítulo 1 del libro del Génesis de Moisés, hallamos una mención a "fructificar y ser fecundos": "prú ve.rabú". Prú de la forma Pri (fruta), y Rabú de Arbé (mucho) y Rab (grande). Otro caso similar aparece en los evangelios sinópticos, cuando Yeshua afirma: "yo os he elegido para que deis mucho fruto, y vuestro fruto permanezca". ¿Será que el Maestro les estaba sugiriendo que parte del ministerio de ellos era casarse y tener muchos hijos? El misterio de las palabras "fructificad y multiplicad" estriba en la comprensión del parámetro de mayor nivel inductivo. Como dijo Saulo de Tarso, "si habéis resucitado con Cristo, poned la mira en las cosas de arriba, no en las de la tierra", hay que entender la verdad desde arriba, no desde el mundo, salvo que aún no se haya "resucitado" (despertado la conciencia). "Fructificad" fue dicho al alma, no al cuerpo; ese alma, que sabía de dónde venía y para qué, debía "fructificar" en aquello que estaba destinado a hacer, y lo sabía, pues recibió esa misiva y rol – o Dharma – en el estado Entrevidas, antes de encarnar.

Debemos hacer que nuestro alma fructifique y multiplique. De otra manera, ¿qué afán hay en que copulasen? Ese mandato vino mucho antes de que Jevah-Madre saliera del Adam-Padre, pues primero vino lo almático y a posteriori lo corpóreo. El multiplicar es explicado en el tratado sin nombre sobre el origen del mundo, de Nag Hammadi, donde deja patente que el nombre Israel procede originalmente de la forma de identificar colectivamente a las almas setitas que encarnarían en este mundo. Ellos, como conjunto, eran ya llamados 'Iglesia', del idioma griego, donde Ekklesia quiere decir asamblea, tumulto o congregación, que es sinónimo de Synagoge, o 'Sinagoga'. Seguidamente agrega que hemos de subyugar y dominar a esas formas de vida animales: "kabshah ve.radú". ¿Qué? Dominio propio.

Identifica el auto-control, pero no de la manera en la que lo perciben los cristianos, sino en el ámbito de de la Mente. Se trata de no dar lugar a los pensamientos animales. Están los "pensamientos elevados" y los pensamientos inferiores, o de las bestias (que son los principios de separación); los pensamientos elevados, por su parte, son los del verdadero Adam. Los grupos animales simbolizan asimismo las escalas de conciencia de las sub-octavas de Segunda Densidad, que a su vez es la misma analogía del despertar de conciencia en la Mente, su camino de trascendencia.

Al hablar de la trascendencia del ser – que la religión llama Resurrección, por el idioma español influenciado del latín - se refiere a que hay separación en el mundo por un símbolo de una separación mayor que hubo al principio (por eso dice "separar luz de tiniebla", y después separar "aguas de las aguas", pues en cierto momento se proyectó dualidad en lo que hasta entonces sólo había sido unicidad total y plena). El matrimonio simboliza el camino de regreso a la unión con Dios. Primero eran los dos en uno, pero entonces se separaron, y desde entonces buscan la manera de volverse a unir, y tras ese símbolo de unión viene el de la familia, al que sigue en filial de las amistades, vecinos y compañeros de estudio o trabajo; entonces la conciencia aumenta hacia un estado en que abarca aun vecindario, una comunidad y un pueblo, y llega después a lo que es ya una conciencia social, pasa a una conciencia más grande y colectiva hasta alcanzar el estado de conciencia global, racial y planetaria, con el tiempo galáctica, para finalmente ser una conciencia universal. Esa es la llamada 'Mente de Cristo'. Solo cuando realmente se unan serán uno, y entonces conocerán que están en Dios y que son Dios, es decir, Cristo o Adam. El matrimonio no tiene por finalidad multiplicarse en más separaciones, pues esto sería dualidad.

Por el contrario, lo que implica es que el matrimonio verdadero - que es la unión con Dios - multiplica los frutos de Dios, que atraen a todos los demás a la unión por medio de la obra del Espíritu Santo.

Es lo mismo que dijo Yeshua con otras palabras, como "os he llamado para que deis mucho fruto", mas no se refería a que los hubiese llamado para que procrearan muchos hijos, mas que procrearan más resultados de amor verdadero y perdón verdadero, esto es, de filiación. Los verdaderos hijos que se procrean - los frutos - no salen de la unión sino que vienen hacia la unión; no son llamados de dentro hacia afuera como los hijos de carne y huesos, sino que son llamados de fuera hacia adentro, como hijos del espíritu. Una claro ejemplo de la acción espiritual y de la Mente Recta que Iaheveh quiso encriptar en estas ideas que sus ángeles enseñaron a Moisés se esbozan en el verso siguiente de Génesis 1, donde el 29 dice: "va.iamer elohim hanah natati lajem et-col-esheb, zera zera asher al-pnei col-ha.Aretz, ve.et-col-ha.etz asher-bo prí-etz zera zera, lajem ihih leajláh".

Podría resumir este versículo aduciendo que la Conciencia Colectiva dijo que había dado a las proyecciones de su Mente de toda hierba, códigos reproductivos ante toda la creación de la ilusión en las cuales se podían proyectar ilusiones, formas, ideas y conceptos, y eso sería lo que experimentaría. Al decir 'Lajem' (a vosotros) es un juego de palabra con 'Leajláh' (para comer), igual que 'Lakaj' (coger, tomar). En los tres casos el aspecto común denominador es una alusión a la experiencia que van a vivir, lo que van a aprender y conocer, y de lo que van a ser partícipes. Este pasaje que parece decir que a la humanidad le fue ordenada una estricta y clara dieta vegana, es, por encima de todo, una exhortación a la Mente Santa, la mente ajena a los juicios, que no practica dualidad, que entiende la unicidad y la filiación, que comprende el amor, la piedad y la misericordia. Todos estos símbolos son esenciales para la Mente, pues quien no comprende algo tan simple como respetar la experiencia de vida de una criatura – por muy pequeña que sea – no comprenderá parámetros mucho más grandes, pues quien no es "pistio" en lo poco, mucho menos lo será en lo mucho.

¿Qué es "pistio"? No es "fiel" respecto de la fidelidad para administrarle algo a alguien, sino respecto de la fe, esto es, del amor. Si no tiene visión en lo pequeño, "¿cuánto menos entenderá lo celestial?". Y si no comprende el amor en lo más pequeño del sueño, mucho menos lo hará en la percepción de lo más grande, primario y primigenio: no entenderá la fuente ni su verdad y razón. En otra parte Yeshua dice lo mismo al afirmar: "dejad a los pequeños venir a mi", y agrega que "de ellos es el reino". No es solo una alusión certera apropósito de la inocencia, la nobleza, la sencillez de corazón y la humildad, sino no subestimar los detalles y aspectos más pequeños de los símbolos de la proyección, pues los tales son un ejemplo de lo superior. Si se entienden los parámetros "más pequeños", se comprenderán los más grandes, amplios y profundos. Ergo, aquella humanidad no comía carne ni producto alguno venido de un animal, ¿por qué? Porque el llamado era a una Mente Recta, ajena a la irracionalidad, la ligereza, la arbitrariedad, la mente egóica. Fue dicho más adelante que "en la sangre está la vida" y que "la vida de todo ser está en su sangre", así como respecto del alma y de la carne, toda vez que el cuerpo es una estructura.

¿Qué quiero decir con esto? Decimos "el cuerpo de la policía", para referirnos a todo un organismo de conciencias que forman una totalidad. Es lo mismo que decir "son una sola carne". En tanto son uno, son una completa y perfecta identidad. Así, cada animal completo e íntegro juega un rol y tiene un significado, sea en el ecosistema como en la percepción psíquica de quien está cerca de él. Quien destruye un cuerpo, destruye su valor, y dice a su inconsciente que ningún símbolo tiene valor. Por ello le fue permitido a los israelitas seguir realizando sacrificios, pero ellos no lo entendieron de la manera correcta y llevaron esto a un genocidio animal permanente. Matar al animal es una alegoría sobre deshacer las características múltiples del ego, pero en un sentido mental, no literal. Por ello fue dicho, "misericordia quiero y no sacrificios". La Mente, por el contrario, pierde la sensibilidad al ver natural el asesinato, lo cual es una programación que asimismo le insensibiliza respecto de su prójimo, cuyo símbolo es algún tipo de carácter animal. Vemos a nuestros semejantes como bestias, y por ello no ha habido conciencia de amor y perdón por miles de años al asesinar animales para comer, pues la Mente egóica siente que al morir otro por sus propias culpas inconscientes, él se exime de su propio sacrifico, que es deshacerse del ego.

Por esa razón quienes aún comen carne por "gusto" la sienten "sabrosa", pues su mente inconsciente disfruta del castigo a otros, a quienes considera culpables, y a quienes juzga, pues entiende la expiación únicamente por medio del sufrimiento. En cambio, no siente en su mayoría lo mismo al ver el sufrimiento de otro humano, pues se ve reflejado en él. Por ello la Mente siente que un animal es digno de morir, pero no un humano. La idea de error es tal que el propio hombre que vive en la ilusión del ego cree que es necesario que haya juicios, sufrimiento y castigo para expiación, y la culpa desaparezca, pero esta no desaparece matando a los semejantes, sea humanos o animales. Comer carne simboliza para la Mente Inconsciente ser partícipe de la ilusión, creer en ella, amarla, disfrutar de sus ilusiones y apegarse a sus figuras. Si observamos detenidamente el verso penúltimo con que termina del capítulo 1 de Génesis, nos dice que a diferencia del humano, a las otras criaturas les doy lo vegetal para que de ello se alimentasen. ¿No te parece extraño que en ningún momento presentase la idea de los carnívoros? Es como si – tomándonoslo al pie de la letra – pretendiese asumir que ningún animal comía a otro para sobrevivir o alimentarse, sino que consumían "hierba verde".

Hace más de dos décadas mi padre – el rabino Félix G. Van Katch – había interpretado esto como "conocimiento" en un ámbito muy simple o básico. Ciertamente, aún si nos fuésemos a la época de los dinosaurios, la mitad de ellos eran carnívoros. De manera que la hierba verde significa otra cosa, más que un punto de vista literal de nutrición. Empero, el verso 30 usa las palabras 'Ierek Esheb' (verde hierba). La frase de tres palabras 'Ierek Esheb Leajlah' forma con sus iniciales la voz 'Ial', que es "servir" o ser de utilidad, así como Iaal, que es macho cabrío, mientras matemáticamente da 139, que es 'Gan Elohim' (jardín de dioses). La palabra Ierek (de Iarok) da 310, como Arom (desnudo), siendo un temura de Ierek la forma Rakei (vacío); la palabra Esheb da 372, como Sheba (siete), he incluso es su misma temura; la expresión 'Ve.Ihi Ken' (y fue así) da 101, como la forma Melujah (reino). Por su parte, la forma Leajlah se permuta como Kol-Elah, que en arameo es "todos los dioses", y en hebreo puede ser "toda lamentación", "todo juramento" o "todos estos". Si tomamos todas estas definiciones y las unimos en el contexto no nos habla de animales. Por el contrario, denota una situación mortal humana. En otras palabras, estaba ante la raza humana el adquirir el conocimiento de la verdad o limitarse a conocer la experiencias del mundo sin comprensión alguno del proceso de comprensión y trascendencia.

Dios se tomó un Día Sabático

El capítulo siguiente empieza diciendo: "ve.ikelu ha.shamaim ve.ha.aretz ve.kol-tzbaam", es decir, "y completó los Shamaim y la Aretz y todo su ejército". Esa última frase "Ve.Ha.Aretz Ve.Kol Tzabaam" forma con sus iniciales el vocablo 'Tzelem' (imagen), pues todo lo que hay en el mundo es reflejo vivo de la Aretz superior. Subsecuentemente se dice que la Conciencia Colectiva finalizó su labor en un séptimo periodo y se tomó un tiempo en dicho ciclo como eón sabático. ¿Qué significa esto? Que la Mente estuvo desarrollando la proyección en 6 ciclos y en un 7º periodo dejó de proyectar el sueño momentáneamente. Esto es lo mismo a la inversa, donde por 7 ciclos de desarrollo de evolución de la conciencia hemos de volver al Shabat que es fuera de este eón. Aquí también estriba el significado de los descansos relativos a múltiplos de 7 tiempos. Aquí los números hablan por sí solos. El nivel de consciencia actual nutro es el 3°, o Shlishí, de la base SH-L-SH (Shalosh), donde el despertar de conciencia está separado en femenino y masculino, y entre ellos la Lamed de aprendizaje-enseñanza, pero el despertar del sueño del nivel de conciencia de esta octava llega en el 6° ciclo, siendo el 6 el número de Adam. Ahí vemos la unicidad completa de la conciencia con lo masculino y lo femenino, tal como se lee del 6 en hebreo: Shesh. Estos es Shin-Shin.

A diferencia de esto, Shabat es Shin-Beit-Tau, refiriéndose a la conciencia en desarrollo en el principio del mundo y su final. En otras palabras, la conciencia finaliza su integración de todas las experiencias dentro del sueño y se prepara para el Octavo Día, que es fuera de este eón. El ocho (8) es Shmone, del Shemen (Shin-Mem-Nun) que es el aceite de la unción, del jugo de la oliva, de la cristificación, de la Mente Crística en la Totalidad. Entonces llega el último ciclo, que es el que regresa al no-tiempo y no-espacio, que es la infinitud del 9. En sí ya el 8 es un llamado a la infinitud, una escala de conciencia de salida de esta octava actual para entrar en la infinitud, y por ello el 8 horizontal es símbolo de la eternidad. Mas el 9 es la completa trascendencia al infinito y la plenitud. Por ello el número es llamado Teisha, donde ella Tau es el final, y la Shin es la conciencia, toda vez que ya no hay conciencia de la Mente sino la Totalidad en la Unicidad del Absoluto. Este tiene las letras Shin-Tau-Ain, donde la Ain (ojo), del mismo sonido de Ein (sin, no hay, nada), en el contexto de lo que simplemente Es, o sea, el Espíritu Invisible Completo Total Eterno Infinito Único Virgen Perfecto.

El Octavo Día

¿Por qué hablo de "octavo día"? Por regla general se habla del número 7, debido a los niveles de desarrollo de la ilusión. Pero faltan el 8 y el 9 – incluso el '0' -, ya que con 9 números se parte para las multiplicidades. El 8 simboliza la ogdoada, y el 9 lo infinito. Tras el proceso de formación de Maia hay un tiempo de calma e inactividad hasta que lo diseñado produce resultados. Eso es el Día 8. A nivel metafórico estamos en el Yom Shmone (octava era), pero la final será la novena, que es la de la plenitud. El número 8 es el número de la letra Jet, que simboliza la Vida, así como de la palabra hebrea Ahab (Amor). Es en el ciclo de Amor en el que nos hallamos, aprendiendo todas las facetas y niveles del Amor, es decir, de la configuración de la idea de separación de Pistis. En ella hay Amor: en su intención. Toda la proyección tiene intrínseco el Amor, y las escalas de aprendizaje y sus tipos son todos aspectos que tienen intrínseco el Amor. No es el amor que entiende el hombre, sino el Verdadero Amor, que es comprender que todos somos inocentes, y que esto no es más que un sueño, que no hay enemigos, ni muerte, ni peligros... que YA ESTAMOS EN CASA, pero no nos damos cuenta.

Veamos algunas otras ironías sobre las interpretaciones que se dan al texto sin comprender la verdad intrínseca detrás de todo. Los defensores del literalismo bíblico – como los creacionistas – sostienen que los "días" del Génesis son tal cual, días (de 12 o 24 horas). La palabra hebrea Yom se traduce como Día, pero si pasásemos por las lenguas que llegaron al Mediterráneo, nos encontraríamos con el vocablo Ion, y posteriormente Eón. De ahí procede el sonido griego Aion, o Aiona (en hebreo, Aiom quiere decir 'hoy', o el día de hoy, el día en que estamos), que otras veces traducen del NT como 'siglo'. Ya en español hay una clara diferencia entre un día y un siglo, de manera que notoriamente es algo más, eso sí, relacionado con un periodo de tiempo. Precisamente en Génesis 2:4 nos empieza diciendo: "eleh toldot ha.shabaim ve ha.Aretz". Esto traducido es "estas son las generaciones de los cielos y la tierra". Si de lo que nos está hablando es de las Toldot de los Shamaim y del Artez, no podemos asumir que una generación se desarrolle en 6 días, o sea 144 horas. En el contexto habitual una generación es el periodo de tiempo en que un total de seres forma parte de una línea de sucesión anterior o posterior de un individuo de referencia. En otras palabras, nos está diciendo que el relato en cuestión está abordando los ciclos de las generaciones tanto de todos esos cielos como de todas las tierras o mundos físicos.

Por esa razón es casi lo mismo que concebir la interpretación de una generación astronómica - que consta de 2.160 años, aproximadamente – como ejemplo comparativo para dilucidar ciclos de muchísimo tiempo en que sucedieron dichos acontecimientos. Otro detalle acá radica en el error de la traducción, cuando traduce "cuando fueron creados" partiendo de la expresión hebrea del texto que reza, 'Be.Hi.Braam'. La partícula 'Be' es "en", no "cuando". El texto, empero, dice que lo anteriormente narrado corresponde con las generaciones o ciclos de los cielos y de la tierra "en que fueron creados". Tenemos entonces que tales cielos y tierra-materia fueron creados a lo largo de 6 eras que se entienden asimismo como generaciones celestes. Esto se refuerza todo al leer la sentencia siguiente, que agrega, "ba-iom asot", o sea, "en [el] día [que] los hizo". ¡Wait! ¿Los hizo en 6 días o en un día? Yom se refiere al tiempo, a los periodos, eras, edades, ciclos. Los ciclos de 24 horas de rotación terrestre toman su nombre de la idea de los ciclos que se entienden en los cielos. Ergo, como dice Génesis 1:1, "Barashit (UNO) creó a Elohim (1), principio-fin de los Cielos (2) y principio-fin de Aretz (3), y en ello engloban estas "toldot".

En el versículo 5 del capítulo 2 nos dice que Iaheveh no había llovido sobre la Aretz, contrario a lo que sería "hizo llover". Esto es porque en esencia el pasaje da a entender que aún Iaheveh no había descendido a la Tierra. Agrega seguidamente que Adam no trabajaba la Adamah. Los códigos en este pasaje son muy relevantes como para que se pasen por alto. Introduce por primera vez las palabras Terem, Shij y Ein. Terem es un "aún no", mientras Shij es planta. Es decir, cuando eso ocurría aún no había plantas, y agrega que tampoco había Esheb. Este contexto corresponde con la misma referencia de sumeria de la Creación al sostener que en dicho inicio de este planeta no había inicialmente plantas ni crecían hierbas. En estricto rigor, en el tiempo de formación planetaria, de la alcalinización oceánica y de la regulación de los gases atmosféricos aún no había empezado la vida biológica.

El texto pretende explicar que las plantas no habían crecido porque todavía no había empezado a hacer lluvia, y ello es bastante lógico, ya que la lluvia es parte del ciclo hidrológico. No solo las órbitas debían ajustarse, sino las corrientes aéreas y oceánicas y el movimiento de las capas tectónicas, lo cuales empezarían a darse a consecuencia de los influjos cósmicos de radiación solar. No obstante, este verso da la impresión asimismo de aducir que ese tipo de desarrollo de la vegetación no se había dado porque aparte de ello el hombre no trabajaba el terreno. Encontramos que ya no nos habla solamente de Aretz sino de Adamah, que podemos deducir al nivel de la forma como distinción entre planeta sólido y la parte donde habitan los humanos. Aquí podemos ve que se da a entender que la vegetación dependía de que empezase a darse el ciclo hidrológico y de que los humanos cultivasen la Tierra, y anteriormente nos dice que "se le dieron" semillas que serían su sustento. Expresado de otra manera, la vida ya se había dado en otros niveles, y se habían proyectado las formas de su producción, pero la capacidad de replegar la vida fue dada a la humanidad cósmica, no simplemente en su especie, sino para replicar las formas biológicas, fuese zoologías o vegetales.

El código más interesante acá es esa última cita del verso 5: "Ve.adam ein la.abod et-ha.adamah". A nivel de la Mente Adam es Elohim, Ein es el Inicio previo, Abod es la muerte, Et es la predestinación del tiempo, y Adamah es el reino setita. Esto quiere decir que en aquel ciclo todavía la humanidad no había llegado a este cosmos desde los reinos superiores; el Elohim no estaba aún muerto-separado dentro del parámetro de principio y fin del colectivo Adamah – el tiempo que Adamah estaría en estado de muerte -. El verso 6 dice "ve.ed iaaleh min-ha.aretz ve.ha.shkah et-kol-pnei-ha.adamah". El vocablo Ed quiere decir "testimonio" o "testigo", o sea, en el nivel de la Mente el Inconsciente Colectivo determinó que se experimentase la ilusión del sueño Maia-Anicca en medio de los mundos físicos. Por ello 'Ed Iaaleh' es "testimonio que se levante" o que quede constancia. Y agrega que ese testimonio empape o impregne toda la superficie de los mundos físicos donde la vida humana estaba configurada a ser proyectada. Por eso se diferencia ente los mundos Aretz (meramente físicos) y los Adamah (aptos para el desarrollo de la conciencia de Tercera Densidad en adelante).

Parte V

LA MENTE ERRADA

«El error no puede amenazar realmente a la verdad, la cual siempre puede resistirlo. En realidad, sólo el error es vulnerable. Eres libre de establecer tu reino donde mejor te parezca, pero no puedes sino elegir acertadamente si recuerdas esto: El espíritu está eternamente en estado de gracia. Tu realidad es únicamente espíritu. Por lo tanto, estás eternamente en estado de gracia.»
(UCDM 3.V.1-6)

Partículas Cósmicas de Luz

En el verso 7 nos expone: "ve.itzer iaheveh elohim et-ha.adam afar min-ha.adamah, ve.ipej ba.afin nshmat jaiim ve.ihi ha.adam la.nefesh jaiah". ¿Qué es Afar? Lo traducen como "polvo", pero en realidad es "resto" (ver RS2, ¿Por Qué Fue Formado del Polvo? - pág. 142), aduciendo a "partículas". La referencia a que el humano fue creado material aparece en diversas mitologías usando apreciaciones tales como "polvo", "tierra", "arcilla", "barro" o hasta "maíz". ¿Por qué maíz? En el mito amerindio el hombre fue hecho de maíz porque a nivel arquetípico, el maíz era la base del alimento. Esto es, una analogía con el "pan", el "pez" o el "trigo", en la cultura hebrea. En esencia esto aduce a la materia física, pero en un nivel metafísico el polvo es cósmico, son las partículas individualizadas de una única cosa. ¿De dónde se origina el polvo? De la tierra, siendo llevado por el viento por ser la parte superficial o más ligera del suelo. Esas partículas de tierra vuelan con el viento y se posan en todas partes. Eso es el significado del hombre hecho Afar (propagación) en los mundos

Adamah, replegado por todos los mundos físicos de la proyección Maia-Anicca donde se puede dar la vida biológica.

El texto se puede leer y traducir de la siguiente manera: "y produjo Iaheveh a elohim principio y final de Hombre polvo de entre la Adamah". Así, "elohim et ha adam", quiere decir que Elohim es el Adam "propagado entre la Adamah", o dicho de otra forma, los humanos que fueron dispersados por los mundos de este cosmos físico son el Elohim, dentro del parámetro del tiempo ("et"). Empero, si quieres ver a Dios (Elohim) lo verás a través de todos los Adam que pueblan el cosmos. El mismo pasaje bíblico sostiene seguidamente que se "sopló" (ipej) en la nariz (af) aliento (neshmat) de vidas (jaiim), de tal manera que el humano material tuvo la capacidad de estar en estado de alma (nefesh) con vida (jaiah). Anteriormente habíamos visto que sobre los mundos Aretz ya habían sido puestas formas de vida que recibían la calificación de Nefesh Jaiah, pero ahora este mismo calificativo era atribuido al humano-dios. Entendemos, pues, que hasta el momento el hombre no tenía esa virtud, la cual recibió desde que se le insufló el Nishmat que le otorgó las vidas, no la vida. ¿Cuál es la diferencia en los términos? Vida es existir, pero "vidas" es la multiplicidad de esas experiencias. Erróneamente se cree que Jaiím es "vida", a pesar de que es un plural, siendo que a pesar de todo se utiliza en otras connotaciones como "vida eterna" (jaiim ad-olam), o más correctamente traducido como "vidas en los mundos".

Lo mismo ocurre cuando se traduce la misma idea a la lengua griega, sea para decir vida eterna o inmortalidad – en lo que a la Biblia respecta -. Pero si se habla de que hay una existencia, o vida, la cual es prolongada, por extensión debería ser el calificativo el que denote la apreciación, no el sujeto. Dicho de otra manera, si dice "vidas" es porque son muchas vidas, no una única vida prolongada. En primer lugar, la palabra "eterno" no existe en hebreo; se usa el vocablo Olam, que quiere decir "mundo". Olam se escribe con Ain, Lamed y Mem

(Alam), cuya conformación de letras significa que el Uno (Ain) conecta (Lamed) con el mundo (Mem), agregando otro dato: Ain-Lamed se refiere al Elevado, usado como artículo "sobre" o "encima", o sea, "lo que está sobre el mundo". En segundo lugar, si la existencia y experiencia del humano le fue brindada, tal como a otros seres antes de él – que se interpretó que eran simplemente "animales" - como muchas vidas, quiere decir que los seres que estaban antes no tenían: 1º conciencia de sí mismos, 2º la capacidad de evolucionar. Esto coincide con el Material de Ra, al explicar que los cuerpos primarios que preceden al de Tercera Densidad (humano como lo entendemos, o humanoide) eran en Segunda Densidad, o sea, sin conciencia de sí mismos, empero, incapaces de aspirar a la trascendencia, o sea, el despertar de conciencia – y de esa forma medrar a formas superiores de conciencia -.

Con el sistema kabalístico notaricon podemos tomar las letras iniciales que van desde la sexta hasta la penúltima de este versículo y formar la expresión: "ve.ha.am ben javah", que traducido es, "y el pueblo hijo de vida", comprendiendo por Javah el nombre Eva. Asimismo, con menos letras, esta vez finales, podemos formar la frase: "ha.jevatim shem", que quiere decir, "los llamados vivientes", o "allí están los vivientes". Otro dato es que la apreciación "le.nefesh" se puede entender como descenso (Naf) de la Shin, que simboliza la conciencia. Esto es – aun en el contexto – que Adam pasa a descender como conciencia por medio de la experiencia de la vida, que podemos definir como experimentar dentro del sueño de Maia.

Jordán Metafórico

En el versículo 8 encontramos que dice: "Ve.ita iaheveh elohim gan-ba.eden ma.kedem, ve.ishem sham et-ha.adam asher itzar", que traducido sería que plantó la deidad Iaheveh un huerto en Eden, al oriente, y puso allí al hombre que creó, pero, ¿de quién y de qué estamos hablando? El Gan (jardín, huerto), cuyo símbolo es el Jordán, representa los reinos inmortales de Adamah en los eones del

Hijo. Ese es el Eden con cuyo nombre se bautizó posteriormente a un paraíso terrenal en Mesopotamia en los tiempos de los primeros humanos en este planeta. El "Gan ba.Eden" identifica al "río de agua de vida" de otro símbolo introducido por el Espíritu Santo en la visión conocida como Apocalipsis. Esto es el regreso al paraíso, a "la tierra que fluye leche y miel" que son los estados de completitud que se alcanzan a lo largo de las experiencias despiertos en los mundos superiores. Los 12 frutos del Árbol de la Vida son los 12 estados-estancias de la Plenitud, proyectados en la ilusión de las dimensiones como los 12 tonos y sus respectivos 12 sobretonos. Por ello posee el texto la referencia "ma.kedem", que también es "mi-kadima", o sea, por el que se avanza. Ahí fue puesto el hombre originalmente, en la fuente de Sdom y Amrah en los reinos de Armozel, Oroiel y Daveithai.

Es en esencia esto lo que observamos en el versículo 9 cuando dice que Elohim hizo brotar en la Adamah todo "árbol agradable a la vista" y además "bueno para comer". Define dos árboles principales en la narrativa, pues uno es el de la verdad y otro es el del engaño, o sea, de la dualidad. Por ello dice que todos eran agradables de ver, pues ningún dios bueno pondría en un lugar de seres inocentes un peligro, salvo que la situación estuviese bajo control. Un sueño está bajo control, por eso no hay peligro en el jardín. Estos eran dos aspectos de interés: andar en la perfección o entrar en la dualidad. Ahí radica la apreciación "bueno para ver", o sea, positivos en los cuales poner el enfoque y la atención, en los cuales dirigirse. Eso es que resulte agradable, y es "bueno para comer", es decir, positivo para aprender, para desarrollarse, para ser. El verso 10 nos habla del Río, como en Apocalipsis, que es el fluir de luz y verdad de la Plenitud, y tiene 4 brazos que "besan" el jardín (simbolizado en el río Jordán). El beso es símbolo de amor y lealtad, y esto es que el río son las conexiones directas de los 4 reinos imperecederos partiendo de una

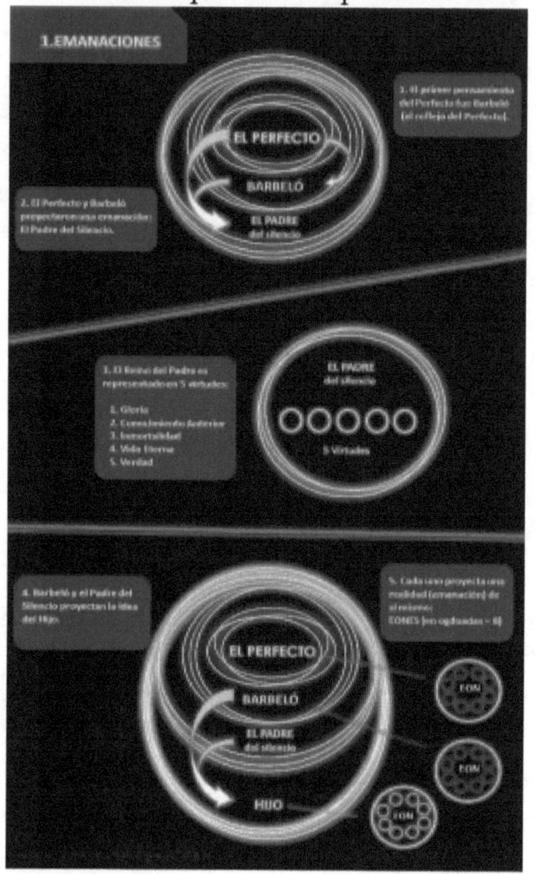

fuente común que es la Totalidad derivando del Hijo.

Así como en hebreo dice Neshek (beso), también dice Rosh (cabeza), no brazos, al referirse a las 4 secciones del fluir del agua de Vida Eterna. Las 4 secciones identifican las 4 partes o apartados conceptuales del cerebro, y se proyectan desde la perspectiva geométrica como la esfera del Silencio y la esfera del Primer Pensamiento (la Gloria), que producen la vesica piscis. Del interior emana el Hijo por medio de una Cruz que divide el óvalo central en 4 secciones. Estas 4 secciones también se pueden ver como los reflejos o aspectos invertidos del Hemisferio Izquierdo y Hemisferio

Derecho cerebrales que se definen como lóbulos. La parte frontal izquierda es el geométrico lógico, mientras la trasera derecha es el otro geométrico lógico, o sea, el masculino está a la izquierda delante, y el derecho a la derecha atrás. Por su parte, el izquierdo posterior es masculino vivencial, mientras el derecho frontal es femenino vivencial. El geométrico lógico masculino es triángulo y cuadrado (3 ángulos y 4 ángulos) en dos dimensiones, o tetraedro y cubo en 3 dimensiones; mientras el geométrico lógico femenino es triángulo y pentágono (3 ángulos y 5 ángulos) en dos dimensiones, o tetraedro, icosaedro y dodecaedro en tres dimensiones.

Los versos subsiguientes nos hablan de los nombres y algunas descripciones de los 4 ríos o capilares de agua que bañaban la región. El primero, Pishon, es una alusión al reino de la estrella Armozel; el segundo, Gijón, es alusivo a Oroiel; Jidekel es alusivo a Daveithe; y Prat simboliza a Elelet. Es notorio que Prat (en castellano Éufrates), se asociase con el último de estos, ya que el Éufrates simboliza la división entre la Derecha y la Izquierda. El río Éufrates se halla en Irak, que antiguamente era Babilonia, y en términos generales se le conocía a la extensión como Mesopotamia. Se le llama "la cuna de la civilización". En realidad el nombre 'Babylonia' es griego, como formación del original caldeo Babili, y el hebreo Babel. De Babel salía el río que se abría en cuatro y desembocaba en el golfo Pérsico y el océano Índico, o mar del sur. Babel representa a Barbelo; el mar del sur son los universos; la "cuna de la civilización" es, en efecto, la cuna de toda raza en todo lo que ha sido producido. Babel es imagen de los primeros eones, así como Egipto es imagen del cosmos – y entre ambos está Israel, que simboliza a los setitas -. Israel estuvo 400 años en Egipto, pues es un ciclo Baktun (un Dan corto) , y simboliza la letra Tau, porque ahí debía finalizar su servidumbre. Pero estuvo 30 años más, que fueron bajo servidumbre. El 30 es Lamed, símbolo de aprendizaje y enseñanza.

Los israelitas fueron liberados de Egipto, liberados de los cananeos, liberados de los filisteos, llevados por los asirios, llevados por los babilonios, liberados por los persas, atacados por los griegos, invadidos y dispersados por los romanos, torturados y reducidos por los alemanes, acosados por los palestinos. ¿Qué simbolizan estas 10 etapas? Las vidas distintas del hombre con sus propias vicisitudes. Estas desavenencias solo se repiten en diferentes ciclos hasta que la raíz del problema sea sanada: la Mente. Así, 70 años de cautiverio babilonio era otra etapa de aprendizaje, donde 70 es Ain, siendo la observancia, la vigilancia, la atención, la focalización y la dirección. Además nos dice el texto de Génesis 2:10-14 que había oro, ónice y bedelio en Javilah (alegría, regocijo), simbolizando estas piedras y mineral virtudes de los reinos de los inmortales. Javilah es el símbolo para la morada de Adama, así como Cush lo es para la morada del Gran Set, o Ashur lo es para la raza setita. Cuando este agua regó estos reinos, ya bañados por su luz, vino la humanidad setita, como dice el texto: "lo puso en el Gan Eden", es decir, en la región del río de Eden, que es analogía con el Jordán (Yarden-Garden-Jardín).

El nombre hebreo Eden se forma de las letras Ain, Dalet y Nun, que numéricamente es 70-4-700 o 70-4-50. La cifra 124 corresponde con la palabra griega 'Anthropos' (hombre). Ain es la forma mística de referirse a Adamas, así como en la proyección se utiliza la Alef para el hombre que entró en el sueño. Ain simboliza el ojo (el Omicron griego), como lo usaba en su iconografía tanto Ra como su aprendiz Horus; Dalet y Nun simbolizan los ciclos elementales dentro de la proyección, pero en esencia representan el equilibrio y el balance. En estricto rigor, E-Den representa al hombre que debe conocerse a sí mismo. Si leemos Ain con Dalet es Ed, que es tanto raíz de Edet (asamblea, congregación) como en sí misma la comprensión de 'testimonio'. Esto quiere decir, aprender y experimentar para conocer y saber. Por su parte, Nun es el infinito. Así, Ed-N es dar testimonio del infinito, o sea, conocer para testificar; conocer-experimentar el cosmos para comprender, ser consciente y conocerse a sí mismo.

La Matemática Inmortal

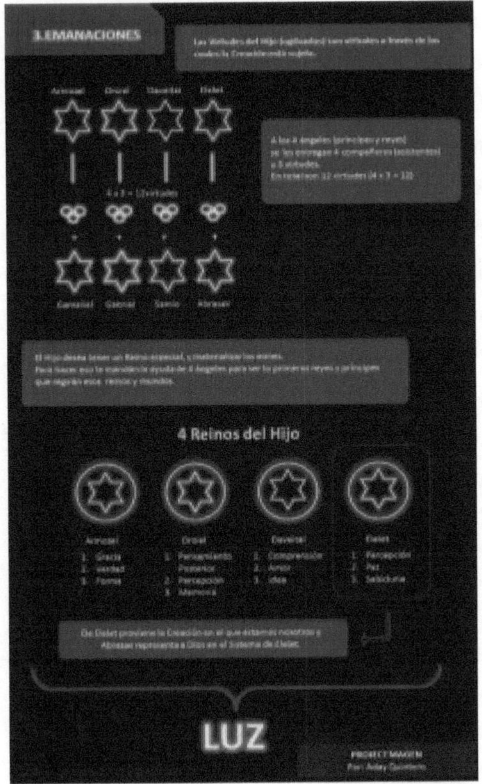

Podemos observar la matemática de todo esto, aparte de su geometría. Todo está en uno como una célula, y tal como se produce la concepción, la célula más pequeña (espermatozoide) entra en la más grande (óvulo). El óvulo es el Silencio, el espermatozoide es la Mente (la Gloria, el Primer Pensamiento), y al entrar en el Silencio el Primer Pensamiento se concibió la vida, o sea, el Hijo. Este es el mismo patrón áureo: 1, 1, 2, 3. El Uno es primero, luego el Silencio, y de su reflejo viene los 2°, y al universo viene lo tercero, pero todos dentro de la Mónada (Unicidad). Es lo mismo que una realidad bi-plana que pasa a ser tridimensional, o sea, se proyecta un volumen o primera forma, en lo que hasta entonces era solo esencia pura, sin imágenes ni figuras.

El ser pleno y absoluto permanece en el centro, y al crearse otra esfera de realidad ya hay 6 realidades. Una central y 5 periféricas. Esto es así siguiente la secuencia Fibonacci o proporción áurea. 1, 1, 2, 3, 5. Encontramos acá el principio de los valores numéricos y su misticismo. Todo valor asociado al '0' es equivalente al Ein y Ein Sof; el valor '1' es Ein Sof Aur. Los valores del '2' son la base de la cual parte la multiplicidad, pero el '3' es ya el desarrollo y la forma. Una vez estos tres están configurados, empiezan las emanaciones de la totalidad de las razas divinas y el universo eónico (de las ogdoadas produciendo), lo cual es simbolizado con el número 4.

Es curioso hablar de Ein como "nada" a pesar de que no es vacío en el contexto de ausencia conciencia, sino ausencia de cualquier "cosa". La definición castellana 'Nada' procede del sánscrito, en donde significa "sonido y vibración". Ein es la ausencia de objetos, imágenes, cosas, material, proyecciones, ilusiones, figuras, ideas, conceptos, etc. Es simplemente lo que ES en sí como esencia del absoluto sin alteraciones o ruidos. La conciencia haciéndose consciente produce ondas en Nun (el infinito del espacio), y esa oscilación de onda produce una frecuencia, y de ahí viene el sonido, la energía y la luz, y posteriormente la materia. Ese es el llamado OM del hinduismo, o principio sonoro del que todo comenzó. Tenemos los ejemplos del número 2 con las polaridades, no en el sentido de necesidad o dependencia, sino como las dos caras de una misma moneda. No son un Ying Yang de dualidad, sino la integración de una misma cosa viéndose reflejada en sus aspectos componentes. Nos es el punto acá hablar sobre los Masculino y los Femenino (en ese sentido te recomiendo mi libro 'Sexo al Desnudo, el Origen de la Sexualidad'), pero sí la base de comprensión, pues de ahí viene el 4.

Las 4 letras del tetragramaton (IHVH) son otro ejemplo de esto - aunque en realidad solo son 3 letras base, pues una está repetida

(H) -. Un ejemplo más elemental en el mundo es la división cerebral que te he enseñado previamente, que es la secuencia "2x2". Hay dos principios elevados en el mundo-cosmos, que son Fuego y Aire, y dos principios inferiores: Tierra (que es hembra) y Agua (que es macho). Aquí está el ejemplo más esclarecedor de la separación en 4 del cerebro y sus aspectos geométricos, pues asimismo los elementos tienen un principio geométrico. El Fuego es Tetraedro (triángulo), la Tierra es Cubo (cuadrado), el Agua es Icosaedro (triángulo) y el Aire es Octaedro (triángulo y cuadrado). Así como los pies tocan la tierra, como símbolos de la Tierra y el Agua, las manos están en el aire, como símbolos del Aire y el Fuego. La mezcla del agua y la tierra produjeron la Naturaleza, y ella recibió del fuego el madurar, y del aire el espíritu. Así se produce la integración de los 4 principios y su resultado como Vida, es decir, el patrón 5. La naturaleza produjo los cuerpos según la Imagen del Adam. El Hombre, de la Vida y la Luz – que era – vino a ser con Alma y Mente. Esto es Hombre como Éter (5º elemento, pero primero de todos), con los 4 principios potenciales de la creación: Vida y Luz, Alma y Mente. La Vida se hizo Alma, y la Luz se hizo Mente. Dicho de otra manera, Vida es la Fe-Amor, y el alma es la Identidad-Personificación-Individualización, mientras la Luz es la Conciencia y la Energía Inteligente, siendo la Mente dentro de la proyección la analogía del Intelecto y la Razón.

El 4 tiene su imagen en la proyección en el nivel superior como Ángulos del Cielo, y en la inferior como Ángulos de la Tierra. Cada cultura tenía maneras distintas de representar esta idea, con 4 dioses o 4 animales, o con 4 ángeles. Del Hijo venía al concepto de 4 al 5, pero él identificaba el 3, como la cosmovisión vedanta, que tiene al masculino Vishnu y al femenino Shiva y el equilibrio Brahma. Así el 3 es el principio equilibrante y el principio unificador. Así, une los dos principios creando un potencial de ambos, lo cual no es otra cosa que la retro-alimentación de la propia unicidad. Esto lo hace produciendo de ahí el número 4, es decir, todos los universos: sus espacios, dimensiones, planos, realidades, volúmenes, proporciones, eones. Por ello de ahí vienen los 4 elementos, los 4 cardinales, las 4 estaciones, los 4 colores de los elementos base del cuerpo humano (rojo, negro, amarillo y azul) y sus 4 minerales correspondientes (hierro, carbón, azufre y cobre). Recuerdo el ejemplo de 3ª Henoc, donde habla de los espíritus que rodean las 8 ruedas (ofanim y galgalim) en torno al trono de Adonai Tzabaot, que son: Viento Fuerte, Viento de Huracán, Viento de Tempestad y Viento de Seísmo. Lógicamente esto no es estrictamente literal (pero no me desviaré más del tema para entrar en detalles). También se habla de 4 Jaiot (seres vivientes) en torno a Adonai Tzabaot, etc.

Un claro ejemplo de la proyección con el número 4 es la letra Dalet, que es la "puerta" de acceso a la realidad. Ahí entró el hombre, por el hombre, siendo una idea dentro del hombre. Esto es, de Adam, o sea, el hombre-dios. Por ello el cosmos, representado en el número 4 – pues vino como imagen de los 4 reinos (imagen a su vez de las divisiones del "cerebro" del UNO) – se llama (identifica) ADAM. Esto lo sabemos por los nombres de las 4 direcciones o cardinales en griego antiguo: **A**rktos (norte), **D**osis (oeste), **A**natol (este) y **M**esiba (sur). Si combinas las iniciales de los 4 ángulos te da el nombre. En todo esto siempre está presenta la base de la Cruz como centro de los 4 puntos. Otro ejemplo lo podemos observar cuando Iaheveh eligiera 4 regiones antiguas en Oriente Medio para hacerlas sacramentales: el Jardín de Eden, el Monte Sin (Sinaí), el Monte Tzion (o monte Moriah) y el Monte del Este (Arabá). Otro ejemplo de las ondas está en las que se desarrollan naturalmente en los procesos cerebrales: Beta, Alfa, Theta y Delta. Pero sobre este asunto en particular hablaremos más adelante.

Decían los griegos que 4 eran las naturalezas de los dioses: creadores, guardias, dadores de vida e inspiradores. Siendo esto imagen de lo superior, el 4 se multiplica por 3 para dar 12, como los 12 tonos de la serie armónica musical, secuencia aritmética. 4 príncipes con sus 3 virtudes conformando 12. Este es el ejemplo en el mundo del panteón griego con Zeus, Poseidón y Efaistos, como Creadores; Hestia, Atenea y Ares, como Guardias; Démeter, Hera y Artemisa, como Dadores de Vida; Hermes, Afrodita y Apolo, como Inspiradores. Esto es el cuadrado, la base del cubo, sus 6 caras y sus 8 esquinas y sus 24 ángulos. El primer 3 forma el volumen de un tetraedro, o figura de 4 esquinas, 4 caras y 12 ángulos. Esto es el reino de los inmortales, cuando empezó a replegarse ahí la raza de las luces gloriosas, o primeros ángeles. El tetraedro precedió al cubo, pero todos proceden de la esfera, cuyo símbolo es el Udyat, u ojo de Horus. Los adeptos y filósofos creen que el triángulo con un círculo interior en su cima, o pirámide con el ojo es símbolo de "poder iluminati", pero este engaño aún es una fantasía ridícula de la masonería. El triángulo es el símbolo de los verdaderos dioses, y el ojo de su cima es el Hombre. El ojo es el UNO. El triángulo es la Mónada de las 3 esquinas: los 3 eones primordiales. Por ello del tetraedro - que es la LUZ (cuyo arquetipo del elemento Fuego) - vino el hexaedro (cubo), o proyección de la "tierra". ¿Qué tierra? La Tierra

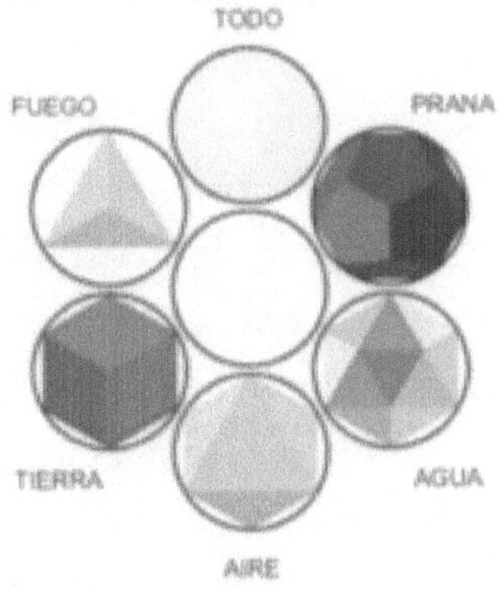

Diamantina, el reino Adamas.

El inicio de estos sonidos perceptibles fueron las vocales, las cuales, tal como aparecieron, así son la fuente de regreso al origen. Estas son A, E, I, O, U. Con estos sonidos justamente se identificaron los primeros dioses de la ilusión, las personificaciones del ego, y del mismo modo fueron usadas por las manifestaciones de la luz, porque realmente ellas son la personificación de la fuente. Estas se pueden asociar a las letras hebreas Alef, Ain, Yud, He y Vav, así como con las griegas Alfa, Eta, Iota, Omega y Upsilon – aunque la Omicron también puede incluirse como sustituto de Omega o equivalente de la hebrea Ain -. El Oahspe define esto como "sonidos que produce el viento", que serían básicamente 'E', 'O' e 'Ih'. De modo que 'A' sería variante de 'E', y 'U' una variante de 'O', lo cual se explica con el uso de las letras hebreas Alef/Elef y Vav/Uau/Oau. De ahí vino la forma original del tetragramaton, y la forma IHV como raíz de la misma, que es un sonido similar a 'Iao', mas si hubiese sido escrito Iud-Alef-Vav o Iud-Ain-Vav habría tenido solo dos sonidos (porque la Alef y la Ain complementan el sonido de una consonante, y si se pone un sonido vocal con la Alef o la Ain, solo se reforzaría ese único sonido). En consecuencia, la base original del nombre era IEO, escrita en hebreo como Yud-He (Iah). La forma IEO se intercala con la forma griega IAO (Iota, Alfa y Omega) para identificar lo mismo que el hebreo IHVH (ver RS3, pág. 34).

De manera que 3 sonidos, tal como tres esferas ogdoádicas, proyectan 5 formas (vocales hebreas) y luego 6 formas (vocales griegas) que terminan por constituir 7. Todo procede del sonido, dice la tradición vedanta. Los 3 ogdoados son 3 esferas sonoras de realidad, es decir, vibraciones de conciencia como emanaciones. Cada ogdoado/octava tiene 7 potenciales lumínicos: Rojo, Naranja, Verde, Cían, Azul y Violeta - como espectro de su luz -, o potenciales sonoros: Do, Re, Mi, Fa, Sol, La, Si. Esto es el 24 invisible del Misterio de los Misterios. Las ogdoadas se repliegan desde su centro, y por ello las 3 esferas de la Mónada (imagen en la proyección de los mundos corpor, atmosferea y etérea) forman un Trípode de la Vida que crea 7 realidades, cuya analogía se manifiesta en las 7 vocales manifiestas del griego: Alfa + Épsilon y Eta + Iota y Upsilon + Ómicron y Omega. Acá constituyen 4 grupos, siendo 'E' análogo de 'H' – que es muda en castellano y en hebreo – y Upsilon una forma combinada de 'I' con 'Y' con 'U'.

De esta proyección aparece el 5, que es el 4+1. Los 4 principios con un motor, tal como se ve que hace el Espíritu Consciente (analogía del Éter) en las realidad del cosmos (el 4). Vemos este ejemplo con los 5 dedos de cada mano y de cada pie: 4 veces 5. Esto es lo mismo que los elementos (ver RS3, pág. 83), sea desde la perspectiva china-hindú como la azteca o la griega: los Sólidos Platónicos. Cada sonido se vincula a una forma geométrica, a un valor numérico y a un patrón lumínico. De ellos emana el 6, que configura la realidad final del cosmos. Esos son los 6 días. Entonces, 1º fue la Luz, 2º fue el Firmamento, 3º la constitución de las Aguas, 4º los Astros, 5º los Vivientes, y 6º el Adam del mundo. Esa Luz es el UNO; ese Firmamento es el Cielo de la Totalidad, el Infinito; las Aguas son las emanaciones producidas; los Astros son las luces de los reinos superiores; los vivientes son las primeras razas de los inmortales; el 6º es el mundo, el cosmos, donde vino el hombre formado de la proyección. Esto es el número 6 – o número del hombre – cuya geometría es el hexágono. Así como del tetraedro vino el cubo-hexaedro (las 6 caras), de éste vino el octaedro: dos pirámides invertidas con sus puntas hacia el exterior. Esto es, la forma de las 8 caras exteriores, pero con una cara interior oculta. Esto quiere decir que el secreto del 9 (eternidad) está en el 8.

El octaedro es el elemento Aire, y tal como los demás, parte del triángulo (el símbolo del Hijo, o símbolo de los dioses). El Aire simboliza al Espíritu, el mismo que en el 3º Yom separó las aguas creando las divisiones de las 3 consistencias: gaseoso, líquido y sólido. Estas tres son analogía de los 3 principios Éter, Atmos y Corpor. El 5 es la proporción áurea (Fi), y el 6 la proporción Pi. Uno es femenino y el otro es masculino. La proporción de volumen del octaedro también se funde creando una estrella tetraédrica, cuyo bi-plano es conocido como hexagrama o "estrella de David". La estrella tetraédrica es el Merkabah, o carroza, el avatar del alma, su vehículo dimensional. La primera esfera es '0', el Ein, mas la segunda que se interseca con él simboliza el Primer Día o primer proceso de creación; luego viene el 'Trípode de la Vida', acompañado de un 3º, 4º y 5º ciclo de formaciones, hasta llegar al 6º, que configura la 'Semilla de la Vida'. De esta forma parte la 'Fruta de la Vida' y de ahí el 'Cubo Metatrón'. Todos estos procesos configuran la realidad, llamada 'Flor de la Vida'.

Por ese gran número 6 se produjo la materia, y de ahí el material orgánico, que parte del elemento carbono, o C-12 (carbono 12), cuya composición es la base para la vida biológica, esencialmente la humana. Esta molécula se compone de 6 protones, 6 neutrones y 6 electrones. Sí, el '666', que no es el número de la Bestia, es decir, del ego. El ego fue el 6, y por ello el hombre se manifestó en el 6. Estos 6 principios de energía suman 18 (6 sin carga, 6 con carga positiva y 6 con carga negativa). Si tomamos numéricamene las letras del nombre ADAM en lengua hebrea (Alef-Dalet y Mem) nos dan 18: A = 1; D = 4, M = 13. Así es de curioso, igual que si tomamos el valor de la Mem en sistema kabalístico (40) – porque Alef y Dalet dan igual con este método -, esta ecuación nos da 45. La composición genética humana parte mayormente del número de pares de bases combinados del ácido desoxirribonucléico (ADN). Esas cadenas se arman de 4 ácidos nucléicos llamados Adenina, Guanina, Timina y Citosina. Estos 4 simbolizan una vez más la materia y el hombre materializado. Si multiplicamos los genes (45) por los ácidos, nos da 180, que es la mitad de la esfera (360). Esto simboliza la Luz (12 horas de los 180º de la esfera), entre otras cosas.

Alguien puede decir que hay un error en mi ecuación, ya que oficialmente tenemos 46 cromosomas, no 45. Bueno, 46 en numeración griega es ADAM (Alfa-Delta-Alfa-Mi), pero el que lo defina con 45 es porque la lengua griega aporta un agregado simbólico y opcional, porque la madre aporta solo los 22 cromosomas de valor, y el padre los otros 22, y dependiendo de la irradiación de la conciencia se activa un cromosoma adicional que acompaña a la célula, sea XX o XY, simplemente para determinar el género sexual, no la estructura biológica. Empero, así como los 23 libros originales dela Tanak, hay 22 principios elementales y uno complementario que es el determinante. Hablaré más adelante del resto de números, porque los relativos al origen son 5, luego vino el del hombre y entonces se manifestó el 7 y el 8. Sobre el 7º hablaré después. Ahora el punto es el estado del 8, que es el Adam en el Gan Eden, en el que Adama había de 'Le.abdah' y además 'Le.shamerah'. Obed es trabajo o servicio, pero en el sentido de la muerte es servidumbre y esclavitud, usado como apreciación para perdición y destrucción. Eso quiere decir que lo que era una perspectiva de desarrollo se invirtió "por una mala interpretación", haciendo de la Posibilidad una entrada de la Mente en un sueño de engaño, llamada Mevet (muerte).

Lo que debía "cuidar" (Lishmor), se volvió en su contra, debiendo ahora "cuidarse" de él. Ese "Obed" fue la idea de separación, que trajo a la serpiente: el ego. Las religiones recibieron por transmisión la idea de un demonio cuyo arquetipo es el ofidio o dragón. Su simbolismo procede de la sagacidad del ego, pues la serpiente y el dragón siempre fueron representaciones de la astucia, y aspectos del conocimiento. La representación de la serpiente enroscada desde el Muladhara identifica 7 bloqueos que tiene el ser para comprender su realidad. Esos 7 han sido definidos en el misticismo de diversas culturas bajo el nombre colectivo de 'Muerte'. En lengua hebrea se usaba la designación de Najash (serpiente), para diferenciarse creó Saraf en el sentido del mineral Najeshet (cobre). Esto no es solamente por la apariencia de la serpiente cobriza o de este color del metal ya fundido, sino del mineral en polvo, cuya apariencia azul tiene su propio arquetipo. Siendo el ego representado como una serpiente, el azul es una connotación del elitismo y el complejo de superioridad del Ich (yo). Tanto la serpiente-ego como el árbol de la experiencia bien-mal fueron una posibilidad-oportunidad en su mano, como se entiende Tanin (dragón) en temura: Noten (dar). Él hombre fue libre de decidir, pues en eso consiste el Libre Albedrío. Lo contrario sería controlar y manipular sin tener derecho a la libre opinión o elección.

Costado como Sombra

El verso 16 sostiene que llegados a ese punto de ser todo irrigado y ser puesta la raza diamantina, se les permitió la posibilidad, pero supuestamente se le dijo que unicamente no probase del relativo al bien y al mal. ¿Qué es eso? Dice en hebreo, "tob ve.raa". No está hablando de cosas separadas sino de la combinación de dos componentes. Al decir "come" o "no comas", aduce a un juego de palabras. Comer es Leajal, y poder hacer es Leejol, que salen del fonema Lej (ir, dirigirse hacia), lo cual quiere decir que la Verdad estaba en la conciencia para que la Mente pudiese racionalizar y juzgar si debía o no experimentar lo que es dualidad. Por eso agrega, que el "yom" que comas de él "mot tamot". El yom que como se refiere al eón en que lo va a experimentar, el cual sería de diversos niveles de muerte. Por eso no dice "morirás", sino "muerto morirás". Esto se refiere a muertes de muertes, muerte tras muerte y diversos niveles de sufrimiento. Una vez dicho esto entró el pecado, pues dijo Elohim "no es bueno estar Adam solo". Al decir esto nos encontramos con la primera idea de dualidad. Elohim, como Conciencia Colectiva tiene la idea de que estar "única-mente" Adam "no era bueno". Otra forma de traducir Levad, además de "estar" es "ser", incluso como idea de "referirse".

Por ejemplo, "no es bueno que el hombre sea referido-identificado-entendido como silencio". Estar solo es estar en el silencio, es solamente existir lo que es. O sea, no estar solamente él, sino que haya algo "más". Entonces se dice que se forma de la Adamah toda Vida, o sea, toda experiencia de vida. Todas las experiencias de vida en Adam empiezan por procesos del "campo" y finalmente procesos en el "cielo" del Firmamento que "vienen a él", y el los reconoce. Dar nombre, es una referencia a identificar, a conocer la razón, el propósito y el destino de algo, su objetivo (ver RS1, pág. 142). El hombre no se vio reflejado en ninguno de estos aspectos de la existencia. En este caso, Sede (campo) son los mundos físicos, y las aves reflejan a los seres de los cielos de la proyección, y en ninguno d ellos dos el hombre halló un reflejo de sí mismo para aprender de ello. El Sede es también la manera mística de referirse a los pensamientos de oscuridad. Empero, el hombre no se identificó ni con los pensamientos errados ni con los pensamientos elevados. Necesitaba algo que estuviese en su mismo nivel, algo neuro. Esto quiere decir que el alma Adam vino a la existencia en estados que su inconsciente eligió como estados intermedios de la proyección dual: no como demonio (Shed, o criatura del Shede, o Sede) ni como ángel (cuyo arquetipo es el ave).

El dicho, "La mujer fue creada por causa del hombre" significa que la Mente que creó el universo, no emanó de sí misma, vino del Cristo. Por ello Saulo de Tarso dijo en el Espíritu que fue "por causa" de, es decir, por razón de otro. El Adam que la religión imagina en un cuento humano es la representación de Cristo, y ni Cristo es carente ni tampoco tiene sentido que lo tuviese el hombre del relato que los terrestres no han entendido. Aunque fuera literal, Adam, al ser creado por ese Dios, no sería dependiente, ni carente ni necesitado. El verdadero Adam - que es llamado Cristo - es y era completo. Si la perfección fuese la creación que percibimos, ¿para que ese dios crea a un humano dependiente de otro humano? ¿Para qué lo hace sexualmente vulnerable? ¿Para qué le crea alguien de quien depender? No. La Madre se separó de Dios, esto es, la Mujer se separó del Hombre, o sea, la Vida se separó del Cristo. Génesis dice que Adam vivió 930 años, mas este es un código: 900+30. El 900 es la Tzade final, mientras el 30 es la Lamed. Tzade final es el final del juicio, o sea, de sueño de la dualidad; y Lamed es que esto será a través del proceso de aprendizaje. Las letras Tzade y Lamed forman el vocablo Tzel: sombra. Esto es porque es el tiempo de la sombra, que es lo opuesto al reflejo de la luz, pues la luz no tiene sombra. Adam no llegó a los 1.000 años porque le faltaron 70, esto es, 7 ciclos completos necesarios para su perfeccionamiento.

La mayoría cree que fue el Perfecto Uno -a quien engloban en la idea abstracta de "Dios" - quien sacó a Jevah de Adam, pues no han entendido el misterio ni la metáfora, ni su interpretación. La costilla (en hebreo 'Tzelá') salió del 'Tzel' (sombra), que es el reflejo mismo del Primer Adam, quien es también el Segundo Adam. Por ello él mismo debió venir por medio del 'Tzeleb' (cruz) para unir en él lo que se había separado de él en el principio (Tzel-B es la sombra haciéndose corporal, tomando los 4 elementos). La Tzel de Dios no tiene oscuridad, pues la luz no tiene sombra, es pues solo un reflejo de sí mismo, como el hombre es reflejo de la mujer y la mujer del hombre: esto es la "imagen", que precede a la "semejanza", e imagen que emana de la semejanza. La letra Beit de 'Tzeleb' es el hogar a donde volvemos por medio de Adam, a quien también se llama Ben Adam, o en español, "el hijo del hombre". Sí, pues Beit significa "casa", y esa casa es la congregación eterna. Otrosí, Jevah salió de Adam dentro del paraíso, pero nunca se llegó a unir a él en tanto estuvieron en el paraíso, sino únicamente una vez fuera, porque de haberse unido a él en el paraíso - es decir, en el cielo - no habrían muerto.

Murieron porque se separaron, y por ello Adam volvió para unir lo que se había separado, y hacer de los dos uno. Haber separado fue haberse alejado una parte de la otra, donde previamente eran uno solo. Lo masculino y lo femenino se dividieron, y desde entonces buscan volver a ser uno. Entonces, tras hablar del final de todo esto, y del ciclo del yom Siete, menciona al nuevo hombre que ahora venía a ser creado: «Entonces Iaheveh Elohim formó al hombre del polvo de la tierra, y sopló en su nariz aliento de vida, y fue el hombre un ser viviente.» (Gén. 2:7, RVA 60) La versión de Juan dice que al crear al humano, «durante mucho tiempo su creación no se movió ni se agitó en lo absoluto», y que la Sabiduría, para recuperar su poder, mandó a 5 ángeles de los reinos eternos para engañar a Ialdabaot de manera que insuflase su poder en la criatura inmóvil, ergo «Él insufló su espíritu en Adán.» Y agrega, que «Así, el poder de la Madre salió de Ialdabaot y entró en el cuerpo psíquico que había sido hecho como el Uno que es desde el principio. El cuerpo se movió, y se hizo poderoso. Y fue iluminado.» (Libro Secreto de Juan 10:7-8)

Como vemos, el primer humano del que habló Moisés fue hecho «imagen y semejanza» de los dioses – dentro de la proyección -, y era andrógino, pero el que vino en la era subsiguiente ya no fue producido inmortal, sino mortal (tenía la imagen exterior de ángel, pero la semejanza biológica e interna de un mamífero): «del polvo de la tierra». A este, que se entiende que ya tenía sexo independiente, se le privó de la inmortalidad, pero además el relato parece poseer una contradicción, sea en la tesis o en la cronología, puesto que mucho más adelante es cuando al humano se le extrae una costilla para fabricarle a su contraparte: «Y de la costilla que Iaheveh Elohim tomó del hombre, hizo una mujer, y la trajo al hombre.» (Gén. 2:22 - RVA 60) Los textos de Nag Hammadi y los registros celtas también mencionan este hecho: la fuente cristiana egipcia sostiene que esta fue la producción de una raza humana con capacidad del despertar de la conciencia, donde la mujer que apareció era imagen de la hija de la 'Sabiduría', y esta fue una encarnación de esta mujer celeste, quien despertó al hombre, en un sentido de conciencia de sí mismo como criatura gloriosa y divina, haciéndole saber que él era un alma encarnada, y que realmente provenía de reinos superiores.

Por ello Yeshua dijo a Juan: «En seguida el resto de los poderes sintieron celos. Aunque Adán había nacido a través de todos ellos, y ellos habían dado su poder a este humano, Adán era, empero, más inteligente que los creadores y el primer gobernante. Cuando se dieron cuenta que Adán estaba iluminado y podía pensar más claramente que ellos, y era libre de mal, cogieron a Adán y lo arrojaron a la parte más baja de todo el reino material.» (Libro Secreto de Juan 10:9-10) El Kolbrin, lo relata diciendo: «Entonces la niebla se aclaró gradualmente y el hombre vio otra forma emergente. Era la de una mujer, pero una como Fanvar nunca había visto antes, hermosa más allá de su concepción de la belleza, con tanta perfección de la forma y la gracia que él estaba estupefacto. Sin embargo, la visión no era importante, era un fantasma, un ser etéreo.» Según esta historia, este Adam, llamado Fanvar, estaba en los límites del jardín del oriente y veía a este ente etéreo constantemente, ya que se le aparecía deliberadamente.

La historia dice que un día los bothas (una raza salvaje yosling (seres inteligentes semi-humanos privados de la capacidad de trascendencia espiritual) le atacaron mientras él dormía, y en una encarnizaba batalla logró librarse de ellos, no sin recibir un tajo en su costado que le estaba desangrando, «Se convirtió en leve, cayendo en un profundo dormir y mientras dormía algo maravilloso sucedió: El fantasma vino y se acostó al lado [de] él, tomando la sangre de su herida a sí misma por lo que congeló por ella. Así, la criatura espiritual convirtió vestido de carne, nacida de sangre coagulada, y siendo dividida de su costado, se levantó una mujer mortal. En su corazón Fanvar no estaba en reposo, debido a su semejanza, pero ella era gentil, ministrándole a él con solicitud y, de ser hábil en las formas de curación, ella hizo [a] él todo. Por lo tanto, cuando había crecido fuerte otra vez la hizo reina del Gardenland (tierra del Jardín), y ella se llamaba así, incluso por nuestros padres que la nombraron Gulah, pero Fanvar [la] llamó Aruah, lo que significa 'compañera'. En nuestra lengua es llamada la Dama de Lanevid.» Es notorio que el relato es conocido por múltiples culturas, y los símbolos varían poco, llegando incluso las variaciones a ser detalles complementarios. Claro está, independientemente de los sucesos literales o coloquiales, aquí estamos abordando su aspecto metafísico.

Otra historia, la épica de Gilgamesh, nos dice: «Cuando Anu hubo escuchado sus quejas, A la gran Aruru llamaron: "Tú, Aruru, creaste el hombre; Crea ahora su doble; Con su corazón tempestuoso haz que compita. ¡Luchen entre sí, para que Uruk conozca la paz!" Cuando Aruru oyó esto, Un doble de Anu en su interior concibió. Aruru se lavó las manos, Cogió arcilla y la arrojó a la estepa. En la estepa creó al valiente Enkidu, Vástago de..., esencia de Ninurta. Hirsuto de pelo es todo su cuerpo, Posee cabello de cabeza como una mujer. Los rizos de su pelo brotan como Nisabal.» El humano, llamado Adapa, había resultado de los primeros Mu (proto-hombres creados por Enki para reemplazara el trabajo de los igigu), y aunque conoció la morada celeste, le engañaron para no alcanzar la inmortalidad; ahora, Adapa era duplicado para crear a un ser similar a él, pero con quien debiera competir, el Enkidu. Este humano tan peludo era básicamente un cavernícola, pero Gilgamesh quiso hacerlo despertar de su letargo o ausencia de conciencia, por lo que le llevó una mujer para que ella le hiciese comprender. Él entendió que ella era carne de su carne y hueso de sus huesos y la identificó como semejante a él, y nunca más volvió a ser el mismo, llegando a ser incluso el mejor amigo de Gilgamesh.

Es posible que esta historia tenga analogía con la de Juan sobre el postrer humano: «Así, Adán se convirtió en un ser humano mortal, el primero en descender y quedar apartado. El Pensamiento Posterior iluminado dentro de Adán, sin embargo, rejuvenecería la mente de Adán», y agregó que «El primer gobernante [...] arrojó olvido sobre Adán. [...] Así dijo el primer gobernante a través del profeta: "haré que sus mentes sean lentas, para que no puedan comprender ni discernir".» (Libro Secreto de Juan 11:20-23) El hombre venido del cielo encarnó en cuerpos que fueron medrando. La primera generación fueron seres de los reinos eternos que al ver la dureza de este estado de existencia decidieron retirarse. Luego vino una gran porcentaje de Marte, y se mezclaron con aquellos simios que habían sido modificados genéticamente por razas de Tercera y Cuarta Densidad de planetas cercanos a nuestro sistema solar. De ellos procede el famoso gen primate o Rhesus (Rh+). Pro no nos confundamos por las apariencias, el cuerpo es solo eso, un avatar. Lo real dentro de la ilusión es el Ba, el alma. Observa la curiosidad de que 'Anima' son dos partículas: 'Ani' + 'Ma', donde la forma europea Ani es espíritu, y Ma es materia (de hecho, Ani en hebreo significa 'yo'). La forma griega Aima derivó en la latina 'Anima', y de esa vino 'Alma', por lo que el latín introdujo un elemento (la letra 'N'), y el castellano sustituyó 'NI' por 'L'.

La Separación empezó con la posibilidad (los dos árboles) de decisión, fue seguida de una idea no estar Solo, sino acompañado de "otra cosa"; entonces hubo ego (serpiente); y ello conllevó a la experiencia (fruto) de escucharle. El Verdadero Perdón comprende que delante no hay nada. Dice la Biblia que caerán a tu diestra mil y diez mil a tu izquierda, como expresión de que la Mente crea la realidad cuántica. Dice UCDM que "nada real puede ser agredido, nada irreal existe. En eso consiste la paz de Dios", empero, ¿quién es mi prójimo? Es un reflejo de mi mismo, porque "sólo" hay uno. Si algo parece atacarte en realidad lo estás atrayendo en algún nivel subconsciente, consciente o inconsciente por tus creencias, pues se configuran como argumentos del ego para culparte, pues sabe que en el fondo hay una culpabilidad inconsciente por creer que nos hemos separado de Dios. Lo que hay frente a nosotros es el "Ezer Ka.Negedó", donde Ezer es del verbo Laazor (ayudar), y Neged tiene acepciones como: declarar, decir o denunciar; informar; fluir o proceder; presencia, contra, enfrente, delante; hacia, en dirección a. La ayuda para el ser es para su evolución, y consiste en que todo lo que se halla "enfrente" nuestro, delante, para reflejar-proyectar las distorsiones de nuestro ser interior.

El Arquetipo del Árbol

Como explico en la trilogía anterior de esta obra, hay literalidades sobre Génesis que son incluso una difamación y calumnia hacia el Dios. Se le atribuyen característica que el apóstol Pablo definía como "frutos dela carne". La gran obra de Valentino sostiene: "el Padre no era celoso. Pues ¿qué celo podría existir entre Él y sus miembros?" (Ev. De la Verdad, 18) No tiene lógica decirle a unos humanos inocentes que no tomen de un árbol que está justo donde ellos moran, porque los estaría tentando. Aparte de eso, ¿por qué iba a tener en un lugar santo para ellos algo peligroso? ¿No había más lugar en la creación? Y no solamente eso, ¿cómo iba a crear un dios de Amor y Perfecto algo malo?

Felipe comenta esto al respecto de la temática en cuestión: "Adán debe su origen a dos vírgenes: esto es, al Espíritu y a la tierra virgen. Por eso nació Cristo de una Virgen, para reparar la caída que tuvo lugar al principio. Dos árboles hay en el [centro del] paraíso: el uno produce [animales] y el otro hombres. Adán [comió] del árbol que producía animales y se convirtió él mismo en animal y engendró animales. Por eso adoran los [hijos] de Adán [a los animales]. El árbol [cuyo] fruto [comió Adán] es [el árbol del conocimiento]. [Por] eso se multiplicaron [los pecados]. [Si él hubiera] comido [el fruto del otro árbol, es decir, el] fruto del [árbol de la vida que] produce hombres, [entonces adorarían los dioses] al hombre. Dios hizo [al hombre y] el hombre hizo a Dios." (Ev. Felipe 83-84) La virgen, Parthenos o Betulah es la inmaculada y no mancillada realidad. El Espíritu es la Verdad – el origen, la fuente -, y la "tierra virgen" es la Adamah. El árbol de los animales es el Etz Jaiah dual, y el árbol de inmortalidad es el Etz Jaiím no dual. En realidad los dos son árboles de la vida, puesto que ambos son caminos de experiencia, posibilidad y probabilidad según la decisión tomada. Por ello "vida" se traduce también como "animal", pues cada tótem expresa un estilo de vida, personalidad y hábitat. Quien participó de la actitud y comportamiento animal, solo pudo educar a su vez a más animales y bestias. El que come del árbol humano, produce humanos, pues esto es ser hecho verdaderamente hombre.

El hombre ha adorado estatuas y animales, pues quiere ver fuera de sí reflejos de comprensión sobre su propio ser. Se ve reflejado en lo que busca: si se siente animal, busca respuesta de los animales, y si se siente mortal busca de los inmortales. ¿A qué se debe esta diferencia? A la actitud del ego. Si crees en ti mismo te quiere hacer sentir mal, así que si te humillas a ti mismo fomenta en ti esta actitud de inferioridad, pero si buscas ir más allá te hace sentir impotente, al grado que solamente puedes aspirar a admirar lo que él te hace creer que es intocable. El ego quiere que seas un animal, y cuando pienses en ser hombre lo entiendas como un ser inferior a los dioses, no como parte del Dios. De esta manera pretenderá que siempre estés sometido y doblegado ante el sentimiento de inmerecimiento. El árbol, llamado en hebreo Etz, es de donde se saca la madera. En lengua hebrea tanto árbol, como madero o madero son exactamente lo mismo: Etz. Con el tiempo la cultura judía tomó la forma Tzeleb para referirse a una cruz, pero por la forma, ya que en lo que a esencia se refería lo identificaban como Etz. En consecuencia, en la mentalidad hebrea era lo mismo decir cruz que árbol (en lo que respecta a la estructura, no a la forma). Empero, la analogía entre árbol y cruz es bastante notoria, ya que la cruz de madera era símbolo de muerte, como lo fue la experimentación de la dualidad. Lo mismo ocurre con la conceptualización de la Mente como árbol y del cerebro como división de '4' con la idea de bien y mal y de la cruz.

"[Dios plantó un] paraíso; el hombre [vivió en el] paraíso [...]. Este paraíso [es el lugar donde] se me dirá: «[Hombre, come de] esto o no comas [de esto, según tu] antojo». Éste es el lugar donde yo comeré de todo, ya que allí se encuentra el árbol del conocimiento. Éste causó (allí) la muerte de Adán y dio, en cambio, aquí vida a los hombres. La ley era el árbol: éste tiene la propiedad de facilitar el conocimiento del bien y del mal, pero ni le alejó (al hombre) del mal ni le confirmó en el bien, sino que trajo consigo la muerte a todos aquellos que de él comieron; pues al decir: «Comed esto, no comáis esto», se transformó en principio de la muerte." (Ev. Felipe 94) Al decir que "dio muerte a Adam" es que lo metió en el mundo-cosmos, y al decir que "acá" resultó dar "vida a los hombres" es que fue lo que causó que vinieran a la existencia las proyecciones separadas del hombre en el Sueño.

Por ello se la llama "la ley", que es lo que los judíos denominan erróneamente Torah por su tradición. Esa se basa en la dieta sobre animales, que convirtieron en normas teoráticas, toda vez que han tenido un velo. Aquellos que pueden ver, ven, pero lo que no pueden ver, no ven, y debido a eso los ojos del discernimiento hacen comprender que comer algo es participar de ese algo y ser ese algo. Por ello, la religión llamada incorrectamente "judía" trata de seguir preceptos simbólicos en el campo de lo literal, haciendo de este modo que ni entienda la verdad, ni tampoco deje de estar en completa oscuridad. En esencia, solo le mantiene en la esclavitud dela religión y la ceguera, juzgando símbolos como normas de vida que deben seguirse al pie de la letra. Es irónico que justamente el judaísmo influyó al cristianismo, y hoy día los que quieren volver a las raíces del judaísmo y dela cultura hebrea retoman la filosofía del velo, que es la mentalidad literalista hebrea, pues el ego no quiere la libertad sino la atadura a los símbolos, es decir, a los ídolos de la materia.

Si miramos la Mente como un árbol, podemos imaginar al poderoso Heimdall protegiendo las puertas del fresno Yggdrasil a los pies del mismo, evitando los ataques del dragón Nídhoggr y multitud de otros gusanos que tratan de corroer sus raíces. El arquetipo del árbol tiene su poder en el hecho fundamental de que es la mejor expresión de la configuración de la Mente. La poderosa Mente tiene el nivel de las raíces - o arquetipo del Keter sefirótico - que es el complejo espiritual o puente de acceso hacia la infinitud, cuyo campo espectral es la irradiación violeta del campo electromagnético fotónico. Estos 7 niveles son asimismo reflejados en el símbolo de la Menorah judía - o candelabro de 7 brazos, o en los días de la semana -, y hay que ver de la fuente etérica (o 'Ein') empieza Keter, o estado que produce el velo entre lo etérico y lo espiritual. Este puente es llamado Bifröst en la mitología escandinava, y era simbolizado, nada más, ni nada menos, que con un arco iris (símbolo de que una vez alcanzadas estas escalas nunca más habrá mundo-muerte). Keter conecta ese complejo espiritual por medio de los influjos cósmicos, que es el interruptor de la lanzadera llamada 'Complejo Espíritu', del cual la Conciencia va a entrar al estado de Totalidad.

El siguiente nivel de la Mente continúa en las raíces del árbol que llegan al campo magnético azul (las sefirot Binah y Jojmah), que es el segundo de estos estados que también se pueden comprender como inconscientes, que es la Memoria Racial, y le sigue el campo cian, o celeste, que es la que coincide con las sefirot Gebura y Jesed, que es la Memoria Personal. Luego sale a la superficie y se yergue el tronco que vigila Heimdall, que simboliza los aspectos subconscientes, las cualidades del ser, donde aparece la Intuición, y cuyo color es el verde, y que a su vez es representado con la sefirot Tiferet. De ahí el árbol se expande por sus ramas, que es el Razonamiento Intelectual, el principio de los aspectos conscientes de la Mente, identificados con el campo electromagnético amarillo. Esta es la tercera de las partes conscientes o 'Complejidades Conscientes', simbolizadas con las sefirot Hod y Netzaj. Sigue la segunda de las Complejidades Conscientes, que es el naranja, la sefirot Yesod, la identificación con las hojas del árbol, o Emociones. Finalmente están las flores y frutos del árbol, que son los Sentimientos, la idea arquetípica que engloba la sefira Maljut, y cuyo espectro de luz es el color rojo.

Un árbol se nutre de los elementos de abajo, que son tierra y agua, que a su vez toman su conciencia de los elementos de arriba que asimismo nutren al árbol: fuego y aire. Los elementos fuego (es decir: calor-luz) y aire son los elementos más elevados de conciencia del Primer Nivel de Conciencia de las densidades de esta octava. De ellos se activan el agua y la tierra. Primero es la conciencia y la luz, el fuego; luego el viento, o espíritu. De ellos viene la materia, cuyo primer estado es líquido y posteriormente sólido. Ese ejemplo de los 4 elementos es asimismo apreciable en el mito de Yggdrasil, donde se dice que este fresno está acompañado de 4 cuervos (Dáinn, Dvalinn, Duneyrr y Duraprór), comprendiendo que los 4 elementos son analogía de los 4 ángulos del Cielo y de la Tierra, o sea, los cardinales. El 4 en este sentido identifica la sustancia y consistencia de la materia, como se ve en las direcciones, que en griego antiguo formaban las iniciales A-D-A-M, y, como explico en RS2, certifican el significado de que el hombre fuera "hecho de la tierra", concretamente de sus 4 extremos o elementos. De manera que esos 4 cuervos de la leyenda escandinava se pueden asociar con los 4 hijos de Horus (Imset, Hapi, Duamutef y Kebehsenuf), que respectivamente representan el hígado, los pulmones, el estómago y los intestinos, y responden a las diosas Isis, Neftis, Neith y Selket.

Estos 4 cubren el cielo que protege y vigila Horus, tal como los ángulos superiores son delimitados por los 4 'Heh'. Por otra parte, el cuento del Yggdrasil sostiene que una ardilla llamada Ratatösk va de arriba abajo enviando mensajes, identificando a los emisarios que conectan los mundos, sea llamados ángeles, demonios o otra palabra respectiva a la cultura que competa. Mas lo verdaderamente intrigante del relato sobre el fresno de la vida de los mundos es que en su copa hay un águila que a su vez posee un halcón. Estos dos son símbolos de uno y el mismo aspecto de poder, trascendencia y visión superior. Consideremos que la iconografía de Horus, el señor del cielo terrestre, de lo alto de la bóveda, era el halcón. Él era llamado "el elevado", y en las referencias gnósticas hay citas donde el Cristo se identifica como un águila sobre la copa del árbol de la vida. ¿Qué quiere decir esto? Que el alcance a la trascendencia está supeditado al arquetipo del águila. Este tótem que tanto se ha utilizado desde tiempos muy remotos por diversas culturas no es otra cosa que el símbolo de iluminación del Cristo. Otros usaban al halcón como complementario, así como el estado regenerado del águila para hablar de la muerte y renacimiento, o expresar cómo el ser debe buscar el cambio interior en solitario y regresar como un ser nuevo.

Esto es enseñado en los jeroglíficos egipcios del ave Bennu, llamada por los griegos Fénix. En la mitología griega el fénix salía de un huevo, y en su madurez ardía en sí mismo y se convertía en cenizas, de las cuales volvía a emerger un huevo del que una vez nacía el ave fénix. Este símbolo de reencarnación es precedido por el del halcón y, sobre él, el del águila. Precisamente la palabra Phoinix (o 'Foinix') en griego quiere decir "palmera", que en las tradiciones católicas, egipcias y hebreas era símbolo de la vida después de la muerte (no el estado después de la des-encarnación, sino la elevación del ser para retomar la vida), llegando a ser este árbol el más importante de los que identifican la inmortalidad. Y si te preguntas, ¿quién es, pues, ese dragón que quiere devorar las raíces del árbol en el mito nórdico? ¡Voilá! Es el ego en la Mente; la idea de separación, constantemente carcomiendo el inconsciente con estados de culpabilidad y diferenciación. La guerra real es interna, y por ello nuestra columna vertebral es analogía corporal del mismo Árbol de la Vida, y la serpiente del ego es la Kundalini. Psitis refirió en el capítulo 8 del Evangelio de Valentino que esto es una batalla en que era perseguida y acosada por las fuerzas de la oscuridad, y eso, ¿qué es? Las proyecciones que ella misma creó y de las cuales luego quería absolverse.

Y Cayó en Sueño Profundo

Esta es la culpabilidad inconsciente que viene a razón de la Separación de la Mente del Todo del que era parte. De hecho, sigue siendo parte de ella, pero se cree que está fuera. Encontramos en la vida las situaciones donde queremos hallar culpables para achacar la razón de nuestros problemas, pero esa razón está en nuestro inconsciente como culpabilidad guardada (el maestro Seth lo explica muy bien en sus libros transmitidos a Janes Roberts, llamados 'El Material de Seth', una serie de libros que no tienen pérdida y explican muchas cosas). Cuando Pistis dice en la obra de Valentino, "Mas me odian sin motivos", es el reconocimiento de la Mente subconsciente de que no hay razón por la cual pueda venir tal odio, y agrega que "el pecado que he cometido es patente ante ti." ¿Qué pecado? No hay pecado, mas la Mente cree que hay pecado, pues el pecado fue separarse de la Unicidad, del Padre. Pistis (o 'Pistis Sofia' en el escrito, traducido como 'Sabiduría Fiel') lo experimenta como personificaciones de los seres de luz que vinieron antes que nosotros a estos mundos como vecinos nuestros interestelares, y fueron atacados por draconians y orians, que no son otra cosa sino la manifestación en varios niveles del ego, y sus personificaciones.

Génesis 2:21 dice entonces sobre el hombre, "ve-ifal" (y cayó). La sola referencia de estas 4 letras engloba todo el contexto. Hay que comprender que los usos del vocablo Adam identifican a la parte de la Mente Colectiva que proyectada dentro del sueño, mientras el uso 'Iaheveh Ekohim' es el aspecto que ve produciendo las configuraciones. Esto es porque el Ego constituye varias partes de un Yo, y él mismo se compone de varias partes. La Mente parte de varios niveles, pero primeramente de 3: consciente, subconsciente e inconsciente. No obstante, también hay un supraconsciente, que en el caso espiritual corresponde con el Espíritu Santo y su comprensión del guión completo de esta película que llamamos Mundo. Adam es, pues, la parte inconsciente, mientras Iaheveh Elohim es la parte subconsciente, siendo Cristo la parte consciente. Estos tres son uno, como parte total de la Mente Colectiva. Es "colectivo" por unicidad y cooperación de toda la Mente, toda vez que el Espíritu Santo – utilizando siempre sagazmente los símbolos y sonidos – escondió en el significado de "colectivo" la especificación de "co-lectivo", o periodo de aprendizaje compartido.

Entonces Elohim-Adam cayó, estando la parte de la proyección de las formas humanas en la parte más baja de la jerarquía de consciencia. Comenzó el Sueño y las conciencias que entraron en el mismo olvidaron quiénes eran y de dónde procedían: "Tardemah al-Adam Ve.iishen". Cayó el hombre, si lo leemos de otra manera, y esa Caída vino como un letargo o estado de sueño profundo que vino sobre toda la raza humana divina, y durmió. Quedó inconsciente en el sueño, donde la percepción de continuidad prolongada le hizo quedar desconectado de la noción de tiempo. Esta es la trampa del Tiempo. Al aparecer el tiempo se crearon bucles y ciclos como enramados de engranajes de más engranajes que obligan a todos los que están dentro de la proyección a ser atados a los periodos de continuidad espacio-tiempo y tiempo-espacio. De esta manera, lo que solo ocurrió en la Mente de Dios en un instante, para los que están dentro del sueño son millones de ciclos de tiempos. Para la Mente Supraconsciente el Tiempo es un efecto de auto-sanación, donde los periodos y ciclos de la continuidad de Tiempo juegan el papel de corregir la Mente Errada a través de los procesos de la vida-existencia.

Luego agrega el pasaje: "ve-ikej ajat mi.tzlaativ ve.isgar basar tajatanah", que se refiere a que "tomó" a lo que era "Uno", y "de sus sombras", "y cerró carne última". Básicamente lo que reza ocultamente acá es que fueron tomados "reflejos" de la Totalidad tras haber entrado el Hombre en el sueño, siendo esos reflejos "sombras" de su propia distorsión, es decir, todo tipo de "proyecciones". Hasta el momento la luz solo tenía de sí mismo el reflejo de la luz, que es la emanación, pues la luz no tiene sombra. Una vez aparece la duda, aparece la sombra del ego, y donde hay oscuridad en algún nivel, la luz pasa en menor o mayor medida. Una idea que es luz solo produce luz e irradia, pero una idea que es errada produce sombra. La luz dentro de la esfera rebota en más luz, pero lo que no es transparente no permite pasar la luz, empero, no hay reflejos de la plenitud de luz, sino sombra. La sombra y el reflejo son lo mismo.

Al decir que "cerró carne" se refiere a la constitución de los reinos imperecederos, es decir, de la Mente Recta, que automáticamente fue sanada. La carne o cuerpo es la estructura u organismo completo, y esos "último" que fue cerrado fue la extensión que se desligó. Dicho de otra manera, al ver el problema, Uno tomó la Recta Mente y cerró el organismo mental, justificándolo, o sea, reiterando su justicia. La otra parte de la Mente no sufrió alteración al haber desvinculado la "tajtonit", o última parte, que era el reino de Pistis Sofia. La palabra Tzel (sombra, proyección) forma Tzelem (imagen en el sentido de apariencia), agregando la letra hebrea Mem, que es símbolo de agua. Por ello el hombre es "Tzelem" de Elohim en su "Dmut" (Gén. 1:26), toda vez que es su apariencia física (arquetipo 'M') tomada en base a su 'Dmut' similitud (en hebreo 'Domé'). Al afirmar "en su semejanza" quiere decir que la apariencia parte del hecho de ser casi idénticos, como casi iguales. Empero, el Adam es el reflejo de Elohim, que en la proyección identifica la forma física de Elohim, o sea, Adam es Dios en el sueño. Esto es más trascendente al sostener que es en su 'Dmut', pues la misma palabra quiere decir "sus sangres" (pronunciado 'Damot'). En estricto rigor, Dmut es "figura", siendo Damim 'sangres', por lo que Damot es más como la identificación empírica de "su sangre". En consecuencia, ciertamente "linaje suyo somos" (Hechos de los Apóstoles 17:28). ah, y cabe agregar la curiosidad de que la voz Tzel también forma el vocablo arameo Tzelah (orar).

El verso 22 sostiene: "ve.iben iaheveh elohim et-tzelá asher-lakaj min-ha.adam le.ishah ve.ibah al-ha.adam". La forma Iben se utiliza acá para decir que se "hizo", siendo 'Ben', hijo, por lo que se entiende que su aplicación viene a razón de la idea de que algo deriva de un semejante. Toma una 'Tzelá', o la Tzelá es una parte tomada de la estructura contextual, o sea, de la integridad y núcleo de lo que es Adam: "min ha.adam". La forma 'Min' o 'Men' de "de entre" o "de en medio". Y ese Hijo o derivado de la Tzelá es una proyección cuya finalidad es ser 'Aishah'. Mientras Tzel es sombra o proyección, la Ain agregada es el ser superior, pues Ain (el Omicron griego, o Udjat egipcio – ojo de Horus -) es el núcleo del ser e identidad del Adam, del ser inmortal, del Elohim-Crsito-Hombre. El ojo (Ain) es el silencio del Ein, y Adam es el ojo o núcleo reflejado de él en los reinos imperecederos (por ello el ojo de Horus tiene su razón de ser), lo cual explica que el "mirar" algo es crear y perpetuar esa realidad. La idea cuántica del observador es una manera científica de comprenderlo: si no lo miras no existe, si lo observas existe.

Si oyes algo, ese algo induce una idea en ti, y te lleva a creer en lo que te ha dicho. La vibración crea sonido, y la articulación de letras (22 aleftau) produce palabras (logos), de donde viene la acción. De ahí viene la doctrina de las declaraciones tan usada en hinduismo, budismo, evangelismo – declarar para recibir o determinar cambios - y Ley de la Atracción. Si vemos algo, lo hacemos real, si oímos algo lo hacemos real, si decimos algo lo hacemos real. Mirar es poner el enfoque, la atención y la dedicación a algo. Escuchar algo es prestar atención, y por ende, atender, y atender es actuar. Por ello dice "cuidaos de lo que oís". Aprendemos por la experiencia, por lo que vemos por lo que oímos. El apóstol Pablo escribió que "Pistis viene por el oír", pues nos reprogramamos al percibir la vibración del sonido que nuestro cerebro interpreta como ideas e información. Incluso al hablar ocurre, al notar la vibración del aire pasar por la garganta, pues esa vibración nos reprograma. Eso quiere decir que "Pistis" (percepción de la realidad infinita llamada Fe) viene por el oír. Cada cosa que oigamos configurará nuestras creencias, nuestras convicciones y forma de interpretar la realidad. Eso es la Fe. Lo que miremos es donde nos enfocaremos, y por ello dice, "guarda tu ojo". El ojo es lo que realmente somos, el Ain como ser superior.

De ahí el refrán que dice que el Ain es el espejo del alma, y el que dice que si el Ain está corrupto, todo el ser está

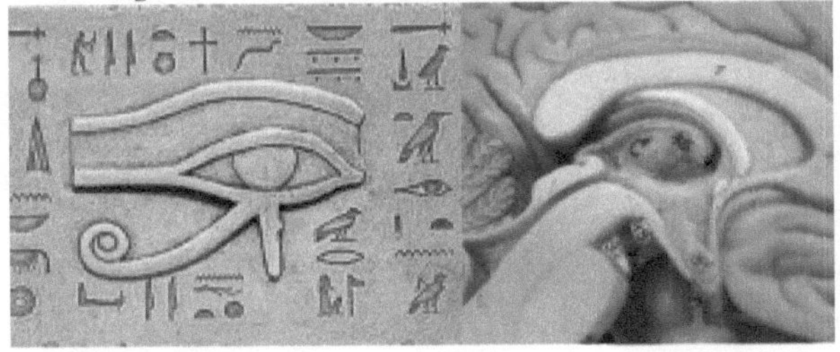

corrupto.

Al decir que "la lámpara del cuerpo es el ojo" se refiere a la iluminación del ser. El ser tiene iluminación dependiendo del enfoque que ponga el individuo en una cosa u otra. Tenemos un ojo representativo en el interior del cerebro, que algunos han llamado 'Tercer Ojo', que es la intuición y percepción superior (el Ojo de Horus). A nivel literal se corresponde con la estructura interna del cerebro, que es la misma que las partes del Ojo de Horus, o Udjat: el Tálamo, el corpus callosum, el hipotálamo y la médula oblongata. Éste se conecta directamente con la glándula pineal y la glándula pituitaria. Estos son una estructura completa que representa la conexión cerebral con el aspecto superior del ser. De manera que la letra Ain que se agrega a la sombra (Tzel) es posterior a la primera derivación o la plasmación física (Mem = Tzelem (apariencia, imagen)). De esta manera forma la sombra-proyección (Tzel) agrega el aspecto intuitivo-sobrenatural (Ain = Tzelá (costilla)) produciendo dos aspectos de una misma cosa: Aisah (varona) e Ish (varón). Vemos por causa de la refracción de los fotones (paquetes de información), que son los que configuran la materia. El fotón es conciencia que proviene de una estrella, que es un Logos que provee conciencia a los mundos y sus conciencias (sub-logos).

El fotón crea el átomo debido al nivel de carga focalizada, y según su nivel de consciencia-energía produce un tipo de átomo u otro, el cual a su vez derivará en el magnetismo que configurará una molécula.

El átomo es en esencia una estructura electromagnética producida por la conciencia, y se parece más a un 'suceso' que a una "cosa". Cuando se mira el átomo de cerca desaparece, porque solamente es energía. Cuando un fotón se observa de cerca o detenidamente se convierte partícula, mientras no se observa produce un patrón de interferencia, tal como las ondas. La única explicación plausible para eso es que la realidad que percibimos es alterada-modificada cuando nos focalizamos en ella. Dicho de otra manera, lo que no vemos, no existe a nivel cuántico, ni lo que no oímos. Aquello en lo que no nos enfocamos no existe en dichos cánones de nuestra realidad perceptible, y por el contrario, donde nos concentramos la realidad se configura.

Es como si entre los átomos/sucesos existiese una conexión instantánea, de tal como que diese la apariencia de no haber entre ellos ni tiempo ni espacio. Esto también es válido para la Mente que los observa, pues la materia está ante el observador. La materia y la Mente constituyen un todo unitario e indivisible, un todo de baile irrompible de energía fundido. Estos son uno como los es Iaheveh e Adam, concepto unitario que podemos denominar Elohim. Iaheveh representa la parte elevada de la conciencia y Adam la inferior, analogía de yo y el Prójimo. Vemos una semejanza en la influencia catalítica de Tercera Densidad que es el prójimo, fuera del que están el universo del creador y el yo (ese "yo" tiene 4 sub-divisiones: 1º el Yo no manifestado - dolor físico, el yo que no necesita de un prójimo para perfeccionarse ya que aprende de las proyecciones en su propio cuerpo -, 2º el Yo en relación con el Yo Social creado por el Yo y por el Prójimo, 3º la interacción entre el Yo y los aparatos, los juguetes y las distracciones del Yo (todas las invenciones llamadas prójimo, sombras, formas o espejos), y 4º la relación del Yo con los atributos del arquetipo de "guerra y rumores de guerra" (proyecciones futuras, miedos y decisiones).

Niveles del Sueño

Antes de entrar en materia sobe estos dos aspectos de la unicidad que antes estaban unidos y luego se separaron vamos a abordar la comprensión del Sueño y estructura de niveles. Dado que estamos dentro de un sueño, hemos de comprender la analogía con los otros aspectos que se denominan oníricos, que se dividen en 4 secciones. En el sistema nervioso central se producen 4 tipos de ondas cerebrales: Beta, Alfa, Theta y Delta. Las ondas Beta son de 120 y 13 ciclos por segundo, las ondas Alfa son de 12 y 8, las Theta de 7 y 6, y las Delta son de 5 ciclos por segundo. El cerebro es un mecanismo que trabaja con ondas y conexiones sinápticas (impulsos eléctricos de conexión sin contacto), analogía de la Mente. Las ondas Beta se producen durante la vigilia, básicamente con los ojos abiertos; las ondas Alfa se desarrollan durante los estados de relajación, básicamente con los ojos cerrados; las ondas Theta y Delta se desarrollan durante la Meditación y los procesos de Sueño. Así es la Mente, trabaja en 2 fases: vigilia y sueño. La analogía de esto es con las 12 horas del día, según el ecuador. En realidad el tiempo del día se divide en 3 secciones de 8, donde el sueño, como tal, se suele configurar en un periodo de 8 horas.

El cerebro asimismo trabaja en 4 estados fundamentales: vigilia, fase REM, meditación y sueño fisiológico (ver 'Trascendencia', pág. 41). Estos 4 tienen no estados de la conciencia y 2 estados musculares. El estar despierto en Maia tiene dos connotaciones opuestas: puedes estar sumido en el sueño, lo cual para ti es estar plenamente despierto, o puedes estar en el sueño pero consciente de que sueñas y que es un sueño. El aspecto metafísico de esto es que si te crees el sueño, lo vives, y por ello en el estado de vigilia tenemos tono muscular, toda vez que el músculo simboliza la percepción de la materia. El estado de meditación en Maia simboliza el estar procesando lo que ocurre (cuestionándose la realidad y buscando respuestas), o directamente estar buscando ya las disciplinas para despertar la Conciencia.

Los estados de sueño, como el fisiológico y el REM son reparadores, tanto para lamente como para el cuerpo. Las desconexiones son importantes para fomentar el no ser absorto completamente por los espejismos, lo cual es aplicable tanto a los espejismos del mundo estando en la vigilia como a los arquetipos estando durmiendo. Durante el sueño la conciencia trabaja en varios niveles, as´como mientras estamos despiertos, solo que durante el día lo entramos menos a causa de las distracciones de los quehaceres. Tanto el estado REM como de sueño fisiológico son estados inconscientes, pues nivel literal parte de nuestra conciencia de la proyección de la vigilia se desconecta y logramos conectar con los aspectos profundos de nuestro ser sin influencia de una cierta parte del ego y del área consciente de separación. A nivel simbólico estos estados representan también dos caras de una misma moneda, ya que el sueño de la ilusión acá se representa como dos estados de la vida en que se está desconectado de la realidad de la Verdad, pero en uno se actúa según la consciencia y en otro no. Esto puede ser por principios de la voz interior – o Yo Superior – o miedo a la represión, o enseñanzas e moral infundidas por padres u otros educadores. A nivel opuesto, estos dos estados son las fases de mayor desconexión de la proyección, uno ya ausente de las distorsiones y otro aún tratando de salir de ellas en su búsqueda de la Verdad.

Machos y Hembras

El verso 23 empieza diciendo, "ve.iamer ha.adam zot ha.paam etzem mi.etzmei ve.basar mi.basarei". En este verso es la segunda vez que aparece la letra 'Zain', relativa a la mujer (la primera fue al definir Zajar ve.Nekeba, o "masculino y femenino", dado que el hombre es intrínsecamente mujer, y la mujer intrínsecamente hombre). Usa tres veces la forma 'Zot' (Zain-Alef-Tau), aplicable a mujer como "ella", mas en los códigos ocultos reflejan la manifestación del componente femenino mental: Zain (mujer), Alef (inicio) y Tau (final). Zain es "arma" en fenicio, pues identifica nuestro prójimo, a quien el ego proyectó como nuestro supuesto enemigo, pero el Espíritu Santo ha creado como reflejo de nuestras difusiones de culpabilidad inconsciente. El inicio y final de Zain es el periodo ya predeterminado para las formas separadas en el rol masculino y femenino, la necesidad de espejos para ver la otra parte de auto-análisis del Yo. El pasaje contiene seguidamente la forma 'Ha.paam', que puede traducirse como "esta vez", a pesar de que asimismo tiene las acepciones de: perturbar, impulsar, pie o base. Añade posteriormente la frase, "Etzem mi.Etzmei", donde Etzem (Ain-Tzade-Mem) traduce 'hueso', aunque también significa "ser poderoso" o "ser fuerte", "cerrar los ojos" o "argumento".

Etzem se usa en sintaxis para quererse referirse a algo que es "lo mismo". En el contexto diría que lo que se reflejó delante de la figura-ser fue como él mismo, idéntico, es decir "su semejante", que se convirtió en la idea latina de "prójimo". La voz Etzem parte del vocablo 'Etz' (árbol, madero), y de Etz salen formas como Etzen (ídolo) o Etzeb (objeto creado), pues se crear a partir de la madera. El hueso es la estructura central de un organismo, que le da la consistencia, y es la parte más fuerte de todo el cuerpo. El vocablo Etzem suma 200, que es el valor de la letra Reish, que representa el liderazgo, y esconde el potencial del Etz (árbol) y la Mem (agua, materia). Entonces dice que ello delante es fuerza de su fuerza, estructura de su estructura, ser de su ser; es la proyección material de sí mismo, pero vista desde fuera del yo individual. La expresión 'Mi.Etzmei' (de mi hueso, de mi estructura) suma 250, como el vocablo hebreo Ner (lámpara), pues a través del prójimo vemos nuestra propia luz o nuestras propias sombras. En griego, 250 suma Oinon (vino), pues así como la pareja da alivio y regocijo, lo hace el vino en su significado arquetípico.

La suma de 'Etzem mi.Etzmei' es 450, que corresponde como la palabra hebrea Neshek (beso), símbolo de la unión-amor. Etzem también se puede ver en temura como Mi-Etz (del árbol, derivado de la madera, proveniente del madero), y explica porqué Yeshua fue crucificado en un madero (cruz-árbol) y atravesado en el "costado". Justamente 'costado' en hebreo es 'Tzed' (Tzade-Dalet), con la misma letra Tzade (justicia, justo). Pero aparte de decir que lo que se puso frente a él fue 'Etzmen mi.Etzmei' era, asimismo, 'Basar Mi.Basarei', donde la traducción literal sería "carne de mi carne", o sea, "cuerpo de mi cuerpo". 'Basar' identifica el cuerpo carnal o físico, escrito con las letras Beit-Shin-Reish, que suman 502 (pero en la referencia aparece como 'Ve.Basar' ("y carne"), por lo que la suma adicional para el caso particular es de 508). La forma 'mi.Basarei' suma 552, una unidad por encima de 551, que es la suma de Tkumah (resurrección) y Taalumah (misterio). La voz Basar arma igualmente la estructura Ba-Shar, que quiere decir "en liderazgo", siendo Sar, o Shar, líder, capitán o jefe, cuyo anagrama fonético es Ba-Rash (encabeza, en cabeza). La forma 'Mi.Basarei' también se lee en temura como 'Basarim' (carnes, cuerpos). Otra forma de leer esto es tomando 'Ve.Basar' en temura como Ba.Shor, cuyo sonido se refiere al toro, símbolo del poder en el Medio Oeste y el Mediterráneo.

La parte siguiente del verso 23 refiere: "le.zot ikra ishah ki ma.aish lekajah-zot", que traducido es que a ella llamó Varona porque de Varón tomó ella. En notaricon hallamos en las iniciales de 6 de las palabras finales del verso las letras Mem, Lamed, Yud, Alef, Kaf y Mem, que forman en temura la definición 'Maalajim' (ángeles). También en las penúltimas 3 iniciales la voz 'Melej' (rey), donde dice "porque del Varón tomó". La referencia 'ha.Ish' (el varón) – Alef, Shin y He - se repite en las letras finales de la frase "llamó a la varona a razón del varón", como de la frase "varona la cual del varón tomó". La palabra 'Ishah' (varona) suma 306, como Dbash (miel), que simboliza el disfrute y la longevidad; la palabra 'Aish' (varón) suma 311, como Shebet (cetro), símbolo de autoridad. La Alef que tienen las dos palabras identifica la unión del Cielo y la Tierra; la Shin de ambos representa la iluminación, chispa divina y despertar de la conciencia; la 'He' de la varona representa lo espiritual, intuitivo y expresivo; la 'Yuf' del varón representa el cielo, la conexión con la fuente. Entonces otro código oculto acá sale a la luz: dejan a los padres.

El versículo 24 refiere: "al-ken iaazer aish et-abiv ve.et imiv". La forma 'Al-Ken' es como decir "de manera que", o "así que", y agrega que Iaazer (dejar) el Aish a su padre y a su madre. Nada dice sobre la varona - a propósito de este asunto - sino sobre el varón, toda vez que el Varón simboliza al Adam, y la Varona simboliza a Pistis. Al haberse proyectado el sistema de aprendizaje para la Mente, se estableció la configuración de varios métodos de aprendizaje, entre los que estaba el sistema de espejos, viendo en las otras proyecciones (formas, imágenes) las difusiones y distorsiones del Yo. Al separarse de lo que era uno, integral. Vino otra separación. La Caída consiste en un sistema de niveles, o capas oníricas, sub-planos de sueño. La propia integración de las polaridades fue asimismo fraccionada, dando lugar a las polaridades. Ahí desembocó el abandono completo del Abiv (Padre) y la Imav (Madre), esto es, la fuente, la conexión directa y fundida con el Silencio y Barbelo, el enlace con el Cristo y Sofía la Mayor, y del ser del universo con Pistis.

Esto es lo que significa la apreciación de que "deja el hombre a su padre y a su madre". Mas esta nueva experiencia tiene por objeto buscar volver a unirse con su otra parte, que es Pistis, o sea, la Fe y el Amor. Ergo, el camino de la Fe y el Amor son la senda de regreso a la completitud y la ausencia de las carencias y necesidades. Añade además, "ve.dabek ba.ishto ve.haiv le.basar ejad", que traduce el hecho de que se ha de "pegar en su" Ishut (casado, matrimonio) y llegar a "ser una carne". Este apartado no se refiere al concepto cultural del matrimonio, sino a la raíz de la unión, que en el nivel de las formas de las primeras esferas e conciencia-vibración se desarrolla a través de la copulación. Por ello estaba escrito en la ley de Moisés que si no había relación sexual íntima en un matrimonio el mismo quedaba invalidado, pues el Ishut – aunque se traduzca como matrimonio o casarse – es la unión de las formas Aish e Ishah – y por ende, la fusión de las dos polaridades -. No extenderé en este punto ya que todo esto está detalladamente abordado en mi obra 'Sexo al Desnudo' (2017) para quien desee profundizar en la susodicha materia.

Lo que sí he de agregar en este punto son algunos códigos ocultos, partiendo de que el sonido 'Esh' significa fuego, y a nivel subliminal refiere el ardor sexual o pasional. Ish tiene la Yud entre la Alef y Shin del fuego, representando a lo elevado dividiendo el aspecto sexual, en un sentido de que la luz de la conciencia controla las pasiones, pero Esh asimismo es conciencia, por lo que la misma potencia divina entra en su ser para ello. Otro aspecto de Esh es calor de enfado, por lo que se aplica asimismo la conciencia controlando al ser. De esta manera Esh es la conciencia haciéndose consciente de sí misma por medio de sus pasiones, a los cuales termina por controlar. Aishah tiene el mismo componente introducido de Esh, pero al llevar la He al final estructura la idea de que ella es "su fuego", en el sentido de que le calienta, pero también integra su calor, sea sexual, de enfado como de reflejo para la toma de consciencia – pues nos molesta del otro lo que en realidad son nuestras polarizaciones, y buscamos en otro la satisfacción que deberíamos hallar en la luz que hay en nuestro interior).

La frase "ve.haiv le.basar ejad" tiene en sus letras finales la composición de la definición hebrea 'Dor' (generación); la apreciación 'Le.Basar' (para carne) se arma de dos fonemas: 'Leb' (corazón, mente) y 'Sar' (líder, jefe). La idea de Dor como generación es porque esto identifica al ciclo o era de la necesidad biológica de la unión sexual. La idea del "corazón" y el "líder" es la identificación del vehículo del alma como la fuente del control sobre la vida. Por su parte la referencia 'Ba.Ishtev' tiene una gran semejanza con la primera letra de la biblia, 'Bereshit'. En Baishtev tenemos: B-A-SH-T-V; con

Barashit tenemos: B-A-R-SH-I-T. Ambas empiezan por 'BA' (que en antiguo egipcio era alma, pero básicamente es dar un hogar al ser), y poseen la 'SH' (conciencia) y 'T' (final, marca). Hasta ese momento se dice que estaban ya ambo "desnudos" pero no se "avergonzaban", pero si esto fuese sobre el mito clásico de Adán y Eva en el Edén, se supone que no había nadie más, ¿de qué tenían que avergonzarse entonces?

El verso 25 sostiene: "ve.ihiv shneihem arumim ha.adam ve.ishto ve.lo itbashashu". ¿Quiénes eran los dos que estaban Arumim y no se avergonzaban? El Adam y su compañera, Pistis. Al principio de la idea de Separación y sus configuraciones subsecuentes la Mente no percibió ningún "problema". Arum o Eirom quiere decir astucia o desnudez, que se usa coloquialmente para identifica el aspecto sexual. La forma 'Itbashashu' es la conjugación del vocablo 'Bush', cuya acción en 'Busháh', con la cual se pueden varios juegos de conceptos entre los que destaca el que 'Bush' en arameo se tardar. O sea, podría tomarse como "tardar en darse cuenta", "lento en pillarlo". Por ejemplo, Itbashashu podríamos leerlo como coloquialismo de que "no le caen las 6", o sea, "no se da cuenta". Eso sería "estar en seis" (Ba.Shesh), siendo que que Shesh es una idea estrictamente sexual en los aspectos subliminales de gran parte de culturas del mundo: Six = Sex. Para profundizar en esto te recomiendo mi obra 'Visión Remota' (2016), donde explico mucha de las acepciones para el tipo de sigilos sexuales y su relación con el número 6 y sus múltiplos, como 666.

Un componente adicional de esta definición (Itbashashu) es que incluye dentro de ella la palabra 'Shabat', así como 'Shui' o 'Ishu', que son abreviativos de salvación; visto de otra manera, también con temura, esconde la definición 'Tashubei' (retornar, regresar). En las iniciales de la frase "ve.ihiv shihem arumim ha.adam" se esconde la voz 'ha.Shua' (la salvación), pero exceptuando la primera palabra, con la conformación de toda la oración se encuentras las letras que forman la expresión "ha.ieshuav" (su salvación). La forma Arum como Eirom se ve más adelante en la característica de la serpiente, a la cual definen como "astuta", no como "desnuda". ¿Qué relación puede haber entre desnudez y astucia? De hecho son némesis una de la otra, especialmente en lo que respecta a la sexualidad (salvo que se refiera a que la serpiente también estaba desnuda, siendo la más desnuda de todas las criaturas existentes dentro del Sueño). Cuando la Biblia dice "descubrió su desnudez" se refiere a que quitó su virginidad, y de ahí la "astucia" como "saber" o "conocer" hasta el presente se utilizan como modismos culturales en la lengua hebrea para referirse pícaramente al acto sexual íntimo: "le conocí". La literatura apócrifa sostiene que la pareja se hallaba "desnuda de componente espiritual", y entiéndase a la ropa que debía cubrir sus cuerpos como un símbolo de integridad, equilibrio mental y respeto propio.

El Pecado Original

Al comienzo del capítulo 3 nos encontramos con una directa afirmación a la existencia de una especie de "serpiente", que es la más Arum de todos los "Jait ha.Sede". La religión nunca he terminado de tener un consenso respecto de si aquí se habla en efecto de una culebra o de una especie de ángel, ya que de ser algún tipo de "ángel caído" lo estaría comparando con los "animales del campo". Refiere el texto en lengua hebrea: "ve.ha.najash haiah arum mi.kol jaiat ha.sedeh asher ashah iaheveh elohim". El vocablo Najash es numéricamente 358, igual que Mashiaj (ungido, libertador), siendo estas dos polaridades de una misma cosa. Las dos palabras tienen notables semejanzas: Najash (N-J-SH) con Mashiaj (M-SH-I-J). Las palabras hebreas partes generalmente de 3 letras - o códigos -, y acá ambos tienen en común la Jet (vida) y la Shin (conciencia, comprensión). La serpiente es el arquetipo del ego, y el Mesías (Mashiaj) el arquetipo de Salvador. Siendo que Mashiaj en griego es Jristós, comprendemos que ambas palabras – que quieren decir "ungido" o "untado" - se refieren al hijo, Cristo, la imagen de la Mente Recta.

Acá debemos cambiar la palabra "ser viviente" por "pensamientos", ya que en esta obra abordamos la parte mental-metafísica del relato genésico. Los "seres del campo" son formas-pensamiento y almas de carácter dual, pero de todos ellos, el más "desnudo" era el del ego. Ese "desnudo" era el aspecto más polarizado, dual e inconsciente de la conciencia. Al no poner un artículo acá, en el vocablo Arum, podría entenderse la serpiente como la base de todas las Jaiat ha.Sedeh, o sea, la idea de la percepción de separación de la cual derivaron todas las concepciones de la Muerte. Considera que la palabra 'Sedeh' (Sh-D-H) procede del acadio She-Du, elativo a las criaturas sobrenaturales, y se adoptó al hebreo como alusivo a los demonios. El verso 1 de este tercer capítulo agrega que la "serpiente", "ve.iamer el-ha.ishah af ki-amar elohim lo taaklu mi.kol etz ha.gan", que traducido sería que la serpiente pregunta a la Ishah sobre lo que Elohim le habría prohibido. El supuesto diálogo comienza utilizando el vocablo 'Af' (nariz), que es símbolo de la intuición y la percepción de la vida; continua refiriéndose a Elohim y usando luego la palabra 'La' (no) y la apreciación 'Taaklu', que es la conjugación del vocablo Tojal (comer), el cual es una juego de sonidos-letras con la la forma 'Iejol' (poder, estar en condiciones de).

La serpiente parecía conocer de lo que la deidad habría hablado con la pareja, ¿cómo? Comer de algo es participar de ello, y el ego sabía que no todas las cosas de las que se participasen eran recomendadas. Se refería a "¿conque no pueden probarlos todos?", y la mujer especifica que podían comer de los frutos (Pri) del jardín, mas simplemente no debían participar fruto de "aquel" de "en medio" del jardín del cual se les dijo que no debían, ni siquiera tocarlo (Tiagau). Esto es que la sola idea de los resultados que daría esta proyección serían perjudiciales. Esto ocurre con la Mente en todos los niveles, pues no solo creamos con las acciones sino con los pensamientos, basta que una idea tenga lugar en nuestra mente, que le demos cabida. Si esto entraba en la Mente, morirían. Había masculino y femenino en las virtudes de las esferas eónicas, y también se proyectaron abajo, pero las de arriba se proyectaban una frente a la otra y se unían para crear, pero acá, antes de unirse para crear, pensaron en crear (comer del fruto del árbol). Así como las luces-virtudes emergieron del que era total, así se reflejaban ante él y se unían para producir emanaciones, pero Pistis escuchó al ego y participó de la creación eónica sin su compañero, no se unió a él para crear, sino que concibió del ego.

El Najash le habría dicho a la Ishah que no iban a morir: "ve.iamer ha.najash al-ha.ishah lo-mot tamot" (vers. 4) Y agrega, "ki idá elohim ki ba.iom ajlajem mi.meno ve.nepkaju einijem ve.ha.ieitem ka.elohim idai tob ve.rá", que traducido sería que, por el contrario, Elohim sabía que en el momenot en que ellos comiesen se abrirían sus ojos y serían como Elohim sabiendo bien y mal. O sea, no moriréis, sino que los "ojos" os serán "abiertos". Básicamente no hay problema con hacer concesiones respecto de la Verdad, pues se puede manipular la realidad a conveniencia, según el ego. Pero este razonamiento va más allá, porque está explicando la metodología y proceso de persuasión del ego en la Mente. El ego fabrica conjeturas y justificaciones para consolidar la convicción para hacer o dejar de hacer algo, y por ello se habla de "seducir". ¿Qué ocurre entonces? Al llenarse de razones, la Mente acepta participar de algo, hacerlo, llevarlo a cabo, y lo ejecuta, come.

El ego es consciente de que hay experiencias que la conciencia no ha configurado, de manera que "no lo sabe todo", como sí lo sabe el UNO. El argumento del ego en esta parábola es que la razón de que no se optase por dicho camino era un supuesto celo de la Gloria Superior ante el hecho de que conocer todas las cosas, como el UNO, privaría al UNO de ser soberano por sobre todo saber. El ego cambia el razonamiento de cómo realmente es él (celoso y envidioso) y se lo atribuye al UNO, pues el ego siempre proyecta defectos en el exterior - culpando a otros - que en realidad son sus propios defectos que quiere ver en los semejantes para no reconocer su propia "vergüenza". Lo que aún no había ocurrido era la concepción, pues Adam y Javah solo se habían visto el uno como reflejo del otro – a imagen del Silencio y Barbeló -, mas no se habían unido. En las Glorias Superiores se ve a la parte de sí mismo como una integración, y al verse uno frente al orto se unen para producir emanaciones. Pistis aún no se había unido a Adam, que era la imagen del Cristo-Hijo, para seguir produciendo emanaciones y reinos. Cuando sumamos las palabras del texto "ve.napkaju enaijem" (se abrirán vuestros ojos), nos da 450, igual que Tan (chacal) y la frase "etzem mi.etzei" (hueso de mi hueso), pero al mirar en el cómputo del orden de las letras nos da 155, que corresponde con la palabra hebrea Lanaah (ajenjo), símbolo de la amargura; la frase hebrea "shikutz meshumem" (abominación del desolador) del libro de Daniel; y "o diablolos kai satanas" (el calumniador y opositor) en griego, del libro de Apocalipsis.

Aparte de esto, 155 computa el mismo valor que el vocablo hebreo 'Almah' (doncella, señorita), relativo a una chica virgen. Esto nos revela sin lugar a dudas que la idea de "abrir los ojos" era una engaño y estratagema del ego para dañar al hombre, no una revelación sobre un secreto que UNO tenía con Adama. Como dicen otros textos, la Serpiente (Chacal, Satanás, Diablo) quería que la raza setita cayera en una "abominación asoladora", que era la Muerte: estado abominable (dual) y asolador (sufrimiento, sentimiento de abandono), de amargura. El significado asociado con la palabra 'Almah' es la virgen que fue mancillada, y esa mancilla fue convertirse en almas (ve la asociación fonética de alma con Almah). Un alma es una porción de la conciencia que ha sido individualizada y que se focaliza dentro de la proyección del Sueño. Por ello "ve.napkaju enaijem" (se abrirán vuestros ojos) también suma 144, que es el número de los redimidos

(Apoc. 7:4), siendo su raíz cuadrada el 12: 12 x 12 = 144. El 12 son los caminos y sus múltiplos, o sea, los redimidos son aquellos que superaron ya todos los niveles de despertar y superación de la proyección y de los mundos Ethe. Había dicho ya que el "ojo" es el ser setita, y el ser "abierto" es disgregarse. El ego estaba dijo algo coherente jugando con las palabras, pues Adama fue "abierto" (replegado) como muchos 'Einei' (ojos), es decir, como millones incontables de potenciales de conciencia. Antes eran "el ojo", pero ahora se fragmentaron en muchos "ojos", cada uno como un observador de su propia realidad en el cosmos.

Como reza el verso 6, Pistis escuchó a su ego y visualizó aquel Etz como experiencia placentera (en hebreo 'Taavah') y, además, deseable (hebreo 'Nejmad') para tener sabiduría, en el sentido de saber y estar enterado (en hebreo 'Lehashkij'). Las letras finales de "ha.etz lehashkij" (árbol para enterarse) forman el vocablo Tzel (sombra), y con las dos letras anteriores y las tres posteriores forma "ed tzelem lejivan" (vivirán a su imagen; vivirán en su imagen), queriendo ocultar el código que experimentarán una realidad imagen de la superior, siendo todas las cosas una imagen lo uno de lo otro, yo todo ello imagen de lo superior, partiendo de las imágenes de la Mente y su escala de niveles. Y al hacer esto "ve.tanen gam-la.aishah imah ve.iajal", que quiere decir que de lo que probó hizo participar al "otro". Pero aquí hay que recalcar que el texto no dice simplemente 'Ish' (Alef-Yud-Shin), sino Isheh, agregando una He al final del nombre, y la siguiente palabra define a este Isheh como quien estaba con ella, usando la apreciación 'Ameh', que es con las letras Ain, Mem y He. Hay que comprender que ese vocablo se refiere a un 'Am' (pueblo), no a un individuo. El Aisheh – o Isheh – era un colectivo, que era "su pueblo". Por eso el Espíritu Santo profetizó sobre el ego: "no serás contado entre los muertos, pues tu destruiste a tu gente, mataste a tu pueblo, mas no será

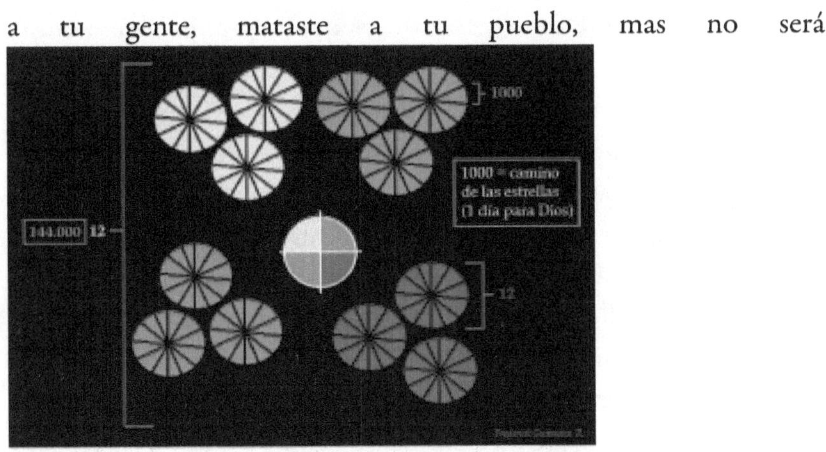

contada para siempre la simiente de los malditos." (Isaías 14:20).

Este verso está dejando escondido el hecho de que Pistis concibió esta idea, pero no quiso experimentar los resultados sola, sino que llevó consigo a la humanidad inmortal, ergo, fueron arrastrados hacia una proyección que tuvo lugar: la Caída. Los "ojos fueron abiertos", "ambos ojos", como refiere el texto hebreo del verso 7, pues los dos representan el Yin y el Yang. Y al ver esto se dieron cuenta de que estaban desnudos ante la Verdad, pues eran incapaces de comprender la dualidad, el propio potencial de la Mente y el poder que desembocaría la idea de Separación. Entonces, refiere el texto, "ve.itperu alah teenah ve.iasu la.hem jageret", que traducen como que se hicieron vestidos con hojas de higuera. Sin embargo, lo que el realidad ocurrió es que se fabricaron cuerpos. El vocablo Taper, como "coser", se refiere a fabricar o diseñar, pues la Mente, una vez tuvo lugar la Caída, configuró según los niveles de densidad cuerpos de cada nivel de densidad para la conciencia individualizada. Al decir "hojas" quiere decir "dioses", toda vez que Aláh es algo ligero, que se eleva o que viene de lo alto (por ello de ahí viene el nombre Alion (el Altísimo)). La Higuera es el tercer árbol en ser mencionado en el relato, y éste simboliza la Salvación, tal como dice seguidamente 've.iashu', que en temura se lee como 've.Ieshua' (y fue salvación).

Lo que ocultamente refiere el texto es que la propia Mente creyó, en ese instante, en la posibilidad de salvarse de lo que acababa de ocurrir, poniendo su esperanza en la Higuera. Así como hubo dos árboles anteriores - o sistemas de pensamiento-vida -, así la Salvación se configuró como un nuevo camino, uno de rescate, que identifica la llamada Expiación o Redención. Ese camino vendría dirigido por los dioses de la justicia (Alah), que son la primera parte consciente de la proyección. Por ello el símbolo antiguo de los dioses de la justicia era un Triángulo y tambIén una hoja de Higuera dentro de un círculo. Esta hoja de higuera asemeja la hoja de la vid, pues la vid simboliza la filiación dentro de la proyección. La higuera es esto en lo superior, y la vid en lo inferior, pues son imagen el uno del otro, mas la vid está abajo – mundos materiales -, y por ello se arrastra por el suelo hasta que deliberadamente el agricultor (el Espíritu Santo) la eleva.

Los tales delantales (hebreo 'Jageret') dan numéricamente 611, como la palabra 'Torah'. La Torah es lo que da luz, instruye o enseña, razón por la cual se entiende como doctrina (aunque por tradición judía se asocia con la palabra 'Juk' (ley)). En el misticismo gnóstico – es decir, del cristianismo místico de los primeros apóstoles – Torah era comprendida como las enseñanzas divinas que recibe el hombre. El judaísmo tomó la concepción de Torah como las normas de Moisés, siendo que las susodichas eran una imagen terrenal de la Torah superior. En estricto rigor, la Torah es en realidad la manifestación, por medio de mandamientos, del Árbol del Conocimiento de Bien y Mal. Es debido a ello que las normas impuestas por Moisés decían "come esto" y "no comas aquello", refiriéndose a participar de las distorsiones del ego que configuras la dualidad del mundo-cosmos. Por ello ninguno de los hebreos alcanzó la luz ni la trascendencia por la obediencia de dichas leyes, a las cuales Pablo de Tarso llamaba "obras de la ley".

La Expulsión del Eden

La voz de la conciencia y el cargo de la culpabilidad llegaron a la conciencia, tal como relata el verso 8 de Génesis 3: "ve.ishmeu et-kol iaheveh elohim mi.tahalej ba.gan la.ruj ha-iom ve.itjabe ha.adam ve.ishto mi.pnei iaheveh elohim ba.toj etz ha.gan". La palabra que dice que ellos "escucharon", forma con temura la apreciación, 'mi.ieshuav' (de su salvación), es decir, una voz en su interior engendró un pensamiento redentor. Esta voz interior fue desde el principio hasta el din del tiempo (Et) un "llamado" (Kol), como dijo Yeshua: "muchos son llamados...", al referirse "al que oye mi voz", esto es, la voz de la Salvación, como asimismo dijo: "yo estoy a la puerta y llamo; si alguno oye mi voz y abre la puerta, entraré a él, y cenaré con él, y él conmigo" (Apoc. 3:20). Esta voz es otra manera también de referirse a la Luz que hubo al principio: "y fue la luz". La "puerta" de la que habla Apocalipsis es la puerta de la Mente. Solo el trabajo sanador del Espíritu Santo, de quien hace parte Yeshua, puede sanarla Mente Errada y corregirla para que se vea otra vez integrada al lugar que le corresponde que es su esencia natural, su estado natural. La "cena" que el Espíritu Santo desarrolla es la interacción de la Verdad, la cual transforma toda la Mente eliminando sus juicios, distorsiones, ídolos, miedos y sentimiento de separación.

La voz superior de la conciencia, el Yo Superior, llamó desde "la otra parte"; la Mente Recta "llamó la atención" de su otra porción para hacer un "llamado" a la integración, al regreso, a la sanación. Eso es lo que significa "iaheveh elohim mi.tahelej ba.gan", o sea, la deidad "que camina en el jardín", que es lo mismo que "laruaj haiom", es decir, en el estado de plenitud (Espíritu) del eón superior (el Día). Agrega el verso 8 que ellos se "escondieron" (hebreo 'Itjapá') de su cara, o sea, de la presencia de la conciencia (la toma de conciencia). Pero, ¿por qué? Por su cargo de culpabilidad. Y esto ocurrió en que ellos se infiltraron (ocultaron) en los "árboles del jardín", que no son otra cosa que los mundos creados y sus niveles. Esto no solo fue manifiesto en los niveles más bajos sino en todo el cosmos. ¿Dónde estaba el hombre? Escondido en sus razonamientos. La Verdad fue ocluta en distintos niveles de dimensión, en diversos niveles de la Mente. Estos no pueden penetrarse tan eficazmente mientras prevalezca el estado de culpa, mientras no se integre el perdón. Debemos perdonar cada faceta dela proyección porque en cada reflejo del holograma hay un espejismo que parte de esa culpabilidad, y en tanto permanezca sin sanarse (perdonarse) no puede oírse la voz interior de la redención.

Esto es el miedo al Espíritu y sentimiento de "indignidad" y demérito. Por ello fue dicho que "el hijo del hombre vino a buscar lo que se había perdido", es decir, a sí mismo. El hijo del hombre vino a la existencia del sueño a buscar lo que había perdido en la Caída: sus vidas consisten en la búsqueda de la Verdad y de la expiación de su culpa. Por ello dijo Yeshua que "el hijo del hombre tiene potestad para perdonar los pecados", pues base que comprenda que su pecado nunca ha sido tomado en cuenta, porque no es real, fue una mera idea. El único que está sufriendo por dicha idea somos nosotros, pues la hicimos real, mas fue real únicamente para nosotros. Por ello Yeshua asimismo afirmó, "tus pecados te son perdonados", pues el hombre sólo aceptaría que el propio Dios le perdonase, pues cree que Dios está molesto, enfadado o indignado por su acción. Yeshua refleja esa idea de Dios dentro de la proyección para aquellos que necesitan creer en un dios que le perdona, pues aún no son capaces de levantar la cabeza y sentirse dignos de sí mismos.

De ahí la frase: "el hijo del hombre vino a perdonar los pecados" - día tras día, por medio de las proyecciones que tiene delante -, y esto es, no sobre Yeshua, sino sobre todos los que constituimos el hijo del hombre. Uno solo es el pecado (la idea de Separación), del cual vienen todos, y si éste no es real, ninguno más lo es. No obstante, tal es el estado de culpabilidad que decía el Espíritu "¿dónde estás?" (Verso 9), en el sentido de que "el Padre busca al Hijo", y con todo el hijo se siente indigno y miserable, y desea ser herido y afligido por su "mal", por su pecado. Esta es la raíz metafísica del deseo de sacrificios para expiar culpas. En otras palabras, el ego crea en la Mente Errada la convicción de que sin sufrimiento (sacrificios) no puede haber libertad, y por ello nacieron las ideas de remisión de pecados (redención), o plan de expiación. El verso 10 es un claro ejemplo de cómo la Mente Errada entra en sus elucubraciones y lleva a concebir la idea de distanciamiento entre el Adam y el Elohim. En vez de decir que oyó su voz y pidió ayuda, lo que hace es que oye la voz del Espíritu y "tiene miedo", pues el ego estableció la idea de ser indigno, aún cuando la ayuda se ofreció. La Mente creó una jerarquía de estructuras y bloqueos para llegar a la Verdad, y esta jerarquía es simbolizada en este "miedo", o sea, la némesis de lo que en sí es Pistis (Fe) como Amor.

El versículo 11 refiere que el Espíritu pregunta a la Mente Errada de dónde sacó la idea de que estaba "desnudo" de la Verdad, y porqué creó con base a la idea de dualidad, que incluso le había advertido que el solo hecho de tocarlo le traería Separación y sus consecuencias. Las respuestas, como es de asumir, radican en señalamientos y acusaciones hacia el exterior. El ego siempre hace a la Mente buscar un culpable exterior, en vez de responsabilizarse de sus propias acciones y de las consecuencias de sus actos. El primer efecto es culpar al prójimo, y el siguiente efecto indirecto es culpar a un demonio, al diablo, a una influencia psíquica o al ego como algo que no podemos controlar. Así el hombre actúa con sus razonamientos predecibles: 1er culpable es Dios porque crea las circunstancias; 2º culpable es el prójimo porque nos ataca, nos provoca y nos mete en problemas; 3er culpable es un agente externo, especialmente de algún ámbito incontrolable, sea extraterrestre, demonio, idea incontrolable, gobierno, educación recibida de los padres o del colegio, la casualidad o la aleatoriedad, el destino, la sociedad, los iluminati y el Nuevo Orden Mundial... el culpable puede ser abstracto, literal, material, subjetivo, ambiguo, y hasta ideológico (culpar al pastor o cura de la iglesia).

Este es el mecanismo del ego, con el cual indoctrina hasta la saciedad, privando a la Mene de controlar sus propios pensamientos y tomar control de su propia vida. Aún cuando la Mente busca respuestas, el ego configura su sistema de pensamientos dual es creando nuevos enemigos, de manera que las otras naciones son malas, las otras religiones son malas, los infieles y paganos son malos, los pecadores (inconversos) son malos, los herejes son malos, los homosexuales y lesbianas son malos, el ladrón es malo, etc. Todo el planeta donde uno está es malo, pero lo más irónico es que siempre el que dice eso es el único que se excluye de la ecuación, el único que sí es bueno, y la víctima de todos los anteriores. Claro, por muy cerca que se acerque a nuestro espacio cuántico, el culpable más cercano de mi desgracia será la pareja, los padres o los hijos, pero no uno mismo. La única oportunidad de tregua que da el ego para mirar dentro de la Mente es para fomentar el estado de auto-miseración: "mia culpa, mia culpa", "soy basura", "soy lo peor". Este juego de conmiseración o victimismo es amado por el ego para seguir eludiendo responsabilidad propia, y es el chivo expiatorio perfecto para evadirse, al grado que fomenta el propio sufrimiento del cual la víctima no desea salir: porque se le acabaría la fiesta (dejaría de ser el centro de atención, y se vería forzado a tener que llevar a cabo un cambo, cosa que odia el ego).

Ese es el ego incoherente, típico de la metáfora donde le preguntan al yo interior y al yo exterior, pero no al ego "¿por qué lo hiciste?". Porque, ¿qué se supone que va a responder si es demente? No tiene una razón coherente para hacer lo que hace. El ego es en sí completamente demente y todo lo que hace carece de sentido, ni vale la pena pretender preguntarle sus razonamientos o comprender su actitud. Todo lo que deriva del ego es un sin sentido. Por ello simboliza el caos. Entonces Génesis 3:14 sostiene que la Najash "por hacer esto" viene a ser Arur (maldecido), así que en adelante el ego pasa a identificar todo concepto diabólico, satánico, demoníaco, pasando a idealizar toda forma de criatura o aspecto el mal. Así nació el mito del Satanás. De aquí deriva la mentalidad de escasez y pobreza, y deseo de humillación, y tal como el ego se identifica a partir de entonces como la idea más baja del sistema de comprensión y razonamiento de la Mente, es la culebra en la raíz del árbol, en la base de la columna, en el foco del primer chakra (instintivo, reproductivo-sexual y de supervivencia). Entonces se crea la enemistad entre el sistema de pensamiento del ego y el sistema de razonamiento inteligente: dificultad en el camino de ascenso.

El ego es la fuente de pensamientos menos espirituales de todos los que llegan a la mente, y el que acapara la mayor parte del sistema de pensamiento de la Mente dentro dela proyección. A eso se refiere el texto al decir que sería maldito entre todas las bestias. Él sería reconocido siempre como el culpable del estado de Muerte. De ahí el juego de palabras 'Gejenaj' (tu vientre) con 'Gehenah' (infierno) en que se arrastra. El sistema de pensamiento del ego solo parte de los razonamientos errados, muertos. Por ello también se reconoce que él devora (se alimenta) en todas las conciencias del cosmos (Afar = polvo) en tanto dure la ilusión: hasta el final de los días (fin de este eón), de los tiempos (final del Tiempo). El verso 12 recalca la enemistad entre los nacidos para vida y los nacidos para sufrimiento, que a nivel dela Mene se refiere al conflicto mental permanente del ser: choque de pensamientos errados y pensamientos objetivos, donde los pensamientos objetivos ganarán terreno yendo a la raíz del problema (la cabeza) para corregirlo, mientras el ego tirará por las debilidades (talón) particulares de cada conciencia individualizada – o sea, los puntos débiles de la Mene serán lo que le causará sufrimiento -.

El varón y la varona están representando los dos hemisferios del cerebro en el aspecto mental biológico, mientras representan las dos polaridades de todas las cosas en un sentido dualista. Esta apreciación es aplicable a todos los niveles dentro de la Proyección. El verso 16 sostiene que el Espíritu da a entender al Hemisferio Femenino que su deseo de polaridad femenina será mitigado, y ese querer actuar estará supeditado al Hemisferio Masculino. De la misma forma, toda polaridad deberá ser equilibrada, y dependiendo de la parte recta de una polaridad (polaridad positiva) de las correcciones mentales de su contraparte, de manea que dependerá una aspecto de la dualidad de la compensación del opuesto. Así el hambriento dependerá del saciado, y el saciado del hambriento; el rico dependerá del pobre y el pobre del rico, el no amado dependerá del amado, y el amado del no amado; el pequeño dependerá del grande y el grande del pequeño. Todo aspecto ha de ser puesto en la balanza para equilibrarse a lo largo del crecimiento y medrar de cada porción de la conciencia individualizada, tal como la propia Conciencia Colectiva se equilibra y lo hace la Mente Colectiva. Lo que debiera ser una unicidad se verá desbalanceado y polarizado hacia uno de los dos lados - incluso donde algo se supone que es "positivo" deberá compensarse la parte dual de sí, su sombra, pues ambas cosa son reflejos de una misma configuración creada como escenario de sanación -.

Por su parte, el verso 17 nos habla de la "maldición de la tierra", o sea, del universo, ya que la Adamah siguió a Pistis en su idea de Separación. Pero esta "maldición" no es mandada por el Espíritu – pues si no, no sería espiritual – sino una consecuencia dada por la propia Mente. Añade que "con el sudor" de su "nariz" trabajará para comer, y solo verá "cardos y espinos" en su estado de desarrollo mortal "hasta el día que regrese al polvo del que salió". Aquí está la clara comprensión de la raíz de las frustraciones y fracasos de la vida-existencia de Tercera Densidad. Este otro estado descompensado no es sino el resultado de adversidad que vivirán mientras no vuelvan a la unicidad, en tanto su Mente no sea unificada. El esfuerzo por conseguir "alimento" es la búsqueda de respuestas y conocimiento; el sudor es la angustia, el trabajo pesado, la incertidumbre, el agotamiento físico y psicológico y el azote de las proyecciones de la ilusión. Por ello agrega que en vez de comer lo que comía en el Eden ahora comerá "hierba" como los animales, o, en otras palabras, el saber y comprender implicará un complejo trabajo de lucha y paciencia constantes, nutriéndose del saber mortal por mucho tiempo. Un ejemplo son los tipos de saber del mundo, como el de los sabios indios que entendían la vida según las plantas y árboles, animales y fenómenos de la naturaleza. Ellos sólo podían llegar cuanto más lejos a comprender la vida bajo el prisma del plano sublunar, cuyo simbolismo sería la "hierba de campo".

Al referirse a que el camino de regreso a la fuente por medio de la filiación hemos de comprender que Eva es la madre del cosmos y a la vez la rescatadora. Por ello Adam le dice "tú me has dado vida" (verso 20) - es decir, Jevah - una vez la ve erguida ante él. Es en la experiencia de la "vida" (Jevah), por medio de la verdadera "fe" (Pistis) que reconocemos el verdadero "Amor", todos los cuales son una y otra vez nombre y atributos para la misma Maia (María), la que fuera un "pueblo rebelde" (Mari-Am), o la raza de la "rebelión". No digo esto para emitir juicios o hacer enfoques condenatorios, porque esa rebelión es meramente la rebeldía del ego, quien provoca que la Humanidad en Gloria (Adama Diamantina) se "rebele" contra la unicidad, al oír su voz seductora de Separación.

Adama llama a Pistis con el nombre de Javah, también porque ella vendría a ser la "madre de los vivientes", o sea, la que pariría no solo al cosmos, sino la que traería a los Hijos del Reino a este mundo-cosmos. Ella crearía la vida del cosmos en su sentido más amplio y contextual. Una vez ocurre esto el Espíritu dota a la Mente Errada con cuerpos físicos, diciendo que reciben "katnot eor ve.ilbashem". Kanot son túnicas, cuya representación simbólica se refiere a la cobertura del alma, o sea, un vehículo o componente externo. Si el mundo es material, las almas tendrían que tener un medio de transporte para moverse en él. Curiosamente usa el vocablo

'Eor' para referirse a la piel, toda vez que el mismo es un sonido equivalente a la forma Aor (luz). La razón de esta analogía es que la cobertura se refiere a los diversos cuerpos de luz-energía de la conciencia en cada estado vibratorio de densidad. Primero ellos se hicieron delantales de hoja de higuera", para representar al cuerpo espiritual o almático, mas luego ese cuerpo espiritual recibe un envoltorio para cada nivel dimensional. A nivel de la Mente esto se refiere a que las ideas de la Mente tomaron forma, materializándose. Se expone la integridad-luz del ser acompañando a toda alma, y el dilema de que la Mente de Colectiva había visto la idea de dualidad, tal como el Todo la comprende y ve (pues Él conoce todas las alucinaciones, aunque no las concibe como reales). Había un riesgo serio en que Adama y Pistis comprendiesen la complejidad de la dualidad y el potencial en su Mente en un estado plenamente consciente. Solo la Mente Infinita del UNO sabe las complejidades de todas las emanaciones y tiene el Equilibrio de todos los Equilibrios y la Sabiduría de todas las Sabidurías, mientras la joven Mente Colectiva era como un niño que acababa de descubrir un revolver cargado y sin seguro puesto. La determinación-decisión tomada por Adama y Pistis no podía ser libre de movimiento dentro de los Reinos Imperecederos porque harían de la dualidad una proyección sempiterna: nunca tendría un final. Incluso si la Mente recordaba inmediatamente su origen, el propio cosmos corría el riesgo de no existir con la distorsión del tiempo, y por ende ser la dualidad un parámetro lineal y permanente, manteniendo indefinidamente el estado ausente de gracia para todos los caídos.

Así fue que se les echó de las Moradas Eternas, y fueron a parar a su propia creación, el cosmos. Esa expulsión es definida como 'Ishlej' (mandados, ir), yéndose a los estados de samsara para privarles de la directa inmortalidad, y de esta manera todos nosotros entramos en las perplejidades (hebreo 'Leabod') de nuestra propia creación. Ese Abod (trabajo) se refiere a la esclavitud, la servidumbre, la perdición, el abismo, el trabajo y otras difusiones de la llamada Muerte – pues todas estas palabras son así traducidas en la Biblia Castellana a partir del vocablo 'Abad' y 'Abadon' -. Llegó entonces la Caída desde los planos mayores a los estados mortales y de sufrimiento, y hubo un lugar a la "derecha" del Jardín, un estado no muy lejano desde el cual empezaría la historia de Maia. Ese sitio, llamado Kedem, simboliza el lugar antiguo e inicial donde comenzó la humanidad en este universo, pero aunque desde ahí podían ver el camino de regreso, se puso una escala de jerarquías de niveles de ascenso que es protegida y dirigida por seres elevados de luz pura. El tal Kerub cuya espada daba vueltas (hacía espirales) protegiendo el camino no es otra cosa que los guardianes de los portales.

El Hijo de la Serpiente

El capítulo 4 comienza afirmando que Adam "conoce" a Javah y ella concibe un hijo, pero las sospechas e que ella ya estaba embarazada nos llevan a analizar ciertos manuscritos: «...dijo al arcángel Mijael: "Di a Adam: 'no reveles el secreto que tú sabes sobre que [es] tu hijo Caín, porque él es un hijo de ira. Pero no [estés] triste, porque yo te daré otro hijo en su lugar, deberá mostrar (a ti) todo lo que has de hacer. Así que no digas nada.'"» (Apocalipsis de Moisés 3:2) Un texto posterior refiere: «Primero ocurrió el adulterio, luego el homicidio. Y (Caín) se engendró en adulterio, pues era el hijo de la serpiente. Por eso vino a ser un homicida tal como su padre, y mató a su hermano. Pues cada apareamiento que ha ocurrido entre disimilares es adulterio.» (Evangelio de Felipe 1:46) en otro podemos leer: «Los arcontes se acercaron a [Norea] con el propósito de engañarla. Su jefe supremo le dijo: "Tu madre Eva vino hacia nosotros". Pero Norea se volvió hacia ellos y les dijo: "Vosotros sois los arcontes de la oscuridad, estáis malditos. Realmente no habéis conocido a mi madre, sino que la que habéis conocido es a vuestra viva semejanza. Yo no soy de vuestra progenie, antes bien procedí del mundo superior". El arconte arrogante se revolvió con toda su potencia y su rostro tomó el aspecto de un [...] negro. Haciendo gala de audacia se dirigió a ella en estos términos: "Es necesario que nos sirvas como lo hizo tu madre Eva, pues me ha sido dado [...]".» (Manuscrito de la biblioteca de Nag Hammadi)

Luego nos encontramos con el siguiente, que se complementa con los pertenecientes a los hallados en Nag Hammadi: «Y llegó el sexto mes de embarazo, y he aquí que José volvió de sus trabajos de construcción, y, entrando en su morada, la encontró encinta. Y se golpeó el rostro, y se echó a tierra sobre un saco, y lloró amargamente, diciendo: "¿En qué forma volveré mis ojos hacia el Señor mi Dios? ¿Qué plegaria le dirigiré con relación a esta jovencita? Porque la recibí pura de los sacerdotes del templo, y no he sabido guardarla. ¿Quién ha cometido tan mala acción, y ha mancillado a esta virgen? ¿Es que se repite en mí la historia de Adán? Bien como, en la hora misma en que éste glorificaba a Dios, llegó la serpiente y, encontrando a Eva sola, la engañó, así me ha ocurrido a mí".» (Proto-evangelio de Santiago 13:1) Y el apóstol Juan deja este dato: «El primer gobernante vio a la mujer joven de pie junto a Adán y observó que el Pensamiento Posterior iluminado de la vida había aparecido en ella. Sin embargo, Ialdabaot estaba lleno de ignorancia. Así que cuando el Pensamiento Anterior de todos se dio cuenta de lo que estaba sucediendo, envió emisarios y ellos robaron la Vida de Eva. El primer gobernante violó a Eva y engendró en ella dos hijos, un primero y un segundo...» (Libro Secreto de Juan 13:5-7)

«... Pero esto no es (la) verdad ni Adán (la) Eva verdad. Porque cuando comieron del árbol del conocimiento, pisotearon los Querubines y Serafines con la espada de fuego. [...] después de haber dado a luz [...] descendientes de los arcontes y sus cosas del mundo, [...]. Y las hembras y los machos, los que existen con [...] oculta de toda índole, y van a renunciar a los arcontes [...] una semilla...» (Fragmentos del manuscrito de Melkitzedek, del códice IX, NH) Finalmente, si comparamos la versión aramea, podemos leer: «Y conoció Adam a Eva, su mujer, quien había quedado preñada de Samael, [mas] la codició fuertemente Adam por el ángel, y la transgredió, y ella dió a luz a Caín.» (Targum Pseudo-Jonathan, siglo XV d. C.). La traducción aramea explica el verso hebreo original dando a entender que Adam deseó unirse a Eva a pesar de que ella estaba embarazada de Samael, y al unirse Adam a ella hubo adulterio, pues ella ya se había unido previamente a Samael, de manera que el hijo nacido de Eva fue en adulterio, Caín (hijo de Samael, y además unida su madre a otro (Adam) mientras él (Caín) estaba en gestación (o sea, otro aspecto de adulterio)). Esta es la versión incluso aceptada por los eruditos judíos, ya que opinaban igual que el Targum desde siglos atrás, a la luz de la comprensión del texto hebreo.

Una forma de deducir lo mismo con simpleza es comprender que cada nombre dado a una persona y lugar en hebreo deriva de una razón (no se daban los nombres porque sonasen bonito). Kain significa lanza, un nombre que nada tiene que ver con el propósito que se esperaría del primogénito del hombre imagen de dios, y por ello Caín no aparece en la genealogía de Adam. Kain se deriva de la forma Kiná (celo), lo que significa que el nombre se le dio porque su concepción fue dada por un acto que derivó envidia. Kain también deriva de la forma Kaná, que es comprar o adquirir, pagar por alguien. El texto hebreo afirma que Eva le llama así porque se lo compra a Dios, o sea, ella solicita el hijo a Dios, como si no fuera de ella, como una madre que se responsabiliza de otro hijo o de un hijo que no corresponde con la simiente o el rol de la genealogía, o la misión familiar. En la cultura hebrea esto se hacía cuando un hijo era ilegítimo pero se tomaba como adoptivo. Era común pagar por el rescate o vida de otra persona ajena para liberarle o darle derecho a una familia, una integración social o herencia.

Eso explica que el vocablo hebreo usado para la acción que tuvo la serpiente (Samael) con Eva fuese la de Hishian (seducir) no Matpatah (tentar). Por ello el texto sostiene la relevancia de que estaban "desnudos", pero tras eso vieron que ya no lo estaban. La desnudez se usa en coloquialismo hebreo para identificar las relaciones sexuales íntimas. Por ello dice además que "supieron" que estaban desnudos, y "conoció", o que era un árbol de "saber", pues todas ellas son expresiones culturales que hasta el presente se utilizan en lengua hebrea para referirse al acto sexual íntimo, y derivan de la idea de la "astucia" o "experiencia" sexual. Justamente dichos versos dicen que estaban "desnudos" (Arum) y que la serpiente era la más astuta (Eirom) de todos los vivientes. Eirom y Arum son la misma cosa si se lee en caracteres hebreos. Estas 3 razas, o tipos de humanidad, definidos como Kain, Hebel y Set, son la representación de los adamantinos en este mundo, es decir, los setitas que llegaron y se definieron en uno de estos 3 aspectos. Kain simboliza la decisión de obrar del ego y su fe en la separación; Abel son los pensamientos justos, pero aún duales o semi-duales, el razonamiento objetivo, pero sin la luz de arriba; Por ello vino después Set, que es el obrar del Espíritu Santo, la Mente Recta. Un pensamiento mata; un pensamiento es objetivo, pero no salva; otro pensamiento trasciende al ser y lo lleva de regreso a la Fuente. Precisamente se llama Set pus es imagen del padre de la raza setita.

La Era Posterior

Los dioses son engañados por la proyección y caen en los espejismos de las pasiones. Las conciencias colectivas producen autodestrucciones masivas. La conciencia busca unificarse, pero aunque su mente tiene las ideas en común, su subconsciente siente aún cargo de culpabilidad. La unificación de conocimientos, datos, y experiencias de la Mente se vienen abajo y se dispersan en su creencia de que por medio del conocimiento, sin componente espiritual, se puede llegar a la plenitud. El hombre crea figuras e ídolos en el amor mortal, configurando especialismos en familias, naciones, tribus y razas - en vez de buscar la filiación - y en consecuencia el yo superior los disgrega en experiencias de amor para que comprendan el amor junto con el conocimiento profundo que tienen salvaguardado. ¿De qué estoy hablando? El posterior relato nos cuenta que los asesinos (cainitas), que son los pensamientos egóicos, quedan patentes al ver lo que causan en otros (Habel), y empiezan a ser definidos (marca de Kain) y expulsados (la tierra de Nod). No mucho después la perversión llega del cielo, manifestándose que "ángeles caídos" hacen de las suyas y la revolución social desencadena un diluvio.

Los Bnei Elohim (hijos de los dioses de Génesis 6:4) es el inicio de la unificación de los pensamientos superiores con los inferiores; la Mente Colectiva elevada con la baja. Esta mezcla deja patente que los que se creen más entendidos actúan bajo la arrogancia del ego, pues el saber más no indica mayor espiritualidad. Es más, la inteligencia, la sagacidad y el conocimiento sin prudencia, amor ni sabiduría conlleva en la tiranía contra los más débiles y vulnerables, desencadenando en injusticias, sufrimiento y dolor. Empero, la Mente debe limpiarse, y empezar de cero (diluvio). Mas si no hay búsqueda de la Verdad, solo se repetirá el patrón, añadiendo ideas, conocimientos y filiación con el interés de vanagloriarse, encontrar reconocimiento, ser egocéntrico y querer verse superior, mejor o más especial. Así se expresa en el relato de la construcción de la famosa torre de Babel. Puedo dar muchos más ejemplos, pero a partir de ahora tu leerás y discernirás por ti mismo estos significados, ya que has comprendido la raíz metafísica, mental, filosófica, metafórica y espiritual de los relatos.

RESUMEN

El relato del Génesis de Moisés y la actual teoría científica están muy de la mano la una con la otra. Parecen no coincidir a simple vista por la semántica, es decir, por el vocabulario utilizado: las palabras de hoy y las de hace 3.500 años difieren. Hoy tenemos definiciones más concisas para cuestiones para las que en la antigüedad no había vocabulario o cultura. Mucho menos había el increíble avance de conocimientos que hemos ido sumando década tras década. Pero hay que tener presente que el hebreo y el español son idiomas completamente distintos, y uno de los dilemas de cualquier traductor es encontrar, no solo una palabra correspondiente, sino una idea que se asemeje, toda vez que muchas definiciones no existen en otros idiomas y dialectos o sencillamente significan algo incluso opuesto a lo que es en otra cultura.

Barashit (Génesis) empieza diciendo en el original hebreo: "barashit bara elohim et ha.shamaim be et ha.aretz" (vers. 1). Barashit (en el comienzo) bara (creó, formó) Elohim et ha.Shamaim (el Shamaim) be et ha.Aretz (la Aretz). La escuela valentiniana (siglo II d. C.), que fuera la más afín a las enseñanzas de Yeshua que aún no se habían mancillado (lo cual ocurrió siglo y medio después cuando Constantino subió al poder) describen bien este hecho, definiendo esa Shamaim como lo primero que existió, y aquella Aretz como la primera realidad existente tras existir ese Shamaim inicial. Es importante saber que esto ha sido poco sabido, ya que la mayoría de cosmovisiones parten de lo que ocurrió después de "la luz", no de lo que existió antes de ella. Pero ocurre un "error" en la estructuración cronológica del texto que leva a confusión si se pretende comprender el relato de manera lineal. Dice el verso siguiente que la Aretz estaba "desordenada y vacía", pero lo cierto es que la "confusión" o "caos" que pretenden definir las palabras hebreas originales de este verso no evocan al cosmos, pero son aplicables al cosmos en un estado atemporal, en tanto la "luz" llena el espacio.

El siguiente verso afirma entonces, "tié or, ve ií or" (sea luz y fue luz). La teoría científica afirma que la energía es producida por la magnitud, fuerza y oscilación de una onda. La energía, dependiendo de su rango, puede ser visible en una fracción pequeña, como la que perciben nuestros ojos. Pero no toda la energía es visible. La inmensa mayoría no lo es para nosotros, aunque cierto rango lo podemos percibir aunque no necesariamente lo veamos (como el calor). La Or (luz) se produjo tras ser creado el Universo Espiritual-Etérico (el Primer Shamaim, o "Shamai et ha.Shamaim" (Cielo de los Cielos)) y posteriormente los Universos Aretz (estados de la materia y semi-materia), esa aparición de la luz es conocida como 'Big Bang'. Los universos llamados Aretz (tierra) son el Reino de los Cielos derivado del Universo Espiritual-Etérico llamado Shamaim. Posteriormente en lengua hebrea los cielos y tierras (planetas) que aparecieron después recibieorn el nombre, respectivamente, de Shamaim y Aretz. Es decir, primero el UNO creó un Primer Universo, que los kabalistas llaman Ein Sof Afur, y algunos en el judaísmo clásico llaman Arabot (apreciación equivocada, ya que Arabot es el concepto de cielo máximo dentro de lo creado en el cosmos, no antes del cosmos, pero suele servir como idea del mundo superior, o Atzilut). Este Primer Universo está fuera del Tiempo y fuera del Espacio.

El Universo del UNO produjo otros universos, llamados 'Aretz', nombre que heredó nuestro planeta como imagen del Primer Aretz. Ahí existió la primera humanidad (de quién tomó nombre el Adam terrestre) y es el origen de Dios, de este cosmos y de los primeros ángeles y reinos del cielo. Entonces este Universo Aretz se manifestó en una escala perceptible de donde se produjeron los sentidos, llamado Beriá, o esfera de la creación. Esto fue por medio de una explosión de masa cuántica de conciencia potencial materializándose en el "vacío", y a este acontecimiento la ciencia lo llama 'Big Bang'. Por eso fue dicho, "tií or" y entonces "ií or" (hubo luz). La luz trajo la materia porque Elohim se hizo consciente de sí mismo dentro de su propia creación. Esto fue ya dicho por Albert Einstein en la famosa fórmula 'E=MC2'. Esto significa que hay una directa equivalencia entre masa y energía, esto es la Teoría de la Relatividad. La física cuántica comprobó décadas después con el Experimento de la Doble Rendija que ciertamente la luz no solo tiene masa sino que funciona como onda o como partícula dependiendo del "observador" (quien es consciente de la realidad). Esto es referido por le profeta Henoc, cuando el Creador le dijo: «Si yo giro mi rostro, entonces todas las cosas serán destruidas.» (2ª Henoc 33:5)

La luz es el efecto de oscilación de longitud de onda que puede ser visible para nosotros, pero asumiendo que Dios hizo la luz no dependiente de un ojo observador, en efecto, la energía producida por el fotón en cualquier escala corresponde con la palabra hebrea 'Or' o 'Aor', citada por vez primera en Génesis 1 en el verso 3. Esto quiere decir que en la época en que no existía aún la palabra Energía, ni mucho menos Electricidad (como manifestación posterior de un efecto de transmutación de la energía), ciertos ángeles dijeron a Moisés que utilizase el vocablo 'Or', aunque para los antiguos solamente significaría "luz visible". Para los espirituales, Or puede ser también espiritual, pues está escrito que UNO "mora en OR inaccesible que ningún ojo puede ver", y también dijo el Mesías, que "brille vuestra OR delante de los hombres para que vean vuestras buenas obras y glorifiquen al Padre del cielo". Yeshua usa la palabra Or para referirse a la Verdad, al conocimiento y a la iluminación del ser. Empero, si Dios lo ve todo, Él ve más que la franja del espectro de nuestros ojos carnales, y ve la luz de las ondas electromagnéticas, microondas, rayos x, infrarrojos, rayos gama, rayos ultravioleta, rayos cósmicos y quien sabe qué más bandas fotónicas que nosotros no percibimos.

Barashit (Génesis) nos dice que la Aretz manifiesta (la emanada de la primera) estaba en "tohu va.bohu", una hendíadis usada coloquialmente en lengua alemana para decir "locura" o "desorden". Tohu es la partícula base del vocablo hebreo Tehom (abismo), mientras Bohu es la partícula base del vocablo Behemah (bestia). La combinación de ambas ideas Tohu-Bohu representan una única estructura conceptual que quiere decir "caos", en idioma hebreo. Esto es el antagonismo del Seder (orden). ¿Por qué crearía el Dios algo desordenado? Si no había nada aún, ¿qué era lo que estaba desordenado? Lo primero manifiesto después del universo de Elohim fue una "Nada Infinita" (en realidad no es nada, pues es conciencia). Entonces la Or, "que era Tob (bueno)" obró. Tob es el calificativo que usaban algunos de los apóstoles en la cultura cristiana primigenia para referirse al mismo a quien Yeshua llamaba "mi padre", como se describía en la escuela valentiniana (siglo II d. C.). Tob fue manifiesto, y por ello también fue llamado Or, que otras culturas tradujeron a su propia lengua para definir al mismo dios (por ello la palabra 'Dios' procede del dios del 'Día' (que es señor tanto del tiempo como de la luz)). Lo más destacado sobre la Or es que, siendo el potencial del universo, es, a su vez, todo el universo. Por ello, aunque se trate de pensar que la luz y la materia son cosas distintas, en realidad, la materia es parte de la Or, pues es energía, y no solo la materia sino todo el cosmos. Por ello se descubrió que el universo está sostenido y conectado por Energía Oscura, una porción menor es Materia Oscura, y el resto pequeño es materia como tal. Si bien, todo es lo mismo, porque el Éter (energía Oscura) y las otras formas de materia son cargas eléctricas en distintos grados de oscilación de onda. O sea, todo el universo es Or, aún a donde no baña la luz visible.

Se sigue narrando, afirmando que el Ruaj Elohim "revolotea", sin decir previamente de dónde salió ese 'Ruaj' (viento, espíritu, fuerza). Ruaj Elohim es la acción creadora de Tob/Or, pues el fotón no es solo materia, como dijo Einstein, sino un paquete de información, una partícula de Conciencia. En consecuencia, el fotón produjo el átomo por acción de una "fuerza" invisible o "ley" de movimiento que es sostenida por el Logos a causa de la conciencia. Esa Ley, o Seder, fue desplazándose por el infinito, extendiéndose como esfera a casi 3 x 10 elevado a 8 metros por segundo. Las primeras fracciones de energía que aún no estaban sujetas a la Ley de conciencia que produce el fotón, eran aleatorias, y en consecuencia, "caóticas". Igual que un pensamiento sin sentido cuando alguien divaga, a diferencia de una idea bien estructurada que se convierte en una palabra, un proyecto o una acción. Como la Conciencia de Elohim no se había focalizado en ciertas áreas, éstas debían esperar la hora de que su Conciencia las organizara.

Al focalizar la energía, el Ruaj "merajefet" (revoloteaba) sobre la masa atómica. El primer efecto manifiesto de la conciencia fue el fotón (Luz), más la energía de Elohim focalizó todo en cargas (positiva y negativa) respetando la Ley, donde no debían separarse de este principio. El Logos-Ley es el quanto (partícula cuántica) que sostiene los átomos. El primer valor atómico fue llamado 'hidrógeno' en 1783, pues significa "productor de agua". La materia inicial, como descubrió la ciencia en el siglo XX, de la que se forma la materia en el universo, y de ahí las masas (como planetas, cometas, estrellas, etc.) son nubes de gas de hidrógeno cósmico. Al compactarse produce otras reacciones, derivando en la formación de los cuerpos en el espacio. Por ello dice que el Ruaj revoloteaba sobre la cara de "ha.maim", y nadie le dice a uno porqué dice que estaba sobre el agua sin haber previamente dicho de dónde había salido ese agua.

El agua en hebreo, por regla general, es un vocablo plural, igual que Cielo. Y los ángeles, que enseñaron la lengua hebrea, dieron a entender que el cosmos es agua (por ello muchas culturas, como los egipcios, llamaban al cielo estelar "mar"). Efectivamente, como dijo Pedro, todo "vino del agua y por el agua subsiste". Por esa razón la masa de hidrógeno celeste es definida en la Biblia como Shamaim y como Maim. La parte superior que es menos densa está "allá". En hebreo "allá" es 'Shama', y "allí" es 'Sham'. En el espacio no hay arriba o abajo, y el uso de arriba y abajo es realmente una apreciación para algo ligero y algo más denso, que espiritualmente es la contraposición de lo excelso ante lo ilusorio. Es decir, lo ligero es el gas cósmico, y lo denso es la materia componiendo materia sólida y líquida.

Luego, la definición 'Maim' (aguas) se forma de tres abyad: 'Mem', 'Yud' y 'Mem', que significa "lo que tiene el mar" (M-Y-M = Ma YaM), o de lo que se compone el mar o lo que es el mar. La letra Yud va entre una Mem y otra Mem (símbolos del agua) para recordar que el agua existe por conciencia, no por casualidad, y asimismo que hay conciencia entre una masa material y otra, sean planetas, cometas o asteroides. Por ello los remotos egipcios llamaban al cielo nocturno "el gran mar". En consecuencia, hubo "aguas" abajo, representadas en mundos esféricos con gran porción de los componentes de la Tabla Periódica de los Elementos expresados en manifestaciones diversas de la fisicalidad (sólido, líquido y gaseoso), y lo mismo arriba, pero en otras proporciones y manifestaciones. Por que lo que es arriba es abajo. Mas ambos están también entrelazados, pues las esferas planetarias y estrellas envuelven y son envueltos por dimensiones espirituales superiores e inferiores de 7 niveles cada una.

Las revoluciones del Ruaj focalizado en el espacio produjo vórtices, y estos, por ley de Ampere (que es otra de las leyes mantenidas por la conciencia), crearon toroides de conciencia y energía, atrayendo a sí las partículas atómicas y formando los planetas y las estrellas (que son la condensación, no de materia líquida, sino de otra forma e compresión del hidrógeno en altas temperaturas en medio de las nubes de gas, para fusionarse y crear helio). Los elementos más pesados, atraídos por el centro focalizado de la conciencia, fueron abajo, solidificándose, y los menos ligeros fueron líquidos (pues se mantienen por energía, que es conductora), así como los aún más ligeros fueron gaseosos (que cuando se unen proyectan esta energía en rayos). Cada mundo, según el nivel de conciencia, tuvo más de estas proporciones que otra. Y lo mismo respecto de las estrellas, cuya conciencia era superior a los planetas, y de los planetas superior a la de los cometas, y esta superior a la de los asteroides. De esta manera la tierra condensó en su interior el caos líquido-sólido mientras los elementos ligeros se iban reflejando en una Atmósfera. Esto es debido a los niveles de conciencia del toroide, que crea planos en la esfera y, en ellos, niveles de presión.

Luego, de la masa inferior, condensó unas y otras progresivamente, separando las más pesadas de las más ligeras, dando lugar al Océano 'Panthalasa'. Y las más pesadas posteriormente formaron Pangea. Pero para que Pangea diese lugar a los continentes, Shamash (Sol) trajo la radiación que influyó en los procesos de conciencia de la esfera planetaria, pues la radiación solar incide en las presiones de la corteza terrestre dando como resultado el movimiento de placas continentales. Por ello al aparecer el sol la vida se multiplicó y fomentó en la Tierra. Así "apareció lo seco", como traducen al español en el verso 9. Y esa parte seca (sólida) representó la Aretz de este mundo. El resto de agua de la esfera planetaria recibió el nombre colectivo de 'Yamim', que es tanto "mares" como "días", pues este mar es imagen del celeste, el cual primero era llamado Or (luz) y luego Yom (día, luz diurna).

Aparecieron por el Ruaj-Conciencia de Elohim en este cosmos las estrellas, tanto las físicas como las espirituales (ángeles), para guiar y ser referentes. Y empezó la lucha entre el bien y el mal en los cielos y en las tierras, como dijo Moisés, "leiabdel ba or be ba joshej" (separar entre luz y entre tiniebla). Pues lo físico es imagen de lo no físico, y lo material de lo inmaterial. Debido a esto los vedas en la India llamaron a dicha batalla celeste la 'Lilá', como en hebreo es 'Lilah' (noche) o 'Laila'. Posteriormente el Bueno mandó a sus ángeles de este cosmos a traer la vida biológica a los mundos Aretz, como el nuestro. Empezaron primero en los mares y luego pasaron a la tierra firme, mejorando las células hacia estructuras más complejas, desde el tipo vegetal y el tipo animal, eligiendo entre ellos los que finalmente debían quedarse (pues descartaron a los dinosaurios porque no podrían habitan juntamente hombres y Taninim Gdolim). Posteriormente prepararon el escenario para la formación biológica del vehículo corporal humano, para que las almas del Aretz celestial viniesen a este cosmos.

El propósito de estas almas es experimentar el universo creado por el creador del universo Aretz, llamado Elohim, que somos nosotros. Pero en ese camino hemos de comprender que nos separamos de la unicidad de forma ilusoria, creando culpabilidad, y por ella hay sufrimiento. Entonces el perdón sería la manera de subsanar el engaño del ego. Ellos, o sea, nosotros, decidimos venir a vivir en estos universos y disfrutar de la Creación dispuesta para nosotros por medio de caminos diversos de aprendizaje, pero el dolor entró por la comprensión de que estamos fuera de la presencia del verdadero Dios y su Pleroma. Hubo mundos y reinos espirituales y semi-espirituales antes que el nuestro – como los hay en este y los otros universos por miles incontables de millones –, como dice el Midrash, "el eterno creó mundos y los destruyó". Y como dijo sobre estos el rabino Itzjak ben Yakob ha-cohen, hubo al menos 3 rebeliones de ángeles en diversos reinos celestes antes de este en que Samael (personificación del ego) se opuso al UNO y se hizo dios, diciendo sobre el Abismo, "soy Dios y en medio de los Yamim estoy sentado", y de cuya escuela de pensamiento surgió Heilel ben-Shajar (Lucifer) en los días de la creación de la vida en la Tierra.

Lo único que existe es el Ein (que es Nada pero lo es Todo), y de Él emana Ein Sof (lo insondable e ilimitable), y de Él, Ein Sof Aur (luz ilimitada). Ein Sof Aur es la realidad del Todo (Pleroma) que se contempla a sí mismo, y ve su propia Mente (llamada Barbelo). Ein Sof Aur es el Primer Padre Infinito, también llamado Silencio. Barbelo es la Primera Madre Infinita, también llamada Doxa (Gloria) o Primer Pensamiento. El Silencio y la Mente produjeron un Hijo (Uios) al que llamaron Ungido (Jristós o Mashij), y Él pidió un reino, entonces le dieron 4 estrellas (ángeles-príncipes), 4 asistentes, 4 representantes, 3 virtudes por reino, y múltiples seres de luz. Todo ese reino se llamó Elohim (su totalidad se llama 'Seno del Padre'), y es el Reino Imperecedero que constituye el primer universo matriz del cual se crearon 22 universos.

Elohim es una Conciencia Colectiva, compuesta por incontables luces inmortales que constituyen la primera raza, cuyo primer ser fue llamado Adama, es decir, Hombre. El primogénito de Adama fue llamado Set. Adama moró en los reinos de la primera estrella, llamada Armozel; Set moró en los reinos de la segunda estrella, llamada Oroiel; la raza de Set moró en los reinos de la tercera estrella, llamada Daveite. Hubo pues Voluntad y Posibilidad, y ello permitió el Criterio, y esto fue depositado en los reinos de la cuarta estrella, Elelet. Los tres reinos de Elelet eran Antílipsi, Eirinis y Sofias. El reino de Sofias era el de la virtud Pisti (que traducido es 'Fe'), llamada también Agapi (que traducido es 'Amor'). La Mente Colectiva llamada Elohim, que es lo mismo que A-Dam (raza divina), pensó en la idea de ser algo ajeno a la Mónada (la completitud de la unicidad) y ese pensamiento se originó en Sofías. Tal potencial no pudo ser contenido, de manea que explotó hacia la inmensidad de Ein Sof, como dijo Moisés, "y fue la luz", y a lo que la ciencia denomina Big Bang. De esta manera Pisti creó este universo (llamado Maia), pero al hacerlo sin la parte de Uios (el Hijo), hubo carencia, de modo que se produjo el cosmos, llamado también mundo, es decir, este universo físico. En otras palabras, la idea del ego que apareció en la Mente Colectiva Elohim produjo una realidad o sueño en el Ein Sof bajo el principio de dualidad: bien y mal. A eso se refería Moisés con que en Eden (los reinos imperecederos) se plantó un árbol de ciencia de bien y mal, y del cual tomó Adam.

Cuando Pisti vio lo que había hecho, estaba alterada, como dijo Moisés, "el ruaj revoloteaba sobre la cara de las aguas", y la Mente Recta no dualizada la derivó como ayuda para sanar el sueño, y por ello ella fue llamada Jevah, es decir, Vida, que otros conocen colectivamente como Espíritu Santo. Ella atendió al ego (cuyo arquetipo es la serpiente), y eso produjo el primer y único pecado: La separación. Ella no podía hacer la restitución sola, así que del Seno del Padre - por voluntad del Hijo - enviaron 4 arcángeles a ayudarle: Mijail, Gabriel, Uriel y Rafael, y luego otros 3. La idea dual creó luces y oscuridad, seres de bondad y seres de maldad. Desde entonces múltiples seres de los reinos inmortales han venido al sueño a ayudar a Pisti como parte del Espíritu Santo, y otros han dejado la oscuridad, arrepintiéndose y consagrándose a la luz. De los reinos superiores vinieron dos grandes luces, llamados Iao y Melki-Tzedek Mayor, quienes han luchado contra la oscuridad desde el principio del mundo-cosmos (Maia), como dijo Moisés, "y diferenció la luz de la oscuridad", y escribió el apóstol: "desde los días de Iojanan el sumergidor, el reino de los cielos sufre violencia y los violentos lo arrebatan" (Iojanan es al paloma (Iona) que nos introdujo al agua de la ilusión pero igualmente nos sacaba de la ilusión por medio de un renacimiento, es decir, la obra del Espíritu Santo (la Iona misma)).

El bando de Iao y Melki-Tzedek Mayor se llamó Yom (Día) o Iamin (Derecha), y el del archi-demonio Samael y su sombra Nebro se llamó Laila (Noche) o Smol (Izquierda). El hijo de Iao, llamado Adonai Mayor, reclutó a otro dios para luchar contra los poderes de Samael y Nebro que rigen el destino de esta parte de la Vía Láctea desde la Quinta Dimensión hacia abajo. Aquel dios que luchó con

Adonai Mayor contra la Izquierda-Noche fue Iaheveh (conocido en la remota antigüedad como Adonai Tzabaot, o Señor de los Ejércitos), quien vino a la Tierra hace más unos 25.000 años para hacer del humano animal una entidad capaz de ser inmortal, como dijo Moisés, "insufló en su nariz aliento de vidas", es decir, aspiración a la trascendencia del ser. Iaheveh regresó a nuestro planeta hace 3.300 años con el objetivo de instruir a un grupo racial en concreto con códigos PNL para tratar de activar a otro nivel el gen FOX-P2 que había introducido hacía más de veinte mil años en nuestro ADN. Iaheveh no es un solo ser sino un colectivo donde más de 13 (12+1) príncipes tienen su Nombre. Samael envío a sus ángeles para confundir a los que recibían los mensajes de Iaheveh, creando mensajes disuasorios de elitismo, nacionalismo, imperialismo, supremacía racial, dualidad y fanatismo religioso, por ello Samael dijo a Abraham "sacrifica a tu hijo" - pues Abraham es imagen en la proyección de Adama en los reinos inmortales -, pero los ángeles de Iaheveh intervinieron y le hicieron luego creer que era una prueba, para no confundirle. Iaheveh (quien en ese tiempo era de Sexta Dimensión) abandonó la Tierra y décadas más tarde salió del sueño (Maia). Iaheveh no era perfecto, ni sus métodos fueron perfectos. Se distorsionaron sus mensajes porque la forma de pensamiento de los humanos (seres de Tercera Dimensión) eran "más bajos" (Isa. 55:8-9) que los suyos, y no se entendían.

La Muerte apareció cuando se produjo Maia, pues antes no existía, ni existe en la realidad de los inmortales. Samael creó 7 dioses, a los que RVA define en castellano como principados o autoridades; y ellos crearon 7 poderes, a los que RVA define en castellano como "potestades" (de donde vienen los Sirim), y ellos produjeron 49 archi-demonios, 365 ángeles de oscuridad y muchos lilim, rujot ha-temaa y shedim. Entre su principal jerarquía crearon 36 kosmokrator para controlar a los mundos físicos y a los seres de menor densidad de vibración. Estos seres son definidos por la RVA en castellano como "huestes de maldad de este siglo en las regiones celestes". Los 7 principados y los 7 poderes se mezclaron para crear la Muerte, que se constituye de aquellos 49 archi-demonios. Muchos de estos imperios fueron atados en órbitas y ángulos dimensionales de las estrellas donde trataban de controlar, y otros fueron lanzados a los Thalas (planos de error), y otros huyeron fugitivos, escondiéndose en planos y dimensiones inferiores, huyendo muchos de ellos a planetas físicos, como el caso que describe Génesis 6:4 (y cuyo juicio se menciona en Job 1:6 y 2:1).

Empero, no existen pecadores. El pecado es una percepción de culpabilidad de la Mente Colectiva Elohim que está dentro del sueño Maia en su estado de culpabilidad. El ego de la Mente Colectiva pretende crear constantes proyecciones de sufrimiento (muerte), desde enfermedades, dolencias, desgracias, "mala suerte", tropiezos, infiernos, etc. Por ello el ego de la Mente Colectiva, o "el satan", materializó a lo largo de la proyección del sueño entidades que personificasen su demencia, o sea, la idea incoherente de creer en separarse del UNO. Una de esas personificaciones fue Samael. Todas sus fuerzas son llamadas Heimarmene, es decir "el destino", y su plan consiste en atar a las conciencias dentro de su alcance a la Muerte (el estado de inconsciencia permanente), y por ello ataron a las conciencias sus fuerzas de oscuridad. Por ello el bando de Iao y Melki-Tzedek Mayor los han sometido y enfrentado en todas las dimensiones desde la Quinta hacia abajo, en planos y en mundos. El pecado no es otra cosa que la conexión del ser con la energía de una de las tantas fuerzas del Destino, y por tanto, una atadura al Karma (ley de siembra-cosecha de cosas llamadas "perniciosas" o "malas").

No hay nadie culpable de nada. Todos son proyecciones dentro de un sueño. La Mente define, según sus creencias particulares, lo que será la experiencia del ser. Cuando la Biblia habla de que "el malo será destruido", no se refiere a un cuerpo ilusorio – porque nada real puede ser destruido, y nada que sea ilusorio será ratificado como real por la verdad -, sino a las ideas erradas de la Mente dual, que el Espíritu Santo desintegrará por medio del despertar de la conciencia. No entendéis las Escrituras como no las ha entendido prácticamente nadie desde Moisés hasta hoy, porque ponen la mira en la ilusión (el mundo) y lo interpretan desde los fenómenos de una proyección dual. La realidad de las Escrituras es la Verdad de la Mente, no de las imágenes de un holograma: un espejismo, un juego de espejos. La Mente crea las imágenes, formas, colores, sonidos y todo lo que existen en el cosmos, como expresa Yeshua al decir: "no es lo que entra lo que contamina, sino lo que sale". La manzana podrida no es real, la carne de cerdo no es real, el cadáver no es real... las cosas son lo que nuestra Mente determine que sean, por lo que nos dañará si lo creemos, o nos beneficiará si eso creemos, porque todo es "según nuestra fe", o sea, según nuestra escala de valores y escala de creencias. Castigar a otra persona no es otra cosa que castigarse uno a sí mismo, porque TODOS somos parte de la Mente Colectiva. Al producirse el Big Bang, la Mente creó las configuraciones que darían lugar a las esferas donde la propia Mente entraría a experimentar. Dicho de otra forma, la Mente Colectiva - también llamada Mente de Cristo o Conciencia Universal – preparó su propio escenario a través de los Logos, y replegó su conciencia por todo el cosmos. Toda esa conciencia se focalizó en material energético consciente de éter y luz, produciendo las almas. Todas las almas son partículas de una totalidad que es Elohim, tal como dijo Moisés, "fue hecho Adam afar de la Adamah". El Afar son las partículas de Elohim por medio de las cuales Adam y Set con sus hijos encarnaron en cuerpos que luego fueron creados en las dimensiones de este cosmos. Esto es lo mismo que la cita de Moisés, "los hizo a su imagen y semejanza", y la de David - y Yeshua repitió -: "yo dije ustedes son elohim, y todos vosotros la raza de Alion (de los inmortales)".

Por ejemplo, al decir el texto que "Iaheveh endurece el corazón del faraón", la Mente quiere decir que el Espíritu (cuyo arquetipo bíblico es llamado Iaheveh), compacta (endurece) la Mente (llamada "corazón" en mentalidad hebrea antigua) del rey (el Adama, o morador de los reinos imperecederos). El problema con no comprender la verdad, es que ninguna interpretación que se quiera hacer de las Escrituras será correcta; solo será un error basado en una confusión de niveles e incomprensión contextual de los hechos y la realidad. Por ello, la interpretación del Espíritu Santo sobre lo ocurrido en Egipto (otra manera de llamar al sueño) es que el Espíritu hizo física la idea de separación que quiso el hombre-dios (Adam-Elohim), y por tanto entró en el sueño y murió: sufrió las 10 plagas (los niveles de muerte-separación). Ese morir es arquetipo de las diversas formas y proyecciones de sufrimiento derivadas de la aparente separación. El hombre lentamente se entera de esta verdad, o adquiere el despertar de la conciencia y así la iluminación, pero en tanto no recuerda nada y está absorto, como dijo Moisés, "entró el Adam en un letargo profundo", del cual en ningún momento se dijo que hubiese salido o despertado.

Por ello el apóstol Pablo escribió: "si realmente habéis resucitado" (a nivel de la mente) "con cristo" (untados de la verdad), "poned la mira" (el foco de atención = realidad) "en las cosas de arriba" (lo real), "no en las de la tierra" (las irreales e ilusorias), porque de otra manera seguirán con el velo que siempre han tenido, pasándoselo de judíos a cristianos y de cristianos a neo-judíos, como ocurre en el monoteísmo occidental. Pero el velo sigue siendo el velo, hasta que no se rasgue, y ese rasgar viene de arriba abajo, comprendiendo primero lo superior (la Torah de luz celestial), para entonces interpretar lo inferior (la Torah mortal, o de los símbolos), porque ello era "imagen de lo superior", o sea, ideas y símbolos. Hay que salir de la religiosidad y mirar cara a cara "al viviente", "al que vive", esto es, al Espíritu Santo, que "nos lleva a toda verdad", o verdad total, que es el origen del que vinimos y al cual hemos de volver (todo ello consta en la parábola del hijo pródigo).

Ahora bien, para los adeptos a la religión abrahámica dejo esta conclusión, que el propósito de su Dios (Elohim) no es otro que nuestro mismo propósito, porque el propósito es solo uno y el mismo: Volver a la unicidad. Los estados de "impureza" de la religión no son otra cosa que distorsiones de la Mente Errada, y habréis leido en el prólogo de ayer, sobre ellos fue dicho, "Iaheveh es fuego consumidor", o sea, que el Espíritu Santo se encargará – por medio de la conciencia (cuyo arquetipo es el fuego) – de eliminar (consumir) todo pensamiento errado de la Mente, para traerla de regreso a la verdad o estado de Plenitud. Esa es la predestinación, lo que fue determinado "en Cristo" ya "antes de la fundación del mundo", es decir, antes de que existiera la Separación. Somos parte de la Mente de Cristo, que está integrada en la Mente del Todo; no hay separación, salvo que la hagamos real según nuestras creencias.

<u>Curiosidades Arqueológicas</u>

La medicina de antaño. En Suramérica encontramos figuras de operaciones quirúrgicas en tiempos remotos, tanto de cráneo como de corazón y cesárea. Este tipo de intervenciones no son posibles sin un equipo especializado y avanzado. Pero las técnicas de curación pudieron estar avanzadas en la misma proporción. Se sabe muy poco sobre la medicina prehistórica: todo lo que sabemos se reduce prácticamente a los testimonios de operaciones de cirugía en los huesos, y éstas evidencian que hace ya más de 4.000 años se llevaban a cabo operaciones cerebrales y a corazón abierto. Cerca del lago Sevan, en la Armenia Soviética, se han encontrado esqueletos de un pueblo llamado los jurits, al parecer del año 2000 a.C. En una de las calaveras de mujer se encontró un agujero de unos 6cm, consecuencia de una herida hecha en vida. Los cirujanos habían insertado un pequeño tapón de hueso de animal y la mujer sobrevivió. Su propio cráneo creció en parte alrededor del injerto. Otra calavera jurit presentaba una herida más grande producida por un golpe. Los cirujanos cortaron una zona de la calavera alrededor de la herida para extraer las astillas del cerebro. Este paciente también sobrevivió. El profesor Andronik Jagharian, que estudió las calaveras, comentó: "Considerando la antigüedad de los instrumentos que tenían que utilizar los médicos, se puede afirmar que técnicamente eran superiores a los cirujanos actuales." También se encontraron muestras de cirugía craneal y en las costillas en unos esqueletos procedentes de Asia Central estudiados en la Universidad de Ashjabad. Había muestras evidentes de que el tratamiento quirúrgico se había realizado a corazón abierto.

Arqueólogos en Irán encontraron en diciembre de 2006 el esqueleto de una mujer muerta hace unos 5.000 años con un ojo prostético hecho de alquitrán y de grasa animal intactos en el zócalo de su ojo. Entre las cosas increíbles de la medicina tenemos la lente de cristal de Eluán y las lentes para el astigmatismo en Asiria que fácilmente tendrán 6.000 años de antigüedad. Suponemos que las primeras lentes de aumento son de hace poco más de cien años, pues a mediados del siglo XX, fue un invento que revolucionó la ciencia médica: las lentes tiroidales. Su objetivo: corregir el astigmatismo. En 1849, al tiempo que se desarrollaban las "primeras" lentes, el arqueólogo Austen Henry Layard excavaba en el palacio de Kalhu, la antigua capital de Asiria, más conocida como Nimrud. Entre las innumerables piezas que rescató descubrió lo que desde el principio le pareció una lente de cristal. Finalmente, el investigador esgrimió su conclusión tras años de estudio: *"Todo apunta a que se trata de una lente de forma tiroidal elaborada a propósito con esta forma. Y las lentes de este tipo sólo tienen un uso: corregir el astigmatismo."*

Dentista de hace 9.000 años. Un artículo de Amitabh Avasthi en las noticias de National Geographic del 5 de abril de 2006 hacía constancia de que dientes humanos excavados de un yacimiento arqueológico en el Pakistán indicaban que la odontología era floreciente en fecha tan reciente como 9.000 años atrás. Investigadores excavaron un cementerio de la Edad de Piedra encontrado un total de 11 dientes que habían sido perforados, entre ellos uno que al parecer había sufrido un procedimiento complejo con un hueco profundo en el interior de la cavidad del diente. El descubrimiento sugiere un alto nivel de sofisticación tecnológica, aunque el procedimiento, en el que participaron los ejercicios con la punta de fragmentos de sílex, difícilmente podría haber sido un doloroso asunto. *"El hallazgo proporciona pruebas claras y convincentes de que las personas tenían conocimiento anterior de la manipulación de los tejidos duros dentales en las personas que viven"*, dijo Clark Spencer Larsen, un antropólogo de la Universidad Estatal de Ohio en Columbus, que no formaba parte de la excavación. Los científicos de la Universidad de Poitiers en Poitiers, Francia, y del Museo Guimet de París, fueron quienes hicieron el descubrimiento. Los hallazgos del equipo aparecieron posteriormente en la revista Nature.

La vanidad cavernícola. Una vez con salud, lo siguiente es arreglarse bien. El primer salón de belleza tiene ¡más de 40.000 años! Mucho antes de la época de Cleopatra y Helena de Troya, en el corazón de África, la zona está minada de cosméticos para embellecer al hombre y a la mujer, que incluso se reconoce que la naturaleza necesita un poco de ayuda. El nacimiento de la belleza se inició a la cresta Bomvu, en las montañas Ngwenya (Reino de Swazilandia). Aquí en una montaña de mineral de hierro entre el puesto fronterizo de Ngwenya y Mbabane, la capital, las primeras pruebas prehistóricas de actividad se registraron en 1947.

Unos 20 años más tarde, con gran excitación, se descubrió que al menos 100.000 toneladas de mineral había sido eliminado con anterioridad al inicio de las modernas operaciones a cielo abierto por el desarrollo de la Compañía Mineral de Hierro de Suazilandia. Y un espíritu de decisión dio lugar a los intereses del Profesor Raymond Dart, de la Universidad de Witwatersrand (Sudáfrica) y el Instituto para la Realización del Potencial Humano (Philadelphia, EE.UU.). El Profesor Dart recomendó que Peter Beaumont excavara en la oscuridad los secretos de la historia. Le tomó cerca de dos años para hacer precisamente esto. Beaumont se trasladó a Bomvo Ridge con un equipo de geólogos y comenzaron a excavar cerca de la entrada a una pequeña cueva en la raspadura de Castillo. Después de meses de trabajo duro fueron recompensados con un descubrimiento muy importante: Herramientas de piedra que con fecha de desintegración del carbono 14 en torno al 400 d.C., junto con fragmentos de hierro oxidado, indudablemente se establece que la edad de hierro era considerable antes de que se había pensado. Más sorprendente fue que surgieran noticias de un emplazamiento con pruebas de un complejo de centro de belleza y cosméticos con unos 40.000 años de antigüedad.

Arabia Feliz. Vemos en Medio Oriente la espectacular construcción que se asume fue mandada a erigir por la reina de Saba (Bilkis). La Presa de Marib es una de las grandes maravillas de la antigüedad, en un territorio que estuvo poblado cerca del 1500 a.C. Muchos de los cuentos árabes están compilados en el Necronomicón, aunque su nacimiento entre las culturas del desierto sigue viva. Muchas leyendas y fábulas no fueron tomadas en serio hasta que los hallazgos de estas ciudades empezaron a ser desenterrados. Se ha encontrado un templo llamado de Mahram Bilquis, comparable con el de Baalbeck -donde hay un artefacto "fuera de su tiempo", pues no es posible que fuera fabricado por gente de aquel entonces: La Piedra de Baalbeck-, la ciudad de Tima y muchos otros centros. También se han hallado algunos lugares prehistóricos con hasta 75.000 años de antigüedad y a pesar de las dificultades se han encontrado más de 100 otros sitios como la Arabia Feliz, los cuales sólo pertenecían a los mitos y leyendas árabes.

Otra maravilla de antaño, es el "Templo de Ed-Deir" en Petra. Se cree que fue construido para el rey nabateo Obodat III. El templo mide 40 m de alto y 47 m de ancho; o sea, tiene el tamaño del imponente palacio de un banco moderno. Pero más sobrecogedor es el mensaje legado por vasta literatura, hallazgos arqueológicos y estudios científicos, con respecto de los "Carros voladores de Salomón", para los cuales construyó muchos puntos de abastecimiento de combustible a lo largo de Arabia y Mesopotamia, los cuales se conocieron con el nombre de "castillos de Salomón" o "templos de Salomón" (Tajt i Suleiman), que fue lo que descubrieron Arthur Evans y Ralf Sonnenberg en Creta. Las historias revelan que Salomón disponía de varios "ingenios voladores", el más grande salía y entraba en el Templo de Jerusalén donde descansaba. Tenía un sistema de defensa con figuras de animales que si alguien intentaba burlar era inmediatamente mutilado. Es inconcebible que esta civilización semita que sobrevivió gracias a la exportación del incienso, del que el mundo antiguo hacía un consumo fantástico pudiese desplazarse a todo el mundo sin los medios de transporte de los que hoy disponemos. Las flotas del Rey Salomón, salían de Eziongeber, con tripulaciones fenicias, llevando incienso al Mundo entero.

Don't miss out!

Visit the website below and you can sign up to receive emails whenever Frederick Guttmann publishes a new book. There's no charge and no obligation.

https://books2read.com/r/B-A-DKUGB-SOPCD

BOOKS2READ

Connecting independent readers to independent writers.

About the Author

Israeli writer, researcher, disseminator, documentary filmmaker and influencer. He is the writer of more than 35 books, mostly research and dissemination theses.

Read more at https://www.frederickguttmann.com.